湛庐CHEERS

与最聪明的人共同进化

HERE COMES EVERYBODY

[新西兰] 萨拉 · 罗布 · 奥黑根　著
Sarah Robb O' Hagan

谢頔　黄乐　译

浙江教育出版社 · 杭州

献给我的父亲母亲，

卓越的珍妮和尊敬的约翰，

是你们教导我人生中有很多高峰需要攀爬，

并且帮助我弄清该如何攀登。

也献给利亚姆、萨姆、乔、加比，

是你们让整个旅程意义非凡。

我们克服的不是高山，而是我们自己。

——埃德蒙·希拉里爵士
（Sir Edmund Hillary）

身为全球卓越职业经理人，萨拉在书中呈现了大量如何超越自己、塑造卓越的自己的经典案例。我认为，若想在领域内成为卓越的领导者，最重要的是敢于颠覆传统规则；其次是在行动中不断迭代，而不是松散的、缺乏关联的行动。

通读此书，你会了解到，卓越的领导者应该更看重方向性的决策，而不是仅仅针对眼前的目标。职场起起落落，总有转机出现，决策在此时显得无比重要。我的建议是，决策的方向性远大于目的性，方向对了，所有的目标都是推动性的，方向错了，目标即便全部实现，也只是一错再错。

对于所有不甘于平庸且全力以赴的追梦者，《转机》是一部不可错过的杰作。希望你也能从书中找到成就卓越的要诀。

——**毛大庆** | 优客工场创始人

作为一名职业经理人，很多的成长和进步得益于产业的发展、公司的壮大、部门的进步。而个人成长往往不过是顺势而为，顺水行舟。真正的转机，往往开始于工作和生活中的“至暗时刻”。在这样的氛围里，你开始重新考虑自己的能力、经验和未来的发展，重新规划自己的下一步职业生涯。然而，不是每一次转机都会指引你走向光明和成就……《转机》这本书有可能帮助你在这个过程中更加顺利地发现自我、认识自我、利用好自身优势，把握“转机”，实现成功。

在此也感谢谢博士的多年努力，把这样荡气回肠的真实故事展现给我们，给我们思考的理由和变化的动力。没有人能随随便便成功，每一次转机不会保证你的成功，但会助你离你的目标更进一步。

——**魏江雷** | 新浪体育总经理

作为国内知名运动饮料品牌百淬的投资人，这本书首先吸引我的，是作者引领世界上颇具标志性的体育品牌佳得乐进行重要转型的成功经历，她把这家运动饮料公司转变为提升运动表现的创新者。

读完全书，我发现成功的背后是作者多年来对自己职业经历的不断思考、实践，以及在对周围的顶尖商界人士的研究后，总结出的一套如何赢得事业上的转机、塑造卓越的自己的方法论。首先是知道自己是谁，寻找自己的使命。使命不是具象的目标或愿景，而是动态的能量，赋予生命向上的力量。其次是发现自己热爱的事业，发挥自己的优势，克服困难勇往直前。最后是立足当下，把眼前的事情做到极致，而下一步的美好自然可期。由此，每个人都在成为最棒的自己的路上。

——**许莉** | 东方华盖股权投资管理有限公司创始人
中华女创投家联谊会会长
中国人民大学 MBA 校友会会长

每个人都有变得卓越的潜质。如果职场上的你正寻求一个转机以摆脱困境，或想让职业生涯再上一层楼，那读一下《转机》吧。“转机”的出现不只是上天厚赐，更是任何一个普通人肯在认知和完善自我的事上花时间的美妙回报。这本书就向我们揭示了这些事到底是什么，以及如何将这些事做好。我衷心祝愿每个人都能把握自己的“转机”。

——**陈洁** | 微软大中华区行业解决方案前总经理

每个人的生命当中都可能会碰到很多转机，但在这些过程中，遇到什么样的惊喜，又或者遭遇什么样的挫折和困难，很大程度上取决于个人选择的基础是什么，或者说选择的目的是什么。选择本身并不难，难的是勇于接受选择带来的结果。而如何能更好地接受这个选择的结果，则取决于你之前经历了什么。

在《转机》中，作者讲述了自己的职场经历，跳槽、两次被公司扫地出门、担任佳得乐全球总裁……这些都折射出了真实的职场，也向我们展示了职场当中的人性变化。这本书对于任何一个职场人士来说，都有许多宝贵的、值得借鉴的地方。我相信，每一个转机都极有可能是一个绝处逢生的机会。从这个角度讲，我希望所有的朋友能够在阅读这本书当中，敏锐地意识到有哪些事情对你来说是机会，又有哪些事情对你来说可能是个陷阱。

我认为，要想具备这样一双慧眼——能够透过现象看到本质，并且敏锐地发现转机、发现机会、发现对你人生来说每一个最重要的瞬间，而这取决于你是不是一直在持续地阅读。我一直在提倡大家读书读人读世界，因此，我希望你能通过阅读《转机》，在得到很多职场启示的同时，也能读到人物背后的故事和人生经历，从而对你的人生有所启发。在全球化的当下，每个人都会受到各种文化的影响，在这本书当中，你能看到更加多元的文化和价值观，以及人们面对这种影响所做出的选择。

前辈们的职场经历和他们的心路历程，给予了我们一种能量和力量。有人说，这是一个“她时代”，希望所有的女性朋友能够在书中得到启迪，能够在阅读当中寻找到更好的自己。

—— **宸冰** | 北京读书形象大使

萨拉不仅往桌前坐，她还站在上面。如何从失败中恢复过来，说真话，接纳自己的怪癖，如何在这一过程中获得更多乐趣？萨拉对这些问题给出了极具启发性的建议。

—— **雪莉·桑德伯格** | Facebook 首席运营官
leanin.org 创始人

萨拉利用她自己的生活经历和其他卓越商业人物的生活经历，向你展示了如何实现职场大突破。其他人并不能激发出你内在的巨大潜力。正如她所说的，中庸并不能解决问题，关键是要做到卓越的你自己！

—— **丹尼尔·平克** | “全球 50 位最具影响力的思想家”之一
畅销书《驱动力》作者

我亲眼见过萨拉以她卓越的创造力、坦率和热情让观众为之倾倒。我很激动，这些罕见的、具有感染力的特质跃然纸上。萨拉是一个与众不同的、了不起的人，她的书中也充满了大胆的想法，会激励你也成为那样的人。

—— **亚当·格兰特** | 沃顿商学院终身教授

序言

顶尖商界人物如何赢得职场大突破

我坐在哈佛大学大礼堂前排，等待着在稍后的本科生大会上做一场演讲，突然有种如坐针毡的感觉。这场会议有近千名来自世界各地不同大学的参会者，我是主讲人，也是“开场人”，可我那该死的笔记本电脑竟然连不上主办方的投影仪。是的，没错，当数百位年轻人鱼贯而入落座时，我的额头在冒汗，脑子里想着，如果投影仪还是连接不上的话，我得跳一段什么样的开场舞才能圆场。

让我更加紧张的是唐娜・卡兰（Donna Karan），我心目中的商业英雄和商界传奇，她是会议的“总结发言人”。距离她的演讲还有差不多 5 个小时，她的“手下”就已经赶过来为其做准备，确保演讲万无一失。哦，为什么我没有“手下”帮我处理这些事情呢？这已不是我第一次搞得一团糟了，尽管我真的想让大家看到一位完美无瑕的专业人士。

组织这次会议的年轻女孩已经站起来开始介绍我了。她逐字逐句地念着我的简历，我当然知道简历里的内容。我的简历被这次会议用作宣传材料，我很乐意让别人了解我的经历，因为它让人觉得我是一位成功人士：一位曾在维珍（Virgin）和耐克工作过的“品牌重塑者”，一位“用运动员思维来解决商业问题”的“健身女王”；曾入选《快公司》“全球商业最具创意人物”榜单，也曾被《广告时代》（*Ad Age*）评为“最值得关注的女性”（Women to Watch），三次获得《体育商业日报》（*Sports Business Daily*）“40 岁以下的 40 人”奖项（Forty Under 40 Award），还被《福布斯》评为“体育界最具影响力的女性之一”。上述大多数奖项是我在担任佳得乐的全球总裁时获得的，而佳得乐是这个世界上最具标志性的体育品牌之一。我引领该品牌进行了一次重要的转型，把一家运动饮料公司转变为提升运动表现的创新者，让曾经挣扎求生的公司拥有健康成长的状态。之后我担任了 Equinox 的总裁，这是一家世界顶级健身俱乐部，被《快公司》评为“2015 年健身行业最创新的公司”。现在我是飞轮体育（Flywheel Sports）的首席执行官（CEO），这是一家卓越的快速成长的室内自行车公司。

然而，当听到这位满怀抱负的年轻女孩对我的介绍时，我总觉得有些不对劲儿。困扰我的并不是她所讲的内容，而是那些她未提及的信息。她对我的介绍听起来好像我是一个精心雕琢过的完美女性商业精英。当然，我的简历中也不会提到大多数同事是怎么看我的——他们觉得我的热情和决心如同狂风暴雨般猛烈，我在努力尝试让一切能按部就班进行的同时，也造成了很多令人尴尬的失误。

我也从不会在简历中提及，我过往所取得的大部分业绩充其量不过就是平均水平。有时，我甚至从未真正融入一个团队。其他时候，我很令人失望。还有一些时候，我只能用“彻头彻尾的失败者”来描述自己。是的，我就是这样一个人，在二十几岁时，被炒了两次鱿鱼。第一次，我“荣幸”成为无业游民，因为没有雇主，没有合法的工作签证，我险些从美国被遣返回老家新西兰。第二次，由于公司组织架构大规模重组，我被裁员了。我喜欢把这三年称为“职业生涯绝望的低谷期”，我的职场之路绝非完美无瑕，一路高歌猛进。

工作中，我也经常会很尴尬地搞砸事情，在我脑海中特别棒的点子扔到市场上却一丁点儿水花都没有。尽管如此，在快 40 岁时，我却被邀请在大会上演讲，观众们排着队询问我：“你是怎么做到的？你的秘诀是什么？”

别惧怕你的不完美

其实，我是一个与完美毫不沾边的人，不过我的个人经历告诉我，人们往往会高估完美。是的，我年纪轻轻就成了一个价值 50 亿美元的全球体育品牌的总裁。但是，我之所以会有这样的机会，完全是因为从不惧怕我的不完美、我有些矛盾的个性和我独有的看法。我就是这样一个人：高大、勇敢、行事风风火火、笑得大声、固执己见、绝不冷眼旁观且超级热情。通过我那双巨大的男人般的大脚就可以轻易看出，我永远达不到这个社会普遍定义的那种完美。但是我发现，如果不断尝试去弄明白自己棒在哪儿、差在哪儿，并坚信在某些方面，我能以某种方式胜过他人，我终会找到属于自己的成功之路。我选择了一条能充分发挥自己个性，引领自己走向成功的道路，而且我也逐渐意识到在这条成功之路上，我并不是一个人在孤独前行。

安杰拉·阿伦茨（Angela Ahrendts）、博德·米勒（Bode Miller）、康多莉扎·赖斯（Condoleezza Rice）、米斯特尔·卡顿（Mister Cartoon）、安杰拉·李·达克沃思（Angela Lee Duckworth）、萨姆·卡斯（Sam Kass）、凯西·沃瑟曼（Casey Wasserman）、博佐玛·圣约翰（Bozoma Saint John），看着这些人名，你可能会想到他们分别是商业领袖、高山滑雪运动员、美国前国务卿、文身艺术家、心理学家、厨师、体育公司创始人和音乐制作人，但他们又有什么相同之处呢？他们凑巧全是在自己所从事的领域里最卓越的人，然而他们并不是在已经完全了解自己的天赋，知道那就是自己最适合的领域后，才开启一份事业的。

我的职业生涯带给我最大的益处之一就是，我会有些不寻常的机会，去结识各行各业的成功人士并与其共事。这让我有机会观察他们是如何做事的。外界的赞美只会提到他们有多出色，但深入了解你会发现，他们是通过同时接纳自身的优点和缺点来拥有非凡影响力的。他们敢于冒险，并努力解决有时会产生负面结果的问题。他们并没有期待成功能够自然降临，相反他们将内驱力和谦虚有效结合在一起，拼命工作，力图超越周围的每一个人。他们是卓越人士，会通过自己独有的方式，挖掘自己特有的能力组合，把自己的潜力发挥到极致。

当决心取得巨大成就时，你必须做出选择

每个人都能赢得事业上的转机，我把其中的关键过程称为“塑造卓越的自己”，即成为最棒的那个自己。塑造卓越的自己，并不是一个固定不变的目标，这与传统的成功指标，比如考高分、获得体育或艺术成就、成为职场和社交网络的精英，没什么关系，它也不是昙花一现的短期成就。事实上，绝大多数人在年轻时并不会折腾出什么惹人注目的成就，而大多数成就正如世俗所评判的那样，很快就平淡无奇了。塑造卓越的自己也不仅仅是一种风格或态度。卓越人士有成千上万种态度，在你所看到的辉煌成就背后，存在各种不易。

塑造卓越的自己是一个伴随一生的过程，它让你在自己多元的兴趣、技能和经验中不断挖掘并将自身的潜力发挥到极致，没错，其中也包括你经历过的挫折、损失、失败和你的劣势。卓越人士发现，越是不断拓展自己，就越能挖掘出自身的潜能。他们在努力使自己越来越卓越的过程中获得别人的支持，同时也在帮助别人塑造卓越的自己的过程中达成合作。没错，他们的确成功了，但是就他们而言，成功只不过是塑造卓越的自己过程中的一个副产品而已。

你是一个梦想家吗？我知道，我是！我在新西兰长大，我梦想做一个能影响全世界的人。我不断寻找内心的呼唤，不断想象未来的多种可能性。我梦想能成为著名的网球选手，但遇到个小问题，我从未在任何比赛中取得过冠军。我梦想能在奥运会上赢得游泳比赛的奖牌，但我的父母却不是“别人家”那种父母，他们对于每天早上 5 点就送我去游泳池训练丝毫不感兴趣。我梦想能像基莉·迪·卡娜娃（Kiri Te Kanawa）一样在英国王室的婚礼上优美地歌唱，但是合唱团的指挥从未让我独唱过。我梦想成为有名气的演员，高中时我确实也参加了《油脂》剧目中桑迪（Sandy）这个角色的选拔，但是你肯定猜到了，我甚至没被挑选成为“粉红淑女帮”中的一员，我最终待在了并不属于舞台的合唱区域。

不过，大家也别误解我的意思。我想我还是公认“聪明”的，我的个性突出，大胆而强势。如果高中时，每次听到“萨拉和旁边那位，你们俩可以别再说话了吗”，我都能获得一块钱，那我估计早就攒了一大笔钱了。尽管付出了艰辛的努力，但说实话，在任何方面我都没有胜人一筹。我从未加入过顶尖的运动团队，也没有获得过大学奖学金。我的考试成绩总是勉强得 B。我不是运动员，也不是返校节女王，更不是看起来最容易成功的人。我绝对没有模特般的身材，相反，我有双大脚，还有和橄榄球运动员一样粗壮的大腿。感谢老爸，我没有一个人脉关系很牛的叔叔，能帮我不用面试就获得特别棒的实习机会。甚至，我连工商管理硕士学位都没有。

现在你也许想知道：“这个疯狂的新西兰女人究竟是谁？为什么是她来演讲？”我之所以写这本书，是因为觉得现在正是时候谈谈那些与众不同、充满趣味且可以为我所用的独特成功方法了。对大多数人来讲，这种独特的方法绝对可以激发个人的内在潜能。那天在哈佛大学，随着我简历上一个接一个的成就被很有逻辑地念出来，我感到特别不舒服，因为如同人们讲述的诸多成功故事一样，一些最重要的部分完全被忽略了。那些故事听起来好像成功人士一开始就很清楚他们的天赋和优势所在，这让他们早早就取得了属于自己的成功。然后，在此成功的基础上，他们自信地斩获一个又一个胜利，获得他们早期职业生涯中一系列的成功。但是，我跟许多卓越人士聊过，事实绝非如此。

我还知道另一个成功方法。

我之所以知道这个方法，是因为我从没搞清楚自己的天赋在哪儿。我胆子大，又喜欢大声说话，也绝不是一个完美娇小的女性。我早期没有取得特别巨大的成功，这使我不得不从旁观者的角度观察那些获得成就和赞誉的人，我强烈地感到自己也想成为那样的人。成功来之不易，而且我总会遇到权威人士告诫我，我说话声音太大、过于健谈、太淘气、太专横，这点燃了我内心的渴望和决心，也为我的内驱力增添了燃料。有了神奇的内驱力，我努力前行。作为一名成年人，我发现自己确实拥有由性格、经历和技能构成的独一无二的组合，而那就是独特的我、卓越的我。这个独特的配方经过我的不断打磨和开发，让我摆脱了平庸的开局，跻身一流。我创造了一条属于自己的成功道路。

在经历了职场早期的各种不如意后，我发现了这个秘密：当决心取得巨大成就时，你必须做出选择。当你遭遇来自个人生活或职场上的挑战时，随之而来的是成功或失败的结果，同时也避免不了来自自身或外界的压力，这些压力要求你按照大家公认的原则行事。你要弯下腰，向规则低头以便合群。你要按惯例行事，不跳出条条框框，让自己跟别人一样，更符合大众的期待，且不威胁到现状。当然，这样也就少了自己的个人主张。如果你这样做，就会发现在短期内大家都会夸赞你，因为你不会让身边的人感到紧张或看起来很糟糕。但是，这和网球比赛中的防守一样，是在尽全力不犯错，不丢分。可正因为你并不是在打你自己的比赛，所以就很难翻转局面，进而赢得最终的胜利。

你还有另一个选择，那就是欣然接受我的方法：塑造卓越的自己，即做任何事情时，你都能非常自信地把自己的与众不同之处完全融入其中。我工作起来特别有激情，对缺乏激情的人没什么耐心。我的表现欲也很强，我会全力以赴，也会用心关注手中的事情。也许你会说，不是所有人都能这样被塑造，但我还是会告诉你，从同事到朋友，总有人对我说同样的话："就算过了数万年我都不可能做 ×× 事情，但现在在你的鼓励和督促下，我居然做了。"我们需要更努力地尝试，要往前更推进一步，也要更加用心，因为"我正在做"。不是你赢了才算是好事，这样做本身就是一件大好的事情，因为过程本身就是收获，事实也是如此！最终，你按照自己的游戏规则全速前进，这意味着，你在家庭中、在工作上、在你所做的每一件事情中，都能获得转机活出一个完整的自己。这样的生活会非常有趣，比装扮成别人更有满足感。

成为卓越的你，赢得职场大突破

塑造卓越的自己肯定不是塑造一个不计后果、高谈阔论的人，当然，也不是坚持到骚扰别人的程度，更不是特立独行或者走什么捷径。我依然记得在新西兰航空公司（Air New Zealand）工作第 5 年时的情景。公司位于洛杉矶，我在一次业绩考核中获得特别棒的消息：我升职啦！人生中第一次，我可以招聘员工直接向我汇报工作了。老板跟我谈新职位和加薪，这一切看起来如此美好。然后，他说："萨拉，你特别有天资，但是，你需要表现得更成熟、更受人尊敬。你的穿衣打扮多少有些不得体。"

我觉得受到了侮辱。我的意思是，这家伙根本不懂时尚，在我印象中，他对流行文化一无所知。但是该死的，他的评价太耳熟了。在高中合唱团时，我也总是惹麻烦，因为太不成熟——不够尊重别人、太吵闹、话太多，现在在业绩考核时出现了同样令人尴尬的情况。没在公开场合批评我形象不够职业，他已经算是给我面子了，我的老板还给了我一个解决方案：他的"搭档"，也就是他的女朋友，会带我去购物，帮我选衣服。

我当然希望得到晋升和新的工作机会。他甚至给我提供了一次性的服装津贴来帮我"打理自己"。有差不多一周的时间，我身陷困境，心里无比难受，筹划着该如何给老板一个完美的“反击”，告诉他，是他错了。这么做确实可能在某种程度上塑造了卓越的自己，但估计很快我也会走向失业的囧途。所以，再三考虑之后，我决定妥协——与这位女士去安·泰勒（Ann Taylor）品牌店。他们给我发了服装津贴，所以在我心中，这些钱可以用来买衣服，而且我爱买衣服。没有什么能像购物那样让人开心了！没人能逼迫我买我不喜欢的东西，我不会给他们机会让他们愚弄我或者把我变成另一个人，但我的老板肯定有他提出这个建议的理由，我也知道自己需要认同这个理由。所以，问题来了：我要怎么做才能在改变着装的同时还能保持自我呢？

他的女朋友对于整个状况倒是相当淡定，你能想象她对我老板说：“亲爱的，是要带这个‘打扮不得体’的年轻人去买些体面的衣服吗？”我们碰了头，一起去挑选“得体”的服装，不选高跟鞋，也不选矮跟鞋，而是从中跟皮鞋开始，挑选配得上它的外套和裙子，这些衣服就像在对世界宣布“没错，我很无趣”。我宁愿杀了自己也不想穿得这么保守，这正如我之前所预料的那样。但是，很感谢这位女士，我也真正接收到了老板传递出来的不满意我穿着打扮的信息。我下定决心继续玩这个游戏，举手投足更像一位职业经理。

最终，我独自在自己认可的时装店买了一些职业套装（上衣和裤子），但我穿着它们更像我自己。我的新造型好像在说：“我有自己的主张。我穿着黑靴子是为了全力以赴地工作，如果这样的风格会让我在人群中过于显眼，我毫不介意。”我穿着新衣服回到了办公室，向其他人证明：是的，我已经接受老板的建议了，只不过是以塑造卓越的自己的方式来接受的。

塑造卓越的自己，已经变成我一直使用的方法。在本书中，我将解释，这种方法是如何在我自己和我采访过的各行各业的卓越人士身上发挥作用的，它也会在你们身上发挥强有力的功效。在本书的前半部分，我将告诉你如何培养卓越人士所应具备的5种特质。第一，你将学会自我省察，发现自己卓越技能和兴趣的独特组合。第二，你将点燃你神奇的内驱力，储备耐力，树立信心，激励自己应对一路上遇到的所有挑战。第三，我会告诉你在合适的时机打破常规的重要性，进而将你的卓越品质发挥出来，即使周围的人根本不懂得欣赏你的那些特质，也没有关系。第四，我还会告诉你不那么自以为是的重要性，要不然你的极端优势将会成为你的绊脚石。第五，我将揭露"经历苦痛"的秘密，它可以把你所经历的最大失败翻转为一个非常棒的私人教练，指引你走向未来的成功。

在书的后半部分，因为你已经拥有了卓越的特质，所以我将带领卓越的你与挑战交锋，你需要独自或者与他人一起通过利用被我命名为"卓越人士周期"（Extremer Cycle）的训练来战胜挑战。我不仅将分享我的故事，告诉你我是如何通过失败和错误来塑造卓越的自己的，而且会分享采访过的众多卓越人士赢得职业转机的故事以及他们的深刻见解。我将以"突破行动"（Extreme Move）模块来结束每个章节，这个模块会提供实用的观点和行动建议，帮你提升自己。

在整本书中，我将揭秘一些秘密武器。第一个秘密武器是不仅要把某个卓越人士当作榜样，而且要把眼光放在你最欣赏的卓越品牌、组织和团队中。对我来说，如何让你的潜力全部发挥出来，以及如何让这个世界知晓你已经取得的成就，就如同杰出的领导者如何组建和塑造最优秀的团队、品牌和公司。在这个社交媒体的时代，关于"个人品牌"，人们已经谈论得很多，无非是塑造自己的形象，让世人知道你是谁。但对我而言，塑造个人品牌远远不止如此。塑造个人品牌不仅是在脸书（Facebook）上吸引成千上万的"粉丝"，更重要的是要让大家知道你是谁，你代表什么。我将分享许多优秀品牌和公司的经验教训，这些经验也同样适用于作为个体的卓越人士。

第二个秘密武器是支持。我接下来要分享的自己和别人的故事一次又一次地证明：卓越人士之所以能获得成功，是因为其他人为他们提供支持、保护、训练、指导或陪伴。在今天这个被媒体主导的时代，我们更关注个人，而不会为挖掘出个人无限潜力的支持团队喝彩和鼓掌。但是，巨大成功是和你身边人所提供的巨大支持息息相关的。

这里有一个很棒的例子。作为一个新西兰人，我无比骄傲和自豪于世界上第一位登顶珠穆朗玛峰的人来自我的家乡。这证明，我们新西兰人具有冒险和开拓精神，这种精神在世界各地的新西兰人身上都有体现。

> 埃德蒙·希拉里爵士攀登顶峰的史诗级行为对今天而言尤为重要，因为他根本没留下自己登顶时的照片。当他抵达人类探索的巅峰时，他的向导夏尔巴人丹增·诺盖（Tenzing Norgay）不知道怎么使用照相机。埃德蒙爵士觉得这没关系，因为在他心中，他们已经作为一个团队成功登顶了。他拍摄了眼前一片雄伟壮丽的景色，用照片和大家分享世界上从未有人类见过的美景，而他根本就不需要一张有自己在内的照片来证明什么。

你也许依然比较疑惑为什么我要冒险，要如此颠覆性、毫不掩饰地成为卓越的自己。我的故事表明，正是这个方法让我这个资质平庸、做什么都不出色的人有所突破，释放了自己独有的却从未被发现的内在潜力。我的故事也说明了，我在哈佛大学做演讲的那一天，就算笔记本电脑遭遇技术难题，就算我的额头滋滋冒汗，就算屏幕投射不出事先准备好的幻灯片，我知道，我依然会带给年轻的商学院学生们一场鼓舞人心又极其难忘的演讲。

为什么我有这样的自信？因为我知道，在内心深处，我坚信没有什么技术故障会阻碍我满怀激情的分享。在我所工作过的每一家公司或者在我拜访过的全世界各式各样的公司中，都有这样的员工，他们拥有非凡的潜力，但每天上班并不是为了最大程度地发挥自己的天赋和才学，也不是为了尽自己所能为公司提供最好的服务，而仅仅是为了适应公司的环境从而不被炒鱿鱼。2016 年盖洛普发布的《美国职场现状》（*State of the American Workplace*）的调查报告也证实了这一点，人们震惊地发现：10 个雇员中就有 7 个，要么对工作“心不在焉”，要么“不积极参与”。

这世上有非常多的管理者和领导者，他们有能力想出创造性的点子，也可以表现得相当出色，但是他们的潜力却没有被挖掘出来。正如我在自己的从业经历中所看到的那样，即便是那些有抱负的创业者，他们真正的创新能力也没有完全表现出来。我遇到过无数感觉自己是天才的年轻人，他们总是设法与我见面，因为他们认为可以和我的公司合作。他们自认为已经开发出了下一代智能穿戴设备、下一代在线社交平台、下一代网约车平台、下一代专业运动服装品牌。但是，他们自诩的“创新”绝大多数只是山寨品而已，之所以有这么多创业者存在，是因为廉价的资本随处可得。

当我在商学院演讲时，我震惊了，因为许多学生说他们的人生规划就是简单地按照父辈为他们找到的最安全的路径前行。当我跟中层管理者交流时，听到他们以千百种不同的方式表达出：他们坚定不移地相信自己真正的工作仅仅是取悦老板，而根本不关心如何发挥自己的潜力或者提升公司的业绩。

我之所以对塑造卓越的自己这个方法如此饱含激情，是因为在每一件事情上全身心投入是唯一一个可以释放我们身上那些从未开发的资源的方法。这些资源包括我们的创新能力、活力和潜在的再创造能力。任何个人、团队、公司、国家，如果能拥有自己独特的根基，都会表现得更好。

我想将此书献给那些希望收获更多的人：也许你们的事业刚刚起步，正在寻找人生方向和道路；也许你们正陷入陈规，不断感到人们常说的“别冒险去赢，确保自己别输就够了”的压力。我也将此书献给所有希望寻找勇气，想方设法远离平庸的人！

这就是塑造卓越的自己。

目 录

扫码下载“湛庐阅读”App，
搜索“转机”，
听听作者怎么说。

EXTREME YOU

第一章 成功就是知道你自己是谁

撬动大资源，从棒球运动员到奥巴马的大厨

萨姆·卡斯是一个不安于现状的人。你所知道的他也许是供职于白宫的大厨，是那个为奥巴马总统一家和他们尊贵的客人准备餐食的家伙，但我所知道的他却是个不折不扣喜欢挑战极限的人。在找到这份地球上最酷的工作之前，他的探索足迹早已遍及世界各地，包括我的家乡新西兰。卡斯不仅曾是白宫助理厨师，而且兼任白宫食品计划协调员，他协助第一夫人米歇尔·奥巴马（Michelle Obama）开辟了白宫100多年来第一个真正意义上的蔬菜园。同时，他还是第一夫人政策办公室的成员，与农业部、教育部以及白宫国内政策委员会一起，致力于降低儿童肥胖症的发生率。我们第一次共进午餐时，一直在即兴讨论着如何彻底结束这场肥胖症的危机。整个饭局中，我脑海

中检测极限的雷达一直都处在高度警戒的状态，我们之间的默契就是由此培养起来的。

在我看来，卡斯的这份工作实在是太不可思议了。我记得高中时代的辅导员曾列举过一份“你能从事的工作”清单，不过在那份清单上，你压根就找不到卡斯的这份工作。其实我就想知道一点：他是如何确定自己有能力成为美国总统的大厨的，他又是如何积累自己的知识和技能，一步步走到这个位置上的。

我猜，他可能是那种从小就非常清楚自己想干什么的人。不过，我猜错了！卡斯告诉我：“从小到大，我唯一的梦想就是成为一名职业棒球运动员。”他曾在自己父亲教书的那所私立学校打棒球。高中毕业时，他的很多同学都上了名牌大学，开始追寻自己的职业生涯。但是，他却选择了一所位于堪萨斯州堪萨斯城的社区大学，期盼着有一天自己能被一支棒球队选中。他选修了一些与棒球和短跑的训练技巧有关的课程（顺便问一句：有谁知道你在大学时还能选修棒球课）。卡斯还对我说：“经过两年的努力，我意识到自己虽然是个不错的球员，可并不比其他人强多少。多年来，我母亲不断告诫我教育的重要性，就在那时，我也清醒地意识到自己可能得好好学习了。”

卡斯后来转学到芝加哥大学，学习历史。有一个暑假，他在一家名叫“芝加哥 312 号”的意大利裔美国人的餐馆打工，该餐馆的特色是使用当地农产品和有机原材料作为食材。他喜欢美食，但从未想过成为一名厨师。那时，除了棒球，他还没想好自己想做什么。他心里一直想着要走出去，看看这个世界。于是，在大学的最后一个学期，他来到了奥地利的维也纳。在维也纳，卡斯向一个人提起了自己对食物的热爱。正是这个“贵人”，后来介绍他认识了当地一家顶级餐厅的副主厨。卡斯告诉这位厨师，他曾经想过学习厨艺，但仅仅是为了将来成家后，能给家人做顿好吃的饭。卡斯告诉我：

主厨说："你可千万别犯傻，去上什么厨艺学校，那根本就是浪费钱财！你直接来厨房里学习就行了。"于是，在我到了维也纳的第三天，就进了这家米其林星级餐厅的厨房工作。在厨房里，有一条极棒的原则：如果你年轻，工作态度认真，愿意学习，又有潜质，即便你搞砸了很多事情，他们也会迁就你。所以，他们让我从小事情做起，我也乐在其中，当天晚上工作结束时，他们对我说："欢迎你随时回来！"我的回答是："你们得当心啊，我是不会客气的，我一定会坚持来学习，搞不好还会抢你们的饭碗呢！"

在这家餐厅，卡斯还发现了一件特别酷的事情：餐厅厨房里大家齐心合力的工作方式，就如同一支充满活力而又紧张有序的棒球队。卡斯说："厨房里的工作也需要团队作战，虽然每个人都要各司其职，但如果大家不互相协作，就什么事情也办不成。如果你不小心烧着了什么东西、把客人点的菜做砸了或者迟到了，大家都会知道是谁犯了错。这个失误是不会因餐厅的工作流程复杂而被掩盖的。"

这就如同在棒球场上，有时你能挥杆击打成功，有时却会将球击空。在厨房里，无论厨师在做一道菜时犯了多大的错误，他都得尽快从失误的阴影中走出来，继续完成当晚的其他菜肴。当厨师是个苦力活儿，卡斯说："你需要连续数小时快速移动，速度不亚于冲刺，你可能会切到自己，烫伤自己，后背也会隐隐作痛。老实说，厨师的工作真的特别辛苦，不但考验体力，而且需要内心强大！这也正是运动教会我们的：做事一定要倾尽全力！那时，我也的确准备上满发条卖命工作。"我说过的，卡斯可是一个不安于现状的人。

他当时那份工作几乎是没有任何收入的，"报酬"仅仅是免费住在主厨家里，免费在餐厅吃饭。他说："有时他们也会'赏'几个零花钱给我，但真正的收益是我所学到的一切。"卡斯后来没有拿到工作许可，被迫离境，值得庆幸的是他轰轰烈烈的事业已经有了不错的开端。随着自己持续不断地努力付出，他发现了自己内心的激情和天赋所在，而这的确是他之前完全没有意识到的。于是，他开始磨炼自己职业生涯所需要的技能。

没有舞会就办一场，只有你能让它变成“可能”

如果你想塑造卓越的自己，就必须得知道卓越的你是什么样子，不过我们也必须面对现实，大多数人可能对此都不太清楚。回头来看，卡斯多年的棒球训练可以说是为他后来的厨师工作做了完美的准备，然而当时的他又怎么会知道呢？他热爱美食，暑期在芝加哥那个意大利餐馆的打工经历已经激起了他当厨师的热情，只是那时的他对此还浑然不知。他甚至告诉在维也纳的厨师朋友，他学习厨艺仅仅是想让他的家人吃上可口的饭菜。他始终让自己的好奇心引导自己去尝试感兴趣的事情。任何机会，只要他决定去追求，就一定会尽最大努力。就这样，他发现了自己可以成为一个“卓越的主厨”。因此，当机会降临时，他脱下了棒球服，穿上了厨师的围裙。接下来，他又自我省察了一番，重新审视了一下现实这面镜子中的自己。他意识到自己可以适应厨房这种需要团队合作的高压环境，也深爱在厨房这个“赛场”上烹饪美食。

对卡斯而言，自我省察时，他看到的是自己所掌握的技能和一条可能的职业发展路径。但对大多数人而言，大家能感知到的可能不是一种正式的技能，而是一种新的处理问题的方法，或是一种向世界彰显自己个性的特别方式。对我而言，我的人生转折点发生在大学刚刚毕业的时候。那时，我和我的女性朋友们都有了第一份全职工作，我们都厌倦了每周五晚上酒吧里的那些传统聚会。我们梦想着自己穿上性感的晚礼服，参加一场迷人的舞会。在我脑海中，那个夜晚的画面是这样的：男人们都很帅，穿着晚礼服；开场酒是高档香槟，而不是我们在大学时经常喝的低档酒；大家还会在舞池中尽兴地跳舞。那时，对已经走出大学校门的我们而言，实现这个梦想的难点在于：已经不会再有专门为我们组织的正式社交活动了。然而，我脑海中始终萦绕着这个画面：我和朋友们穿着靓丽高雅的晚礼服，出席一场华丽的舞会。

最终，我开窍了，我们还等什么？没有任何人能为我们做这件事，只有我们自己能让它变成“可能”！于是，我开始制订项目计划。我觉得很多人有可能愿意买票来参加那些魅力十足的活动，如果活动还是以慈善募捐为目的，比如支持癌症研究，也许就会吸引到更多的人。我把自己的想法讲给朋友们听，询问她们是否愿意加入其中。

直到现在，我手上还保存着一本当时所有计划方案的备忘录。我指派了10个朋友作为门票销售人员，谁卖的票最多，就会得到一张免费的门票，我还时不时地用邮件公布销售排名。之后，我又找人帮忙，雇用了一个乐队，还找到了人帮我们拍照，照片可以用于销售。同时，一些有活动组织经验的人也加入进来，帮助我们找到了存衣处服务员和一名保镖，因为我们需要确保大家不会把租来的地方搞得一团糟！我印制了门票和收据，还说服我的开户银行为这次活动单独开了一个账号。一个朋友的朋友负责舞会的装饰布置，他用了好多气球！为了推进活动，我安排了许多会议，每次开会的时候，我都会准备足够的啤酒，激励大家，为每一位成员加油鼓气！

为了那次活动，21岁的我写了很多封邮件，其中一封是这样写的：“各位门票销售小伙伴，我们已经下定决心，没有任何事情可以阻挡我们前进的脚步。舞会就要举行了，为了卖掉那200张票，我们还有很多工作要做。附件是供你们销售门票的相关信息和每周的销售预期。”现在来看，真是不可思议，我的那些朋友们是如何容忍我这么一个“爱发号施令”的人的。但不管怎样，我的“发号施令”还是很起作用的。我们一起努力，办成了那场筹款舞会，那也成为我们年轻岁月里最有意义的一个夜晚。不过，我也留下了一个小小的遗憾：活动当天下午，我的前额长出了一个大大的青春痘，这让我看起来像极了希腊神话中的独眼巨人。

我做这件事情纯属自娱自乐。为了筹备那场舞会，我使用了新西兰航空公司市场部的复印机复印活动的门票和海报，可这些与我的职业生涯毫无关系。

从未有人这样评价过我：“噢，是的，那个萨拉将来会是个当公司领导者的人才，有朝一日她定会成为一家大型跨国公司的领导者，手下会管理上万的员工。”或者，哪怕手底下有两名员工也行。相信我，当时没有人会这么想，就连我自己也从未有过这样的念头。但是，在我后来的工作面试中，在与我的顶头上司们最初的沟通交流中，如果被问及组织领导力的问题，我都会从容应对，说：“我曾经成功组织了一次慈善舞会！”

我不是因为今天有了一些管理经验才会这样讲，但我确定自己当时发现自己拥有一份天赋，即独特的协调能力和极具想象力的领导风格，而我以前从未意识到这份天赋的重要性。这也许是因为，你在我的大学成绩单和简历中都找不到它。我会在脑海中设想一个目标，并想象如何去实现它，如何去激励、鞭策其他人，鼓励大家加入其中，众志成城，达成目标。这种做事的方法最终成为伴随我一生的特质，我之所以能发现它，如同我发现自己在某些领域或某项技能方面颇为优秀一样，是因为我总是拥抱新的生活经历。当然，如果我足够诚实，我得坦白，当初我的确是有私心的，因为是我自己想参加一场有香槟和帅哥的热舞派对！

我的发现及其带来的成功都颇具偶然性。我为舞会倾心付出，后来发现这是展现我与生俱来的领导天赋的开端，然而那时候谁又会预见到呢？没有人。因此，我们应该更多地去尝试新鲜事物，观察其结果，而不是把心思放在如何走在可预见的“成功道路”上。法兰斯·约翰森（Franz Johansson）在他的著作《运气生猛》（*The Click Moment*）中分析了一些具有突破性的商界成功案例，发现成功更多是来自机缘巧合和意外惊喜，而不是我们以往认为的其他因素。他说：“当谈到我们的职业生涯或为企业制定战略时，我们认为可以通过缜密的分析规避偶然性，然而这是一个错误的观念。”在成功故事光鲜亮丽的外表下，你会发现，隐藏其中的可能是一个意想不到的偶遇或者一个让人惊喜的洞见。所以，我们应该遵循的法则是：让那些不在计划内的偶然发生，让那些出人意料的见解闪现。同样，塑造卓越的自己就如同找寻配偶的过程：你无法预知谁会和谁陷入情网，但如果举办一次联谊会，找到配偶的机会可能就会出现。

你要知道你是谁，穿博柏利的苹果公司女魔头

有件事情非常刺激我：即便你自我省察，可能也不一定会意识到自己的天赋所在。事实上，很多世界上颇为成功的人士都是在不经意间走入他们最擅长的领域的，而在此之前，所有迹象都显示，他们并没有什么过人之处。我能想到的例子是安杰拉・阿伦茨，她曾经对我说："我认为自己不是很聪明！"今天，如果知道她的成就，你可能会想：她在胡扯什么，不会是在和我开玩笑吧？《福布斯》杂志 2016 年评选出来的世界上最具影响力的女性排行榜中，她可是名列第 15 位的。2006—2013 年，她一直担任博柏利公司（Burberry）的 CEO，这期间，她把公司的价值提高了三倍多，达到 70 亿英镑。之后，她加入苹果公司，成为核心高管，负责整个公司的零售业务，要知道苹果拥有世界上最具价值的零售业务。

有多少人能比她更优秀呢？这也是为什么我至今还有种受宠若惊的感觉，2012 年她在百忙之中居然挤出时间回复了我的邮件！那时，我刚刚跳槽到 Equinox，急于寻找一些关于技术更新换代的建议，对我而言这完全是一个新的领域。阿伦茨不但回复了我的邮件，还抽出了近两个小时的时间，和我面对面开诚布公地分享了她的见解，以及她在博柏利工作时处理信息技术更新换代问题时的经验教训。我必须坦承自己的确写了一篇充满赞誉之词的邮件，打了那张女总裁对女 CEO 的牌，但正是这次不到两小时的会议给了我足够的自信去面对未来的挑战，其作用远远大于聆听来自外部咨询专家数月的分析报告。对我的职业和个人生活而言，这次交流都起到了非常关键的作用。可以说，她是我人生的第一位女性 CEO 导师。

这样一位出色的成功女性，怎么还会认为自己不够聪明呢？我觉得她应该是那种一出生就贴上了成功标签的超级明星，但是她却直言道："现在的学校体系偏重于学生的左脑开发，强调超强的分析能力，即使我全身心投入到学习中，最多也只能拿到 B，永远考不到 A。我的思维不是线性的，也无法将那些

不同的模式和算法融会贯通。同样，我也不擅长学习语言，法语学习了三年，可还是很难造一句优雅又准确的句子。当你在学校有这样的学习经历时，年复一年，日复一日，你是不会有什么自信的。我在无意中闯入了时尚界，对此我一直心存感恩。突然之间，所有的一切都豁然开朗，我富有创造力的右脑得到了释放。我终于能同时使用我的左右脑，把所有事情串联起来。”

她搬到纽约，投身到时尚界，最终得以为奢侈品品牌唐娜·卡兰工作。从这份工作开始，不仅她右脑的能力，即时尚和领导才能得到了完全的展现，而且她左脑的战略及商业运作能力也得到了最大程度的发挥。这些能力让她跳槽到 Fifth & Pacific 公司，然后又负责旗下品牌丽诗加邦（Liz Claiborne），帮助公司收购和管理过 20 多个品牌，包括橘滋（Juicy Couture）、Laundry by Shelli Segal，Lucky Brand Dungarees 以及 DKNY jeans。每走一步，她都会自我省察，她的专业技能和知识得以迅速提升，人也越来越优秀。她说：

> 从我开始热爱时尚、从事时尚界的工作、开拓时尚市场到塑造与众不同的全球品牌，一步一步走来，我发现一定要选择自己擅长的项目。如果一个优秀运动员选错了体育项目，就不会有发挥的平台，也不会成功！我在面试时，常会对后辈们提及：要知道你是谁。**每天早上起床时，你可以问自己一个问题：你最喜欢做的是什么？不要让别人告诉你成功的定义。成功就是知道自己是谁，知道自己与生俱来的天分是什么，知道什么能打动你。**这是我们公司必须将你引向的道路。如果我们提供机会，你自己又勤勉用心，你就一定可以达成自己的宏伟目标！

你是会走上实现目标的光明大道，还是碌碌无为、误入歧途，错误地认为自己不够聪明，进而错失实现目标的职业转机呢？自我省察会在其中起到关键作用。

机会留给有准备的人

卡斯和阿伦茨身上都体现了一条规律。阿伦茨能够不止一次地自我省察，把她的内驱力集中在刚刚发现的自身特长上，恰好就在那个时候，一个新的机会就会忽然出现在她眼前。萨姆·卡斯同样如此，自我省察不是一次性的，而是一个周而复始的过程，即使在最糟糕的情况下，也有意想不到的力量会慢慢将机会预备好。卡斯在维也纳自我省察，于是看到一个内心失望的棒球运动员可以成为一个前途光明的主厨。他的转机出现在维也纳的餐厅，在出国学习的那个学期，他在餐厅做志愿者，每天晚上都在厨房尽其所能地学习。当时，负责各种酱汁的大厨突发意外，需要手术，主厨不得不亲自上手做酱汁，因为别人都不知道怎么做。卡斯告诉我："主厨非常不乐意自己亲自上手做这些准备工作，所以他拉上我，教我如何最快上手，做好这些酱汁。我得到了最好的培训，成长得非常快。**当你在对的地方开始工作，机会就会开始慢慢显现。**"所以一定要留心这些机会，就像多年前，我的曲棍球教练曾经告诉过我的：如果你期待队友把球传给你，就得先自己跑到能接到球的那个位置。

卡斯在接下来的 5 年时间里实现了他在世界各地旅行的梦想，旅费是他当私人厨师挣来的钱。大多数人可能会想，卡斯结束旅行的时候会返回美国，在一家他喜欢的餐厅工作或者自己开一家餐厅。难道不是这样吗？不！当然不是，这些都不是卓越的卡斯脑中所想的。在世界各地旅行和烹饪美食的同时，他还在不断自我省察。大多数人可能不会选择再重返校园学习，但他还是回学校完成了学业。与此同时，他发现了自己对历史和政治越来越强烈的兴趣，特别是对我们如何得到食物过程中所蕴含的政治的兴趣。他想知道：自己所烹调的食物背后隐藏着的政治影响是什么？我们的烹调方式又是如何影响着土地，影响着那些种植食物的人与食用食物的人的健康的？所以，在学校内外，他都在孜孜不倦地学习着。那时人们还不能把自己喜欢的所有书籍下载到便携式产品上，于是他拖着自己的行李满世界旅行，行李中有三分之二的空间装的是与食物和政治相关的书籍。

5 年的旅行结束后，他返回芝加哥，感觉自己“有一点迷失”。原来的同学在事业上都已经步入正轨，生活也都进入了另一个阶段。他在新西兰曾经服务过的一个家庭刚好认识参议员巴拉克·奥巴马一家，可以介绍他做奥巴马一家的私人厨师。他把能够成为一个政治家家庭私人厨师的机会，视为自己一生中最重要的时刻。如果没有之前做私人厨师的经历，没有阅读政治类书籍形成的思维方式，他不会有这样的机会。他说：“我非常清楚地看到，这就是我的机会！如果我之前没有努力学习烹饪，研究食物和政治的关系，我不会意识到这是个机会。”最终，机会出现时，他抓住了，他不但成了白宫的主厨，还成了一名健康政策的制定者和决策人。为什么机会会降临在他身上？因为在过去的 6 年中，他一直在努力提高烹饪技能，学习食物和政治之间的奇妙关系，而这一完美组合让他成为这个职位的最佳人选，在一众候选人中脱颖而出。

卡斯为奥巴马一家服务一年半后，巴拉克·奥巴马赢得总统大选，之后他跟随奥巴马一家走进白宫。通过不断自我省察，努力发展自己的新技能，拓展自己的知识领域，他发现，自己收获的不仅仅是烹调技能的提升或者一个新的机会，而且是一份最适合他的事业。如果说从棒球运动员到厨师是一个相当大的飞跃，那么从厨师到能推动与健康和营养相关政策确立的人，就是一个巨大的跨越了。我非常喜欢卡斯的故事，因为它彰显了一个事实：当你做的是内心真正热爱的事情时，可能永远不知道命运会将你带向何处，可能是那些当你开始的时候根本就不知道或者无法想象的地方。

拥抱不可预见性，
辞职入读哈佛的“最强泥人”创始人

自我省察需要对惊喜抱有开放的心态，对任何引起你兴趣、勾起你热情的事情保有一颗敏感的心，通常它会不期而至，在你休假时或者从日常工作中跳出来休息片刻的瞬间出现。如同我筹划的那个慈善舞会，它看上去似乎只是一场大型舞会或者一件不务正业的事儿，但它可能恰巧就是为你而设定的，是为

你脑海中的实际目标量体裁制的。不管是哪种自我省察方式，你都需要系好你的“安全带”，因为它可能充满不确定性，而且自我省察的过程也是充满苦楚的。威尔·迪安（Will Dean）的故事就证实了这一点，他是“最强泥人国际障碍挑战赛”（Tough Mudder Obstacle Course）的创始人。如果你还不知道这是一项什么样的比赛，我可以为你简单解释一下：它是一个距离 16 ～ 19 千米的障碍赛，障碍物五花八门，比如跳入一个充满冰块的垃圾桶或者穿越火圈。你可以和一群朋友一起参与，它定会是你们有生以来经历的最疯狂的赛事。作为参加过这项赛事的 200 万名选手之一，我不得不做的一件事情就是找到想出这个奇妙想法的家伙，和他见上一面，好好聊聊。事后看来，“最强泥人”这个创意看似很成功，但我们都可以想象到：提出一个名为“北极灌肠”或者“电击疗法”的障碍赛事，肯定会遇到为数不少的反对者。

在自我省察前，威尔·迪安看上去不像是能做成这项赛事的人。他出生在英国，大学毕业后成为英国外事官员，作为反恐专员被派往美国华盛顿和印度新德里。正如他向我所描述的：“尽管我取得了一些成功，也赢得了一些赞誉，但也常激怒其他同事。他们嘴上说想要那些锐意进取的拥有企业家头脑的同事，但是一旦你说出一些不合时宜的话，他们就会感叹道：‘年轻人，你离成熟还有很长一段路要走啊！’”

当感觉到自己将永远无法完全融入那个工作环境时，迪安辞掉了工作，入读哈佛商学院。他的目标是：用两年在商学院学习的时间孕育并成立一家公司，这家公司要让他觉得人生更具意义，也更符合他的个性。最起码他可以对自己说：“你有两年的时间去做一次自我省察。”

回头来看，迪安可以说赌赢了。他对我说：“我在哈佛大学过得相当不错。”在学校时，他想出了“最强泥人”这个计划，该计划还入围了学校年度企划大赛的半决赛。他在哈佛还交到了很多朋友，遇到了他现在的妻子。他以前认为，大学就如同他在英国就读的寄宿学校，商学院在他看来固执僵化、墨守成规，而且学费昂贵。同时哈佛强调学生之间的个体竞争，这让学习氛围变得很糟糕，而这与他所熟悉的英国教育方式完全不同，在英国，学校之间有竞争排名，但学生之间没有排名。“我想要的东西不是一场你死我活的疯狂竞赛，而是想让每个人都能笑起来，同时还能融入更多合作的氛围。”也许是出于这些原因，在寻找正确的商业理念的过程中，他所遭遇的事情比想象的更艰辛和困难。他说：“那是一段相当痛苦的个人旅程：在你眼前是一堆堆的乱石，而你却无法找到想要的东西。有很长一段时间，我脑海中想的是，我的天啊，也许我永远无法找到内心最想要的那个东西。”

也许你会说，辞掉他没有归属感的那份工作，在美国的商学院自我省察后，迪安在商学院也没有找到那份归属感。相较于他原来的外事工作，学校正式而又系统的教育环境更加没有他渴望的那种企业文化氛围。但慢慢地，他所经历的所有不适恰恰帮助他想出了“最强泥人”的点子。“最强泥人国际障碍挑战赛”中的障碍物都极具挑战性，它们看似惊险，但非常有趣。如果队友之间没有合作是无法完成比赛的，整个赛事充满了友谊和欢乐，还会在一些你意想不到的地方搞得自己一身泥汤儿。他说：“我想用团队精神和友谊来建立一套清晰的价值观，而且可能会有些反文化的东西在里边。”他梦寐以求的事业就是，为他年少时就想离开的那个刻板又孤立的世界找到答案或者对抗的方式。

但是迪安也提醒我，这个“答案”不是来源于什么灵光一现的瞬间。“如果有一天有人为最强泥人国际障碍挑战赛做个电视片，我特别确信，他们一定会弄出这样一个镜头，记录我在那一刻顿悟，于是有了‘最强泥人’的点子。”他说，“但事实不是这样的，想出一个使命，知道这样做是对的，你还能对此充满信心，让它融入你的生命，这些都需要时间！这个过程和从菜单中点菜是完全不同的。想出并落实最强泥人这个产品的过程既痛苦又孤独，很多时候自我怀疑会出现在脑海中，我不停地自省，不停地自问：我是谁，我在做什么，什么能充分发挥我潜在的能力？”他的妈妈经常用威廉・黑格（William

Jefferson Hague）来激励他，黑格曾是英国外交大臣、保守党党魁，和迪安是同乡，就读商学院后开辟了自己管理咨询的事业。也许妈妈隐含的意思是："为什么我的威尔不能拥有自己的事业？"迪安还坦言相告："在好多日子里，我觉得，天啊，我快搞砸了，我是不是该做点容易的事情？"

自我省察需要时间和耐心。它涉及方方面面，绝不是一条笔直大道。这一点也不错，任何偏移的风向都无法把你带向期望的终点。迪安告诉我："经济学中有一个术语叫'随机游动'（random walk），当你踏上一条道路时，看似是走错了，但实际上它是你最终走向终点的必经之路。"这个术语来源于概率论，它描述了一种行为，其中包括很多不确定性，也没有人可以预见其结果。股票市场的短期波动就属于随机游动的范畴；醉汉摇摇晃晃，东倒西歪的曲线也是随机游动的一种。唯一能让你知道随机游动的目的地的方式就是，遵循它的轨迹行进，直到它把你带入一种情境，让你恍然大悟。自我省察的过程也是一种随机游动，是你必须从现在开始，时不时就要做的一件事情。尽管你不知道将会走向何方，但事实是：自我省察时，你也的确不知道它会把你引向何方。

调整优先级，不要沉湎于未解决的事情

正如随机游动的不可预见性，至少有一件事情是你能确信的。对你而言，花时间并对自我省察保持开放的态度，可能会让人非常困惑，在你身边总有一些人会认为：你真是个疯子。卡斯曾感觉到，和自己高中同学相比，他就是个失败者，当他在欧洲四处游走时，他的同学们在美国塑造自己的职业生涯。迪安的妈妈也曾对他说，他做了一个错误的决定。我自己的职业生涯也是如此，如同我将在后面章节中所描述的，我离开了几家非常出色的公司，我本可以在那里工作一辈子。当我离开时，几乎所有人都很难理解我的选择。我们所生存的社会，甚至我们所爱的人通常都看不到蕴藏在我们身上的巨大潜质。然而，他们又怎么能看到呢，他们又不是我们。

我喜欢卓越人士重新自我省察的故事。我们一生中不仅需要实现大量新的目标，而且需要对我们所面临的需求和机会的转变做出调整，因为人总会从一个阶段步入下一个阶段。我们必须平衡爱与事业、私人时间与和所爱之人相处的时间、短期目标与长期目标。我是在飞机上遇到劳拉·沃尔夫·斯坦（Laura Wolf Stein）的，她坐在我旁边，我认出了她，意外地从她身上收获了这一点。

我喜欢斯坦的人生故事，它让我意识到自我省察也是一种方法，可以用来最大化地利用我们所拥有的东西。斯坦把驱动力这一要素比喻成一台汽车发动机的不同汽缸，它们通常能够独立点燃，而不一定要一起做功。她是这样告诉我的："在我遇到我丈夫之前，我跑马拉松、骑行穿越马萨诸塞州、上瑜伽课、全身心投入工作，我有时间完成所有这些事情。后来，我恋爱、结婚，有了第一个孩子。休产假时，一旦我思考自己的职业生涯和待办事项清单，就会让自己的注意力远离刚出世的孩子。我不得不及时提醒自己：'不要再担忧你的事业了。这段时间专心做一个妈妈，照顾好自己和家庭，不要把宝贵的时间浪费在对工作的焦虑上。'很快，我调整自己，把注意力放在孩子和丈夫身上，也尽可能积极应对家庭之外的事务。

"现在，我不再沉湎于那些未解决的事情、手头未做的事情或者那些让我感觉到忙乱和混乱的事情，而是尝试通过问自己一个实际的问题来应对这些不平衡，即在生活中，是否还有其他事情可以激励我？如果没有，我能做些什么激励自己？我是不是可以把事情的优先级做些调整？如果有一段时间没有积极锻炼身体，我在处理所有事情时都不会很高效。因此，这样几天后，我总会把健身放在首要位置。如果我加班，又真的特别想念孩子，我就会对自己说：'今天晚上你的确没有办法看到他们，但你整个周末都会和他们一起狂欢。'久而久之，我就能体会到：与孩子和丈夫在一起时，我能精力旺盛；工作时，我也能让自己能量满满。"

我真是喜欢这样的故事！

【突破行动 · 如何发掘你的特质】

有时我们别无选择，只能独自上路，相信发现自我的过程，让自己处在一个舒适的环境中，以便能活出自己的特质并将其发挥到极致。最终，自我省察也是独自上路的旅程，尽管没有人能够告诉你，在你随机游动时会寻找到什么，但是有些秘密武器还是有助于你尽可能发掘到自己的特质的。

1. 学会去尝试

自我省察始于尝试做许多不同的事情，包括你想象中的事情和现实中的事情。现在回想起来，童年时，我就开始有所行动了，我幻想着很多自己可能从事的职业。我本能上想得很宏大，很成功。青少年时期，我通过尝试不同的工作去发现到底什么样的工作是适合自己的。我可以分享一个故事给大家：

> 那时我曾经在一家精品时尚店工作，我们会在顾客不多的一半时间里，在店里放刺耳的音乐，当然这是不符合店规的。除了音乐，我们也会按照自己的审美方式重新陈列店里的商品，这比在我父亲的肉类出口公司准备那些出货发票要有意思得多！（哦，天啊，如果我活着时不需要再看到发票之类的东西，我会是一个更幸福的女人！）

关键是，你得学会去尝试，而且是尝试很多事情，这是常事儿，因为事先是没有办法看到任何结果的。纳特 · 西尔弗（Nate Silver）是一名政治类民意调查分析师，也是博彩的行家，他建议说：生活和成功总是蕴含着很大的随机因素，但人类经常对此视而不见。在他的著作《信号与噪声》（*The Signal and the Noise*）中，他写道：“大脑的构造使我们善于发现模式，在我们本该欣赏信息的嘈杂时，大脑却总是在搜索一个信号。”

所以，如果不能收到一个明确的信号，我们就不能预测什么是有用的，什么是没有用的。这种情况下，我们别无选择，只能尝试许多不同的事情，然后看会发生什么。法兰斯·约翰森是这样总结的："如果能够预测什么会起作用，那么我们就永远不会做那些根本行不通的事情。如果成功是随机的，那么我们就需要经常掷骰子。"

我曾努力去组织的那次舞会会是一次灾难性的失败吗？我应该曾经这样想过：嗯，是的，那次舞会……还行吧。然而事实是，我发现组织一群人达成一个共同的目标好像是自己的一大特长。这让我内在的一些优势得以显示出来，慢慢地，我意识到：组织和激励团队，即领导力，也许是老天给我的最大天赋。

所以，就让你的想象力肆意狂奔吧。让它带你去你想去的地方，采取一些行动，经历一些事情，并从中学习。我想对千禧一代说：我的意思不是勾出一些选项，添加到你的简历中，让你看上去是一个完美的全面发展的人。如今，我感觉大家似乎都处于一种无形的压力下，总是去塑造尽可能完美无瑕、拥有众多的本职工作之外经历的简历。如果仅仅是坐在一辆观光大巴上游览异国他乡，然后回家，这是毫无意义的。如果因为你的朋友在做什么，你就去做什么，这也是一件非常糟糕的事情，而这也的确是个不切实际的陷阱。你必须要做的是遵循自己的直觉，去经历，找到那些最适合你的事情。每一段新的经历都是一次机会，它会带给你惊喜，因为它会迫使你前行，赐给你力量，让你找到最好的自己。

我的朋友伍迪告诉过我这样一个故事：

> 某天早上，伍迪的妻子很意外地让他送女儿去学校。在教室里，有个学生的家长力劝他去参加一个家长会，这是他从来没经历过的事情。那次会议大家要投票决定，是把近期筹到的一笔

款项用于原本计划的用途，还是改作他用，购买一个新的高科技视频安全系统。当时，形势所迫，伍迪惊讶于自己居然会举起手来在会上发言，而且说得非常详细具体，还充满感情。投票势均力敌，但最后还是他倾向的结果胜出了。会后，有几位家长对他说，是他的发言让他们改变了自己的想法，他们感觉是他左右了选票的最终结局。这样的积极行动与他的日常工作大相径庭，但是这个经历提醒了他：在内心，他曾非常享受当众演讲，尤其擅长为某一件事情提出一些倡议。他并没有计划在那个家长会上做自我省察，因为他根本就没计划去参加那个家长会。但是现在，他开始琢磨着，如何多去参加一些类似的活动，他的下一份工作中是否应该多一些机会，让他在公共演讲中扮演积极的角色？

当下，你一边坐着一边读着本书的文字，也许你会想：是的，我是个很彻底的自我省察者，因为我非常乐意接受新的体验。真的是这样吗？仔细盘点一下，你是如何度过某一年的，看看你选择参加的一些活动：你是不是总和同样的朋友去同一个地方度假；是不是倾向于每天中午总在一个地方吃饭；或者是不是跟随着同一个健身教练，一周一周地做着你喜欢的同样的健身内容？如果答案是肯定的，那就是时候经历一些其他事情了。加油，让突破发生！

2. 调整你的视线范围

什么样的新经历会带来突破？这些经历怎么能糅合在一起，成为卓越的自己的一部分？你无从知晓，也许很长一段时间，你也无须知道。但是在最开始的阶段，你应该对出现在自己面前的各种机会保持开放，机会越多样、差别越大越好。

有时，自我省察会让你看到自己的一个特别技能或者一个你想追寻的目标，如同萨姆·卡斯，他发现自己天生就是个厨师。这种情况也出现在我的好朋友戈登·汤普森（Gordon Thompson）身上，他是耐克公司的传奇人物之一，是耐克品牌的塑造者之一。汤普森可以说是这个世界上最具天赋的设计师之一，但是他的设计师之路开始得并不顺利，因为这与他的家庭对他的期望背道而驰。他没有像父亲和兄弟那样步入律师行业，他专注于设计，在上研究生的时候获得了诺尔家具公司（Knoll）实习的机会，他回忆道：

> 这家迷人的大型家具公司每年都会给一个学生加入他们设计团队的机会，为期4个月。我来到纽约，在他们位于伍斯特大街（Wooster Street）的老旧工作室工作。杰弗里·奥斯本（Jeffrey Osborne）是当时的创意总监，他对我来说是神一样的人物，会戴着他巨大的软薄绸领带在办公室游走。我的第一个工作项目就是参与评价其他人的设计，他来迟了一会儿。他在会上唯一做的一件事情就是指出："我喜欢这里，不喜欢这里，如果你还想做这个设计，那就去修改吧！"当时，我就想，这正是我想做的工作，我想成为一个指点江山的家伙，可以说出，我喜欢这里或者我不喜欢这里，他是诺尔的创意总监，而我则成了耐克的创意总监。

当时，汤普森甚至都不知道还有创意总监这个职位，更别提这是他的梦想所在了。就在他作为实习生的第一天，他通过自我省察为自己设定了一个新的目标。

有时，自我省察能够让你发现一个值得去探索的领域，不是一项技能，也不是一个目标，而是一个你能发展为专家的领域或者你个性中自己之前从未发觉的一面，而这正是你隐而未现的优势。对我而言，尽管我永远不会成为体育冠军，但是我好像天生就是一名运动员，团队工作能让我能量倍增，残酷的竞争氛围也会激励我前行，让我在体育领域越战越勇、表现卓越。另外，我对莫扎特的喜爱让我深爱创意，也喜欢充满想象力的工作。多年以后，我在体育和健身领域带领团队开创新的战略、产品和服务，团队成员都相当出色，我也深爱着这个行业。它是一把钥匙，开启了我精彩的职业生涯。通过自我省察，我发现了自己不曾看见，也不曾察觉的一个特质，正是这个特质让我知道了自己该如何取得成功。

其中的微妙之处是：你得愿意去调整你的视线范围，睁大你的双眼，在机会之球向你飞来时，确保能够抓住它。一个有效的练习就是列出你认为自己真正想要的机会清单，内容可以是：一份梦想的工作、一个完美的配偶或伴侣、一个梦中想扮演的角色或者被你一直梦想效力的球队选中。现在，你想象一下，你要面对的是跟梦想清单完全相反的情形。在你的脑海中想象这个机会，看看其中是否还有一些挺有意思的部分。我知道这样做是挺奇怪的一件事，但是这样的思考过程在我一生中很多重要的决定上产生了非常棒的效果。比如，选择自己的人生伴侣。

当我年轻的时候，我习惯性地认为自己梦想中的丈夫应该是一个体育健将、一个性格外向的球队队长、一个可以指挥千军万马的商业骄子，当然我最早约会的男生也几乎都是这样类型的人。直到我的朋友萨姆点醒我说，如果我寻找一个和我梦想的丈夫完全不一样的偏理智型的开拓者，也许我可以找到一个更匹配的伴侣。他可能在很多方面会以出人意料的方式与我互补，于是我打开心扉，开始转换方向寻找伴侣。

3. 要做就全力以赴去做

在新西兰，最损人的话就是说，这个人只付出了一半的努力。如果你对做自我省察是严肃的，就应该知道“草草了事，不全力以赴”的态度是无助于你获得所需的机会和自我发现的。萨姆·卡斯会一直在厨房里工作，直到他的背隐隐作痛，威尔·迪安在自我怀疑的沙漠中徘徊了数月，与他们一样，你必须要持续前行，直到你发现和发掘出自己的那个“特质”。所以，对自己郑重承诺：当你发现有什么东西牢牢地抓住了你的想象力，你将会全力以赴去挖掘它。今天我们经常会听到年轻人迅速辞职的故事，因为他们的第一份工作不完美，和他们心目中工作应该有的样子不同，比如，包含太多低级的工作、太商业化、过于僵化的制度或者其他什么原因。但是如果一份工作做得不够久，你也没有经历这份工作中不太让人兴奋的部分，可能也就无法成为那个卓越的你，也无法在那份工作上发挥你独有的特长。找到你的激情所在，通常要花时间并付出努力，所以我提醒大家不要太快放弃。

我工作几年后，成为一名在新西兰航空公司工作的年轻管理人员，当时，我老板决定，让公司成为一个尚在计划中的大学橄榄球总决赛的主要赞助商。因为种种原因，这个项目问题很多，我本可以看着它在自己眼前分崩离析，但我没有，我把每个周末和工作日的夜晚都花在了这个项目上，和公司一起组织这个赛事，帮助公司拯救这个项目，因为我知道这个项目对我的老板有多重要。但事情的结果是：项目还是终结了，还被认为是一次重大的失败（哦，是的，这是一段我可以和你一边慢慢喝啤酒，一边娓娓道来的错综复杂的故事）。也许你会想，我肯定非常失望，因为我几乎有好几个月完全放弃了自己的社交生活而投入其中，结果却铩羽而归，但事实上，这次经历却给了我在体育行业内的第一份宝贵经验。那时，我并没有意识到这一点，但是如果没有对那个项目全力以赴的付出，我就不会在当时的简历中有体育方面的经验，可能日后也不会有机会加入耐克。

所以，如果你偶然发现身处新的领域并不舒适，那就花点儿时间，想想你在这个领域的投入和付出，换句话说就是，你在“全力以赴”的天平上处在哪个位置？想想这样一个瞬间：发出电子邮件时，你所做的不过是轻轻点击一下“发送”键而已，这个过程让你有多满足？现在，再对比另外一个瞬间：当你全力以赴时，感受如何？你可以对自己做个承诺：要做就全力以赴去做。当自我省察时，你选择的应该是质量，而不是数量。

当你惊讶于吸引你的东西或者惊讶于自己一个隐而未现的特长时，就走在了成为一个卓越人士的路上。在追寻机会的道路上，如果全力以赴去挖掘自己的独特之处或者将自己之前未曾看中的一些特质融入其中，你定会不断取得重大的进展。但是，作为卓越人士，你需要的不仅仅是发现和付出，而且需要大量的内驱力，也就是你全然投入其中才能抵达终点的精力和信念。在下一章，我将描述自己如何克服不够全身心努力的脾性，发掘出我自己都不知道的可以拥有的强大内驱力。

EXTREME YOU

第二章

如果那是你的梦想，你就应该勇往直前

有些突破行动似乎顺理成章，可另外一些则不然。当我还是个 10 多岁的孩子开始自我省察时，我发现尝试新鲜事物并感受那些刺激自己的事情，对我来说都不是什么难事。我非常乐于尝试新鲜事物，可全身心投入呢？那时的我很少能做到持之以恒。我的兴趣和爱好十分广泛，可无论做什么，我往往会半途而废，最终为毫无结果而备感伤心。记得高中的某一天，我向曲棍球教练抱怨说，他把我放在替补席上很不公平。我问他为什么不能把我放在首发阵容中。

“你太懒了。”他回答我。

他这么说并没有要侮辱我的意思，而是想要告诉我，当我打进一个球后，还站在原地干呕时，我的队友们早就跑回去，开始防守了，而且我几乎连一滴汗都不会流。我似乎没有任何驱动力来把自己的身体锻炼得更强壮。这种让人变得虚弱的懒惰难道是我个性中的一个缺陷吗？我无法相信这是真的。正是在那时，我才真正意识到，要想在运动上取得成功，我的确需要更加刻苦地训练。

于是，我决定开始早起跑步。实话实说，刚开始，我对跑步可以说是恨之入骨。我们学校每年都会举行一场全校越野长跑赛，而且每个学生都必须参加。每次比赛，我刚跑过 1.6 千米就累垮了，然后一路走完剩下的 8 千米。当我到达终点时，其他人早就回家了。难道就没有办法让跑步变得轻松一些吗？让我庆幸的是，我刚好赶上了 20 世纪 80 年代最棒的几年，那时候索尼公司的随身听正风靡全球。带着我的随身听出去跑步时，我可以扯着嗓子，放声高唱帕特·贝纳塔（Pat Benatar）的名曲《爱情即战场》（*Love Is a Battlefield*）。刚开始，我跑得很慢，渐渐地，我跑的距离越来越长，直到我一口气能连续跑上 5 千米。

我寻思着，嗯，这种感觉真不错，那么……我能跑完 10 千米吗？

于是，我开始一点一点增加跑步距离，并一直瞄准我的下一个目标。的确，这听起来会让人感到有些畏惧。不过既然我已经可以跑 5 千米了，难道就不能再多跑 5 千米吗？当我能一口气跑下 10 千米时，我感觉棒极了！

如果这是一个童话故事，你一定已经猜到了故事的结局。这个小女孩懂得了刻苦的重要性，后来她获得了曲棍球冠军，或许最终还为自己在球场边找到了一位英俊潇洒的男朋友。要是这样，可就太好了！但现实并非如此，事实上我从来就没有进过首发阵容。不过，我在场上进的球越来越多，进攻和防守的面积也越来越大。我也不再像从前那样花半场球的时间大口喘气，然后四处寻找可以用来呕吐的垃圾筒。坦白地说，正因为这样，我从曲棍球运动中获得了更多的乐趣。我督促自己要刻苦努力，渐渐看到了自己的进步，作为一名曲棍球球员，我的技术越来越全面，也越来越成功，这种成就感实在是太美妙了。

我的自信心油然而生。我更加刻苦努力，而且乐此不疲——当初有谁能料想到这些呢？

在我年复一年坚持跑步的过程中，一个大胆而微弱的声音时刻回响在我的脑海中。我成年后的某一天，这个声音对我说：如果我能跑 10 千米，那么跑个半程马拉松又能怎样呢？你猜怎么着，在完成了半程马拉松之后，我又一门心思想着要跑全程马拉松了！高中的时候，我是个连不到 10 千米的越野赛都跑不下来的小女孩，就是这样一个失败者，现在居然认认真真、满怀热情（当然还是有些紧张）地考虑去跑一个全程马拉松，这实在是让人难以相信。为了实现一个目标，你提高自己的能力，然后为了实现下一个目标进一步提高自己的能力，这种渐进式的成功是会让人上瘾的，它给我注入了更多的信心和内驱力。

于是，我开始了马拉松的训练。我一步一步，迈着缓慢的步伐艰难前行。在这个过程中，我学会了不断督促自己进步，也因此享受到了成功和自我提升带来的愉悦，这种愉悦感让人痴迷。让我备感欣慰的是，在 25 岁时，我就把“跑完全程马拉松”从我的人生目标清单里勾掉了。如今我已经 40 多岁了，参加过包括铁人三项和“最强泥人国际障碍挑战赛”在内的各种不同类型的比赛。

“小赢”的威力

究竟是什么改变了那个经常跑倒数第一的懒惰小女孩，是什么给我注入了神奇的内驱力？答案就是，我不断提高自己的目标，然后再一步步向目标迈进。登上第一座山峰让我感到精神焕发，这激励着我去寻找一座更高的山峰攀登。不管怎样，对我来说，第一个 5 千米就像一座令人崩溃的高山。

这就是内驱力的第一个神奇层面：我发现做到刻苦努力的秘诀是，能从刻苦努力的行动中获得满足感。我早年在任何事情上从来就没有拿过第一，但我从自己的不断进步中感受到了欢喜快乐，而正是这种快乐让我有不断前行的内驱力。管理学教授特蕾莎·阿马比尔（Teresa M. Amabile）和发展心理学教授史蒂文·克雷默（Steven J. Kramer）把这种情况称为“小赢”的威力。这两位教授请上百位长期从事项目工作的专业人士把每天的工作经历记录下来，结果发现：几乎无人提及薪水或奖金这样外在的奖励。恰恰相反，能够感到自己不断进步是促使创造力和工作效率大大提升的原因。阿马比尔教授在接受采访时是这样解释的：“这是一个好消息，因为在工作中取得巨大突破其实是很罕见的。不过，如果能把一项工作分割成若干更容易完成的小份工作，那么很多人就能经常感受这种小突破。”

如果你能把一项艰巨的任务分割成若干小任务，然后各个击破，那就一定能体会到成功带给你的愉悦以及自我超越带给你的欣慰。这种体验会让你在还看不清明显输赢的情况下，依旧感到精力充沛，犹如跑者在突破个人纪录后，独自享受速度提升带来的喜悦。接下来，你会为了迎接一个又一个可以应对的挑战而提高自己，起初是一座很小的山，接下来是一座大一点的山，再接下来是一座更大的山。你在不断增强你的决心，积蓄你的内驱力，直到有一天从事着你曾经认为自己永远都不可能胜任的工作。

别在胜利前嘉奖，不是所有人都能成为赢家

在评估一个挑战——比如登上一座高耸入云的山峰——的时候，很多人会这么想：“这实在太难了。我根本就不具备战胜它的体力、决心和毅力。”其实，这些人颠倒了顺序。他们最先做的是丈量到达目标的距离，发现那座山峰看起来实在是太高了！然后，再对照自己，看看自己是否具备征服它的内驱力，这种做法是完全错误的。他们找到了什么？什么都没找到。他们根本就不晓得如何去实现这个目标，因为他们错误理解了内驱力的原理。

内驱力就好比汽车油箱中的汽油，你所拥有的并不是一个定量。或许，我应该说你所拥有的内驱力在某一天也许是定量的，但如果你能持续推动并挑战

自己，这个装载你内驱力的“容器”与汽车的油箱大不相同，时间一长，它会随着你为自己设定的目标成比例地增长。

这是我所知道的最有价值的事情之一。在我生命中，这股神奇的内驱力不仅一次又一次地成为我前进的动力源泉，而且促使我完成了很多自己认为永远也不可能做到的事情。正因为如此，当我意识到这种源泉的培养已受到严重威胁时，我的心都碎了。能在美国组建家庭对我来说是幸运的，但是当我发现“孩子不该经历失败”这种观念被广为接受时，我还是感到相当震惊。孩子们被告知“每个人都是赢家”，每个孩子都会得到一座奖杯。我有三个孩子，两个男孩和一个女孩，当他们开始踢足球时，我就已经觉察到了这个问题。我的三个孩子都是年轻而又精力充沛的足球运动员，我认为如果他们听到我告诉别人，他们三个里面没有一个人具备成为职业足球运动员的天赋，他们是不会感到难过的。他们仨分别加入了一支足球队，每个球队的组织者都在不遗余力地掩盖一些孩子要比其他孩子踢得好的事实。这些球队的队名，比如“黑狼”“海啸”，并没有显露这个问题。打曲棍球的时候，我十分清楚自己只是做替补的料。开始打网球的时候，我也非常明白，参加俱乐部之间的比赛时，我最多只能参加 C 级比赛。但是，我的三个孩子根本不了解自己的真实水平，当我们尝试告诉他们，要想达到更高的水平，就必须刻苦训练时，他们没有任何动机去这么做。他们不是已经被誉为“海啸”了吗？既然如此，又何须再去寻找更高的山峰攀登呢？

在美国，这已成为全国性趋势。阿什莉·梅里曼（Ashley Merryman）在《纽约时报》的一篇报道中指出，美国青少年足球联盟的地方分支把每年 12% 的财政预算都花在了奖杯的制作上。在美国和加拿大，制造奖杯和奖状已经成了一个年营业额高达 30 亿美元的产业。你听到了吗？我的天呀！在孩子们还没获得任何胜利前就嘉奖他们，整个产业完全是在扼杀孩子们的潜能。

我知道，目睹自己的孩子捧起一座奖杯是件令人高兴的事。可是对这些孩子来说，赢得一座奖杯可能会让他们无所适从。梅里曼分析那些有关灌输“人人都是赢家”观念的心理学文献后，得出了如下结论：“这种无休止的褒奖并不能激励孩子们取得成功，恰恰相反，它会导致孩子们无法发挥他们应有的潜能。”其实，四五岁的孩子就已经可以洞悉哪个队员表现得好，哪个队员表现得差。可是如果每个队员都能得到一座奖杯，那么表现好的队员会觉得受到了欺骗，而表现不好的队员又会认为自己根本配不上这样的嘉奖。这样一来，嘉奖也就失去了作用。时间一长，这些奖杯反倒成为他们取得胜利的阻碍，因为这些奖杯让他们丧失了一切动力，同时还给他们造成了一种生活很容易的假象。正如心理学教授琼·特文格（Jean Twenge）所指出的：“就算是在擅长的事情上，你经受的失败肯定也会多于胜利。你必须学会适应它，并不断前进。”

在美国，许多踢足球的青少年都梦想成为职业运动员。如果他们决定要从事这项艰难的事业，就需要一个机会去意识到他们将要面对的挑战是极具竞争性的。要战胜这些挑战，他们必须完全释放那个卓越的自我，为自己设定一个目标，然后不管这个目标是否成功达成，都必须再为自己设定下一个目标。如果他们认为自己已经是赢家，那就永远都不会有这样的经历。虽然我不会主动告诉我的孩子，他们长大后应该做什么，但是如果他们会丧失这样一个可培养神奇内驱力的机会，我是绝对不会袖手旁观的。我认为，这对他们来说是极不公平的，甚至这种情况在他们童年结束后还会时常出现。我们现在已经品尝到了“人人都是赢家”这样的文化所带来的影响，这些影响看起来并不让人满意。

让我们再把话题从儿童体育运动转向大学。《美国新闻与世界报道》（*U.S. News & World Report*）所发表的一项最新研究表明，在全美排名前 200 的大学里，有超过 40% 的学生的考试成绩都落在了 A 的范围内。这就意味着每个大学生都是赢家！你猜怎么样？根据 Linkagoal 的《2015 年恐惧因素指数报告》，与美国 X 一代[①]31% 的失败恐惧指数和婴儿潮一代[②] 23% 的失败恐惧指

① 美国 X 一代指的是出生在 20 世纪 70 年代的美国人。——编者注

② 美国婴儿潮一代指的是 1946 年至 1964 年间出生的美国人。——编者注

数相比，千禧一代[1]似乎对失败更为恐惧，他们的失败恐惧指数有 40%。这种差异会产生什么后果呢？巴布森学院（Babson College）2016 年的一项调查显示：在 25 ～ 34 岁的受访者中，有近 30% 的人表示当他们获得创业机会时，对失败的恐惧是阻碍他们走上创业道路的原因。要知道，2001 年只有 23.9% 的受访者持有这种看法。在我看来，这一定是因为奖杯发得太多了，所以太多有潜力成为卓越人士的人都丧失了机会。

这糟糕的现象让我再也坐不住了，我称它为西方世界的软弱化。是什么原因让我们认为年轻人不必去追求卓越？我听到许多与我同代的管理者、领导者和投资人经常抱怨“恃宠而娇”的千禧一代，可是在我看来，我们自己才是造成这种文化变迁的原因，这些年轻人就是在这种文化变迁中长大的。所以就我而言，我希望让我们为那些渴望进取的卓越人士提供工具和知识，并鼓励他们，这样他们才能不受“只要参加就能获得奖杯”的坏风气的侵蚀。

保持前进的势头，
生完5个孩子后重返职场的NBC记者

我们的内驱力可能会由弱到强，也可能会由强到弱，这与我们是否选择攀登那些山峰、能否创造不断前进的势头息息相关。无论是对在自己领域里出类拔萃的专业人士，还是对年幼的孩童，这个定律都同等适用。我曾有幸与美国全国广播公司（NBC）的《今日秀》（*Today Show*）和《晚间新闻》（*Nightly News*）的国家级记者珍妮特·沙姆利安（Janet Shamlian）交流过，沙姆利安可是在生完第 5 个孩子后才开始成为国家级记者的，她的经历让我震惊。说到内驱力和坚持，我想说的是，沙姆利安的经历就是最佳例证，证明神奇的内驱力能让人取得成功，同时说明一旦前进的势头被遏制，这种神奇的内驱力就会消失殆尽。

我与沙姆利安的第一次会面是在几年前由《财富》杂志举办的“最具影响

① 千禧一代指出生于 20 世纪时未成年，在跨入 21 世纪后成年的一代人。——编者注

力女性”的年度晚宴上。那天，我们俩刚好坐在一起。因为每个星期都能在电视上见到沙姆利安很多次，所以我很高兴能听到她亲自给我讲述她在事业上取得的卓越成就。

沙姆利安一直随身带着一张她小时候的照片。照片里，她拿着一个盛玉米的罐子充当麦克风，扮作电视台的记者进行新闻报道。与本书中许多卓越人士不同的是，沙姆利安在自己很小的时候就知道长大后要做什么。从学校毕业后，在她20多岁时，沙姆利安先从位于密歇根州大急流城（Grand Rapids）的一家地方新闻站的记者做起，之后又到了休斯敦和芝加哥这些更大的新闻站当记者。慢慢地，沙姆利安不再只报道那些被新闻工作者戏称为“死亡之轮”的每日新闻头条。“死亡之轮”就是指交通事故中某些人在哪里如何死亡的报道。她获得了报道那些更发人深思、让人感兴趣的新闻事件的机会，当初正是受了这类新闻事件的鼓舞，她才走上新闻报道的道路的。她瞄准传媒界越来越高的目标，坚持积蓄激励自己前进的内驱力，并时刻牢记自己的终极目标：成为一名《今日秀》的国家级记者。

与许多人一样，沙姆利安感到了事业与家庭之间的矛盾带给她的压力。由于她丈夫的生意都在休斯敦，于是她在怀上第一个孩子之后，就从芝加哥搬了回来。回到休斯敦，做了母亲之后，沙姆利安依然在周末当主播，同时还承担着每周三天的报道工作。可是，她只能报道那些不太引人注目的新闻事件。沙姆利安告诉我：“我又开始报道交通事故了。”如果把她辞掉的芝加哥的那份工作比作钻石，休斯敦的这份更方便家庭生活的工作就只能是氧化锆了。

当时没有任何一家大的新闻机构在休斯敦设有分部。在生下第二个孩子以后，沙姆利安终于意识到自己的生活已经和从前大不相同了。她告诉我：“我决定放弃了。我脱离了自己的生涯线，觉得自己的职业生涯结束了，彻底结束了。”内驱力的增长和消亡都是循序渐进的。这就好比沙姆利安跑完了第一个半程马拉松后，接下来她能找到的却都是5千米的赛事。正因如此，她做得越来越少，满足感也随之降低。渐渐地，她的决心和精力也都消退了。同样，在她跑完5千米后，接下来却只能参加距离更短的欢乐跑，这对她来说又有什么意义呢？那时候，她不断前进的势头已经渐渐衰退了。

与此同时，沙姆利安又发现了她的内驱力可以在一个新的领域内不断增长。她告诉我："我真正爱上了母亲的角色。我属于A型性格的人，觉得既然自己无法体验电视工作的压力，何不尝试一下养育孩子的压力测试呢。在7年的时间里，我们有了5个让我们深爱着的孩子。"你看，这也是卓越呀，无论你用什么尺度来衡量，生育5个孩子都可以称得上是一项壮举。沙姆利安"失去"了卓越记者的身份，却成了一位卓越母亲。

然而，她就此满足了吗？

沙姆利安深爱着自己的孩子，可是她始终无法放弃新闻梦想。每天早上，她都会待在家里，带着孩子一起观看《今日秀》。每天晚上，她还会通过放在厨房案台上的一台小电视机，观看美国全国广播公司的《晚间新闻》。她说："这些节目我一次都没有错过。每次观看这些节目的时候，我都有一种感觉：如果我来做这些节目，一定会比他们做得更好。"她经常评论其他新闻记者的报道工作：这个故事编排得不好，那个记者的语法需要更正。她说：

> 我甚至开始对他们的着装评头论足。其实我这么做并不是针对他们，这一切都只与我自己有关。我已经开始转变成一个我不愿意成为的人。
>
> 一天晚上，我在给孩子们做奶酪通心粉，我们家有小孩子，所以我们会做奶酪通心粉。我站在厨房案台边，突然间有了这样的感受：难道我这一辈子就这样了吗？难道我要不停地忍受放弃梦想带给我的折磨吗？去你的吧！即使是生了5个孩子，我还是要重返工作岗位。

哇，你看看她多么不安于现状！

那个时候，沙姆利安的朋友圈里还有很多以前的同事。她告诉这些朋友，她打算重新回归电视事业。她说：“当然了，几乎所有的人都对我说这绝对不可能。休斯敦的这些朋友是出于对我的爱才这样对我说：‘珍妮特，你都已经6年没有工作了！’我了解他们的本意。在地方的新闻机构里，有无数新闻人正处于他们事业的巅峰。这些人比我更年轻，更具有吸引力，或许他们还有着比我更深的写作功底，他们全都希望能被提拔到国家级新闻机构。与此同时，他们又没有任何家庭的羁绊，他们可以去任何地方工作，可我却只想在休斯敦。我自问：‘珍妮特，你要如何才能实现这个目标？你到底在想些什么？’”

沙姆利安还有几件卓越人士都拥有的秘密武器可以利用。这个小时候经常拿着玉米罐头当麦克风的姑娘得到了丈夫的支持。她的丈夫非常了解从事新闻报道对她是何等重要。沙姆利安说：“他是这样考虑的：‘我希望永远做你的丈夫，可我真的不愿意看到，你20年后为当初放弃了你的工作而后悔。不要在将来悔不当初。这一定就是你想要的。’”

有了丈夫的支持，沙姆利安在回应所有的告诫时展现出令人难以置信的内驱力。她把当初在电视界打拼时学到的一切都用上了，她还打算利用所有能够联系上的老关系，她真是使出了自己所有的本事。既然两条胳膊不够使，她就假装自己有八条胳膊。沙姆利安对我说：“我试着把自己当作一只蜘蛛，只不过这只蜘蛛装上了我的胳膊。每遇到一个机会，我都会自问：我该如何利用这个机会，这个机会怎样才能帮助我实现自己的目标？”

她致函给几家电视广播公司的领导，向他们解释，为什么她认为自己可以成为一名能力更强的新闻记者。可是她离开这个领域太久了，几乎已经没有人知道她是谁。她把最大的希望寄托在以前共事过的一家电视广播公司的领导身上，可是她发出的信函石沉大海。当她再次与他联系时，却被告知这位领导已经不在那里工作了。沙姆利安还试图联系她以前的经纪人，可是每次她连这个经纪人的新助理这一关都过不去。她说："我努力向他的助理解释，这个经纪人在我还在大急流城工作时就发现了我，而后又帮我在休斯敦和芝加哥找到了工作，当时我还只有 20 多岁。我不间断地给她打了两个星期的电话，才终于和以前的经纪人取得了联系。

"与此同时，我觉得电视广播公司为我设置了层层阻碍。终于，全国广播公司邀请我去纽约面试，却要求我自付路费。他们让我带上一份简历和我的一盒录影带，可是我的录影带已经是 6 年前制作的了，于是我就没有带。"她来到了纽约，成功地通过了笔试，最终全国广播公司决定聘用她为自由职业者。虽然这根本不是她梦寐以求的那份工作，可对她来说，这毕竟意味着已经成功登上了第一座山峰。"砰"的一下子，她的劲头又起来了。除此之外，沙姆利安牢记全国广播公司在她身上投下了很大的赌注，没有其他电视广播公司愿意这么做。全国广播公司的举动让沙姆利安备受鼓舞，她比从前更有决心完成自己的任务，并向所有人证明全国广播公司聘用她是一个正确的决定。

向上攀登时，唯一的路就是一直向上

对沙姆利安来说，当有了家庭后再重返以前的工作岗位时，那些"山峰"比以前要高很多，因此攀登那些山峰就需要花费更多的精力，同时还需要付出更多的情感。然而，内驱力毕竟是神奇的。随着她面临的挑战不断增大，她的内驱力也随之增长。作为一名自由新闻记者，她可能随时都会接到全国广播公司的电话，要求她立马坐上飞机，去报道刚刚发生的重大事件。她告诉我："当你被临时聘用去报道这些事件时，以下的任何托词都是没用的：'对不起，我得先回趟家''今天我要去学前班开家长会''今天我要带孩子去看儿科'。每次接到全国广播公司的电话，我都要立即放下手中所有的事情，冲到幼儿园，然后马上赶往机场。"她一赶到电视台，另外一名记者就可以赶去现场，报道突发的重要事件。沙姆利安则会留在电视台，每个小时都在镜头前向观众介绍该事件的最新进展。

沙姆利安告诉我：“有一年，整整有 175 天我都不在家。头两次我要离开家出去工作时，我丈夫需要留在家里照顾我们的 5 个孩子，这实在太难为他了。但那以后，我出去工作所带来的最大困难实际上是，我无法随时随地出现在他们的日常生活里。我和丈夫达成了协议：如果他要扮演更具权威的那个家长，那么我就必须把更多的决策权交给他。我的 5 个孩子都曾在不同的时间告诉过我，他们觉得跟父亲更亲近，这就是我为自己的工作所付出的代价。”

有一次，沙姆利安和全家度假结束后准备回家。当时，她已经坐在了巴黎机场的一趟航班上。就在这时，她突然接到一个电话，让她立即赶往伦敦，去报道伦敦地铁的恐怖爆炸事件。沙姆利安告诉我，在下飞机前，“我必须要说服飞行员和工作人员，我不是一名恐怖分子。我必须让他们相信我没有在飞机上留下一颗炸弹，想要炸死我的家人，自己却先下飞机逃之夭夭。我把自己的东西都塞进了一个盛尿布的袋子，我就提着这个袋子，揣着信用卡，只身赶往伦敦了。我用全国广播公司给的钱买了一套衣服。最终，我在伦敦待了三个星期。我答应做这个报道，让公司既感激又吃惊”。

基于她对工作的努力和投入，全国广播公司给了她一份全职工作，可是工作地点是在离家很远的芝加哥。接受这份工作后，她偶尔会有机会在《今日秀》出镜，这正是她梦寐以求的。对最终胜利的渴望给了她前进的动力，除此之外，还有其他一些东西日复一日地激励着她。她对我说：“做新闻报道时，我就像一块海绵。”沙姆利安乐于从其他新闻记者的一举一动中吸收经验，并全身心地投入到自己工作的方方面面中。她拼尽全力达成目标，在重压下不断成长，也在这种极端的经历中提高了各方面的能力。她说：“我的写作能力提高了，也能承担记者工作的各项职责。”每当她完成一个目标，都会环顾四周追问自己：“好的，我还能再做些什么？我下一个目标又是什么？”

这就把我们带到了内驱力的第二个神奇层面：如果你努力工作是因为随之而来的满足感，那么这么做就一定会让你取得一些客观意义上的进步。沙姆利安发现，得益于她在新闻报道上的长期经验，公司渐渐注意到，她能够采用与众不同的方式成功报道新闻事件。“全国广播公司意识到，在报道那些感人事件时，作为一名母亲，我比那个 26 岁的小伙子更具敏感性。我能让受访者把他们的情感流露出来。我的表现十分出色，我能代表观看这个节目的人群，它的主要观众是孩子的妈妈。可是这个节目中唯一一位孩子的妈妈正坐在主持台前”，而不是像沙姆利安过去那样，作为新闻记者在现场亲自报道这些事件。当然，她当初决定成家生孩子的目的并不是要成为一名出色的出镜记者。沙姆利安不断积蓄自己的内驱力，迎合自己的上升势头，也在这个过程中提升了自己的各项技能。

在一年时间里，她每周一都要从休斯敦飞到芝加哥，每周五再飞回休斯敦的家中。这样的通勤，她是怎样坚持下来的呢？她说：

> 有时候我会因公出差，出差的日子里，我几乎每晚都会大哭。但是，说心里话，我能坚持下来的真正原因是，我感觉自己正向着胜利迈进，于是我全身心地投入到工作中。我的决心不可动摇。现在，再来回首我所做出的牺牲，特别是要忍受远离孩子们的煎熬，这比当时还要艰难。我之所以能做到这些，主要是因为我已在前方看到了自己的目标，我的梦想一定会实现。

她在休斯敦和芝加哥之间往返通勤了一年后，全国广播公司出于对她家庭的考虑，决定让她在休斯敦继续她的工作。公司还特意在她家里搭建了一个小小的直播间。这样一来，她不仅可以直接在家里进行新闻报道，而且可以一直陪伴在家人身边。沙姆利安的结论是：“我搬回了休斯敦，再也不用通勤了，这一切都得益于我的努力工作。”对沙姆利安来说，一个又一个挑战点燃了她的内驱力。在足够大的内驱力的驱使下，沙姆利安成了全国广播公司一名不可或缺的新闻记者。她拥有的强大内驱力是她与家人重聚的原因，同时她的梦想终于实现了。

坚毅不等于自律，从咨询顾问到性格实验室创始人

如果增强内驱力是指卓越人士为自己设定越来越困难的目标，那么我必须指正一点：不是随便什么目标都可以的。你要攀登的高山对你来说必须真的很重要。我曾经有机会和一位研究“坚毅”的知名心理学家安杰拉·达克沃思教授一起探讨过这个问题，她认为“坚毅”是指对目标的热衷与实现目标的动力的结合。你也许会问，我是怎么认识她的？我必须坦承：实际上，我一直在追踪她。在我为写这本书收集材料时，几乎所有的信息都把我引向她那些引人入胜的著作。曾经有一篇文章说，她时不时就会爆粗口，但是她对此并不感到尴尬。看过那篇文章后，我马上决定要和她见上一面。我们共同的朋友亚当·格兰特（Adam Grant）替我做了引荐。格兰特对我说，他能预见的画面是：我和达克沃思见面很可能会是一次让人心惊胆战的能量碰撞。哇，他说得太对了，这位女士有着用不尽的能量。

达克沃思告诉我，对坚毅最大的一个误解就是认为坚毅只与自律有关，很多父母和老师都认为“重要的是让孩子刻苦并自律，孩子的需求则无关紧要。这可真是大错特错。坚毅的要点是找到你的兴趣所在，然后付诸行动。坚毅绝对不是逼着你的孩子练习钢琴，逼着你的孩子当一名医生，而不管他们是否喜欢。**坚毅不仅仅是刻苦努力，只有为既感兴趣又有意义的事情刻苦努力才能称得上是坚毅”。**

达克沃思不仅比所有人都更加严谨地研究“坚毅”这个话题，而且她本人的经历就是对坚毅最好的诠释。她的职业生涯是从担任管理咨询顾问开始的，但是她很清楚这并不会成为她的终身职业，因为她对孩子和教育一直兴趣颇浓。于是，当她在哈佛的同班同学大展商业宏图的时候，她进行了自我省察，这也是每一位卓越人士会做的。经过自我省察，达克沃思做出了一项非常有勇气的决定，去一所纽约的公立学校教数学。很快，她就感到了身份地位的

变化，从她的父亲到机场护照的检查官员，他们见到她的反应都从“哇，这真是太棒了”变成了“噢，这也挺不错的”。任何人遇到这种情况都会备感压力，想要回到以前那份地位更高的工作岗位上。正如她对我说的：“地位的降低确实让我有些小烦恼，我猜自己还是希望引人注目的，即使是那些能够做到持之以恒的人，也会有不安全感的。我自己寻思着，还是认了吧，这注定是我做这个决定后需要面对的不喜欢的那一部分。但是，这件事也让我完全确信，我要改变人们对老师地位的看法，这也太荒谬了，谁都不该瞧不起老师！从某种意义上讲，这件事反倒激励了我。”

从她的这些话语中，你一定听出，有一股更强劲的内驱力已经开始在她身上起作用了。她帮助学生取得更好的成绩，并开始研究如何帮助更多的孩子取得进步，与此同时，这股内驱力变得越来越强大。是继续当老师，还是开办一家私立学校呢？后来，她成了一位研究“坚毅”的心理学家。随着她的观点越来越为人所知，她在做着一份全职工作的同时，还成立了一家非营利的“性格实验室”。实验室的任务是向非学术界人士介绍如何建立坚毅。每前进一步，她的内驱力都会增强一些。“多年前，如果你问我：‘等到了 46 岁的时候，结了婚，有了两个孩子、一个老公，你还会每周工作 80 个小时吗？’我大概会说：‘可能不会吧。’但是，我对坚毅这个问题的兴趣实在是太浓了，我甚至恨不得自己不用睡觉，希望自己不仅能饱读这方面的文章，而且能给大家讲解坚毅这个话题。”

这与我的经历非常相似。如果你憎恨面前的山峰或者攀登那座山峰让你感到厌倦，那就无法积蓄攀登高山所需的动力。正因如此，我建议：你首先要进行自我省察，然后再开始积蓄神奇的内驱力。你一定要找到自己喜欢做的事情，然后全身心地投入。只有不断增加挑战的难度，你才会拥有越来越强大的内驱力。

用你的方式达成你的目标，美国成就最大的高山滑雪运动员

众多的卓越人士将他们的成功归功于设定了主观目标，这让我感到非常诧异。我们在第一章介绍过的最强泥人国际障碍挑战赛的创始人威尔·迪安告诉我：“当去尝试别人认为重要的事情时，我通常做得不尽人意，我的表现也会受到影响。但如果我对别人说‘这个目标在局外人看来可能很随心所欲，但它是我自己选择的，我相信它’，我倒是往往可以取得成功。”

然而，这也存在着一种危险：我看到过很多人为自己选择了一个长期目标，即出于自我考虑选择了自己的山峰去攀登，可是他们却把如何实现这些目标的决定权交给了他人，比如专家、老板、教练或家人。就制定目标而言，他们拒绝盲从周围的人，但是他们会屈服于压力，最终，按照别人为他们指定的方式去追寻目标。这样做往往会让他们的积极性消失殆尽。

这是我从博德·米勒身上学到的最重要的一课。米勒是美国历史上成就最高的高山滑雪运动员。在米勒备战并参加 2006 年冬季奥运会的过程中，我曾经与他有过一段相当精彩的合作。米勒堪称一位卓越人士，这家伙所有的一切都让我喜爱。我观察到他将极度的自律和超乎常人的自知融为一体，他为自己制订成功标准的决心让我受益匪浅。他向我解释说：“我的训练没有依照当时运动科学所提供的模式，但我在自己所从事的这项运动中，却比那些依照模式进行训练的运动员更成功。”米勒的成功要归功于设定属于自己的主观目标，并且向能够帮助他以他自己的方式实现这些目标的人学习。

第一个人就是他的祖母。他的祖母来自新罕布什尔州农村的一个小社区。用米勒的话来说，他的祖母就是“一个敢于冒险的人，还是个滑雪爱好者，算是个不安分守己的人”。在他还很小的时候，米勒会向祖母询问那些他在电视上看到的体育英雄们。“她说，这些人出生后也都会戴尿布，但是他们都遇到

了合适的机遇，还拥有恰当的内驱力。我问祖母：‘你觉得我也拥有那些东西吗？’她说：‘有啊，你出生于一个有运动基因的家庭，你周围的环境让你有机会接触各种体育运动，而且你成长在大森林里，这也把你的意志锻炼得更坚强。’”

米勒于是开始着手挑选一项可以让他取得成功的运动。他的祖父母经营着一家网球训练营，于是他就顺理成章地选择了网球。可是他渐渐意识到，他的网球水平取决于他能找到的对手和教练的水平。在新罕布什尔州的山区，高水平的对手和教练是很难找到的。不过，滑雪却是一项他一个人就可以进行的运动。“我喜欢滑雪，因为我可以在很大程度上掌握自己的命运。你要做的就是以最快的速度从 A 点到达 B 点，我想没有人会有不同的看法。刚开始练习滑雪的时候，我滑得一点都不好。我最大的优势在于，我拥有评估、洞悉我面临的各种挑战的能力，以及想出如何应对这些挑战的能力。看到一条滑雪赛道，我会自问：‘如果你是我，你要怎样做才能获胜呢？我真的愿意那么做吗？是的，我愿意。’”

米勒告诉我，在运动生涯的早期，当他努力要在滑雪上有所建树的时候，“我从来不给自己设定客观目标，所有的目标都是主观的”。即使是参加那些提供排名这样客观结果的比赛，赛后他也会按照自己的主观分析来解释比赛的客观事实。如果他得了第三名而不是第一名，但是是跟经验更加丰富的滑雪运动员同场竞技，这就已经是个很了不起的成绩了。如果在一次比赛中，他比从前更努力，滑得更熟练，即便最终只得了第三名，也要比在其他比赛中得了第一名更有意义。或者，如果他发挥得很不好，可是其他运动员比他表现得更差，那么以第一名的成绩完赛也只能说明他在比赛当日没有犯下什么大错而已。无论是比赛的最终排名，还是他获得的表扬或遭到的批评，都不是他评价自己表现好坏的依据。他会用他根据自己实际情况制订的主观标准来衡量自己。“人们太在乎其他人的看法，以至于当别人赞扬他们干得漂亮的时候，他们很可能会忽略下面这样一个事实：其实他们知道自己发挥得糟糕极了，或是知道自己本来可以表现得更好，他们之所以相信别人的话，完全是因为所有人都在给他们戴高帽子。”

完全相信自己的主观判断，会不会令他错失好的建议呢？这是当然的了。米勒是个出了名的喜欢跟教练争吵、具有叛逆性格的孩子。有一次，他把一名教练气得够呛，以至于这名教练对于他在比赛中的表现向裁判扯了谎，他的成绩就这样被取消了，他的总排名和比赛赞助也都因此受到了影响。有的时候，他也不得不向教练承认：“现在回头看，是我把它弄砸了。我错了，当初真该听您的话。”但是，他慢慢体会到，为维护自己挺身而出能够帮助他建立“自我信念”。他认为，这是从事像滑雪这样的单人运动所必备的一种品质：“要想承担这样的重任并直面风险，你必须要做到自立和自信。绝大多数人过于依赖自己的教练和团队以及基础设施的支持，因此在比赛过程中，当麻烦出现时，他们也就能发挥出原有水平的 70%。我意识到，我必须要学会独立，因为当站在比赛的出发门闸时，你身旁一个人都没有，周围鸦雀无声。”

卓越人士对此难道不会感同身受吗？我本人对此可是深有体会。如果你想按照自己的方式攀登自己的山峰，最终肯定是一个人。你必须坚信，你能按照自己的方式去实现自己的目标。

米勒对主观目标的专注让我想起了心理学家罗伯特·瓦勒朗（Robert J. Vallerand）所说的“和谐式热情”（harmonious passion）。当“你在无任何附加条件的情况下，不受任何约束地认可了自己工作的重要性”时，你对于工作的感受就是和谐式热情。换言之，你之所以去做某件事情，完全是因为这件事对你很重要，而不是由于担心因达不到别人的标准而遭到排斥或羞辱。两者的区别就在于：你之所以从事现在的工作，是因为你觉得这样做可以给世界增添一些有价值的东西，还是因为你无法承受被炒鱿鱼的后果？根据瓦勒朗的研究，“和谐式热情通常会带来积极的情绪、专注力和心流”，引导你取得更大的成功。相反，“强迫式热情”（obsessive passion）是指，你之所以做某件事情，是因为担心不做这件事情可能造成的负面后果。强迫式热情往往会产生消极情绪，进而影响你的表现。

过去的几十年里，有相当多的研究表明：**设立“掌握式目标”，即掌握一门技术或知识，会让你变得更积极；而“绩效式目标”，即赢得认可、涨工资和获得学位，通常会削弱你的韧劲，破坏你的快乐。还有一种目标叫“绩效回避式目标”，它让你竭尽全力防止犯错，这种目标对积极性的破坏是最大的。**如果你工作的目的就是为了不受老板的羞辱，那么你肯定打心眼里是不想做这份工作的。米勒不受任何约束，为自己选择了掌握式目标，这些目标成为他更大抱负的一部分。这是塑造冠军实力的一种方式。

第四驱动力，成为6人培训生小组的第7人

有关内驱力的文章有很多，多数文章都与我上面阐述的观点一致。在专著《驱动力》①里，丹尼尔·平克（Daniel Pink）回顾了 20 世纪 40 年代以来关于驱动力的研究。他得出的结论是，从长远来看，有三个因素能够有效驱动我们，其中既没有奖励，也没有惩罚，它们是自主、专精和目的，这三个因素让我们有机会在做好一些利人利己的事情的同时，掌握好人生方向。但是，对卓越人士来说，内驱力还可能来自另外一个不太为人所知的源泉，它简直就像一根额外的“金手指”。

只有当以自己的主观方式探寻下一座更高的山峰时，你才能够感觉到有使不完的劲。当丈量那座山峰的时候，你会意识到你的目标对你的要求比你计划的要多，而且还需要让更多的人知道你的目标。不管做什么事情，要想塑造卓越的自己，都必须让自己更加投入。可是总有一天，你会意识到，你或多或少都会因为顾忌别人的想法而有所保留。这样，你就面临着一个选择：是把卓越

---

①《驱动力》是趋势专家、畅销书作者丹尼尔·平克的经典著作，这本书的经典版已于 2018 年由湛庐文化引进、浙江人民出版社出版。

的自己隐藏起来呢，还是将它公之于众呢？你将如何应对旁人对你的好的、坏的或漠不关心的反应呢？

大学毕业后申请第一份工作时，我颇费脑筋。有一份工作看起来是完美的：成为新西兰航空公司的一名培训生。作为工作申请的一部分，我需要参加一项书面能力测试。这项考试的题目都是选择题，结果我把它考砸了，没能通过。航空公司甚至都没给我面试的机会，这实在让我太难过了，用我们新西兰人的话来说就是："你失望到了极点，甚至想要把你的笔记本电脑往墙上摔。"

虽然新西兰航空公司没有录用我，但是美孚石油公司（Mobil Oil）却给了我一份工作。这是一份相当不错的工作，工资足够我付房租了。有了这份工作，我也可以写信回家，告诉父母："太棒了！我找到了一份令人尊敬的工作。"我本可以就这样安定下来，也可以根据所谓的客观测试，让系统告诉我最适合我的工作是什么，但我做不到，我实在是太渴望去新西兰航空公司工作了。毫无疑问，在我的脑海里，从降生的那一刻起，我就成了这份工作最完美的候选人。我出生刚满三个月时，我们全家就移居到了伦敦。直到现在，我母亲还会非常自豪地告诉别人，我是我们全家迁移到地球另一端时所带的第 28 件"行李"。我知道在大型喷气式客机上飞行的浪漫，也了解在我们这个小小的岛国外面，还有一个更大的世界。所以，对我的成长产生重大影响的早期经历就是：搭乘新西兰航空公司的航班进行环球探索和旅游。正是由于这些原因，对我来说，在新西兰航空公司工作的机会意味着，我将有机会以一位显赫的商业主管的身份前往世界各地（虽然我的一双大脚穿上高级的克里斯提・鲁布托鞋并不怎么好看）。新西兰航空公司让我去面试了吗？根本没有！他们怎么可以错失这样一位拥有进取心、全球意识和绝佳品质的人，不让她在全世界的范围内代表他们公司呢？我的意思是，他们到底在想什么呢？

我根本无法接受在航空公司申请人档案中，仅仅留下我的名字和一个糟糕的成绩纪录。往深里讲，塑造卓越的自己其实是一种恋爱匹配的方式，我感觉我是可以跟美孚石油公司“谈上一段恋爱”的，但说到新西兰航空公司，我会和它坠入爱河。此时，我面临着一个选择，这是一个让人感到既别扭又不舒服的选择，也是一个“要把自己豁出去，而且有可能会让自己看起来很傻”的选择，即我可以把内心的真实感受隐藏起来，接受从客观上来讲对我是正确的那份工作；我也可以选择冒一个更大的情感风险，尝试向航空公司的人介绍我的为人，展示我的一切，希望他们在了解我之后雇用我。或者说，我的选择其实就是：要么尝试着成为一名石油公司的年轻主管，要么完全展露出我卓越人士的真面目。

我最终打通了薇姬·洛奇（Vicki Lodge）的电话。她任职于新西兰航空公司的人事部，负责公司的人员招聘工作。我给她讲述了一些我从前的经历，告诉她为什么我会这么强烈地认为自己比其他人更适合这份工作。换句话说，我用我的机敏应答取悦了她。我的应聘过程也使新西兰航空公司重新设计了他们的招聘流程。他们原有的招聘方式把重点放在了对左脑分析能力的评估上，即能否给出那些选择题的正确答案，而这是我相对薄弱的环节。我的应聘经历使他们把重点转向右脑、以个性为核心的评估方法。我所做的这一切足以说服她，替我安排一个与招聘经理面试的机会。于是，我便开始拼命学习，我需要了解航空公司的现有业务，这样在面试的时候，我不仅可以用我绝佳的个性，而且可以用有针对性的经营想法来打动他。我的神奇内驱力被点燃了！我已经得到了美孚石油公司的那份工作，可是我并没有跑出去庆祝，相反，我留在家里，比以往更加努力地学习，目的就是要向新西兰航空公司展现我是谁，我能给公司带来什么。那个时候，航空公司已经招到了他们要招的 6 名培训生，但我的面试结束后，他们又特意为我创造了一个位置。这样，我就成了 6 人培训生小组的第 7 人。

当然了，一旦你揭开了自己的身份，你本人也就完全暴露了。所有人都知道，我是额外招聘进来的，是属于计划外的，没有走正常的招聘程序。有了这样的开端，从工作第一天起，我就意识到自己必须得证明，公司雇用我是物有所值的。大家都知道，单从简历上看，我并不具备其他人都有的资历。我相信，这就是后来我的表现要比公司里许多与我职位相当的同事还要出色的原因。因为我的成功来之不易，因为我需要向他们证明我这个“卓越的萨拉”是配得上这份工作的。因为要应对由同事们对我的怀疑引发的压力，我引爆了迈向成功的内驱力和决心。我必须在隐藏自己和展示更多的自我之间做个选择，我选择了展示那个卓越的自己，这个选择把我的内驱力推到了一个全新的高度。

我认为如果你做什么事情，仅仅是由于不想因为没做这件事情而遭受惩罚或羞辱，那么你的内驱力就一定会受到阻碍。当卓越人士开始着手做他们所相信的事情时，他们会按照自己的主观方式攀登自己心目中的主观山峰，然后还会把他们的自尊置之度外。不管别人怎么想，他们都要揭开自己卓越人士的真实面目，以我的经验来说，这么做会进一步增强他们的内驱力。

直到被认可为止，从律法之家走出来的耐克设计师

设计师戈登·汤普森就是这么做的。为了营造内驱力，汤普森揭开了自己的多个面目，最终成就了非凡事业。汤普森是个天生的艺术家，他的设计作品被耐克公司发掘，在耐克，他的职位一路上升，最后成为公司所有设计和研发部门的负责人。他是把耐克塑造成我们今天熟悉的这个庞大的全球品牌的关键人物之一。在我为耐克工作的那些年里，汤普森是人们经常谈论的一个标志性名字，但我从来没有真正见过他。多年以后，当我在佳得乐工作时，需要寻找一位杰出的设计人才合作，我们才有机会相遇。汤普森让我大开眼界，他向我传授了许多与设计相关的知识。毫无疑问，他也是我见过的最会自我激励、最具内驱力的人。我一定要弄明白他的内驱力来自何处。

汤普森来自加州一个成就显赫的律法之家，他是家里的第三个儿子。家人

给他取了父亲和祖父的名字，希望他能够延续家里的传统：考取南加州大学，支持南加州大学橄榄球队，攻读法律，为加州的司法历史做出贡献。但是，汤普森与家里的其他人大不相同。我问他：很显然，家人已经为他铺平了一条相对容易的通往成功的道路，那么他是从什么地方获得内驱力，去做一件他的家庭不期待或者不支持的事呢？

汤普森告诉我："我五六岁的时候就开始画画，11 岁时获得了第一份工作，工作的地点是在人们经常开生日宴会的帕特·普拉特的木偶剧院（Pat Platt's Puppet Playhouse），我是负责场景和服装的总设计师。这份工作实在是太棒了！然后，在我十二三岁的时候，我创立了一家贺卡公司。那时正是 20 世纪 70 年代，于是我就画了很多彩虹和大树的钢笔画。我父母的朋友们会花钱雇我为他们绘制圣诞贺卡以及私人定制的生日贺卡和信纸。我开了一个银行账户，经常骑着自行车去银行存支票。我进入了销售领域，还开始挣钱了，那感觉真是好极了！

"后来在我大约 13 岁的时候，我开始做圣诞节的装饰品。我把银色小球浸入白色涂料里，在上面做些设计，并尽量让每一个装饰物都与众不同。我们家热爱划船，所以家里总是存放着很多罐清漆。在我家房子外面的一个独立车库里，父亲给我们做了许多巨大的木板玩具火车和轨道，它们悬挂在车库顶端的屋梁上，它们下面吊了一排排挂茶杯用的钩子，我就把我做的装饰物挂在钩子上。有时候，我是一名开火车的小小工程师，有时候又成了粉刷装饰物的小小艺术家。我把这些装饰物称作'戈登饰物'。这成了一个大买卖，因为每件装饰物可以卖 25 美元，我真是发大财了。多年以后，在我父亲的葬礼上，还有很多人对我说：'我们至今还保存着你做的圣诞饰品呢。'"

汤普森在艺术上的天赋赋予了他一种独特的自信心，他说，他把这种自信看作自己的"神奇女侠护腕"，"漫画中，那是神奇女侠戴在手上，用来阻挡子弹的金手镯。但是，我母亲对于我在艺术上取得的成功表现出了同等程度的难堪和骄傲。我永远都不会成为一名律师了，这本身已经是一件很糟糕的事了。我记得当我从建筑学院毕业时，母亲对我说：‘你知道的，读完建筑学院，你还是可以再去法学院深造的。’除此之外，成为一名艺术家是‘另类的’，在我家，‘另类’也是大家不乐于接受的。我知道他们认为，如果你是一位艺术家，肯定会穷困潦倒，蜗居在阁楼里。要知道，我可是来自一个以成功为目标的家庭啊。”

“回顾我的职业生涯，我意识到，我抓住了每一个机会，不断向家人灌输这个道理。你们热爱体育，对吗？那我就去耐克任职。我有机会和迈克尔·乔丹和安德烈·阿加西（Andre Agassi）见面，这让我的兄弟们嫉妒死了。你们爱看电视，对吗？那我就上奥普拉·温弗瑞的脱口秀节目。我一定要让你们看看！我要一直敲打你们的脑瓜，直到你们认可我为止。”

很多卓越人士是非常幸运的，比如珍妮特·沙姆利安，他们都有一位非常亲近的家人，支持他们的突破行动，不管这些行动看起来有多么不靠谱。但是，包括汤普森在内的很多卓越人士没有得到这样的支持。虽然我的父母没有反对我的选择，但是可以肯定的是，我那个上了年纪、思想保守的父亲还是希望我在新西兰找个优秀的男人安定下来，然后为人父母。我的内驱力部分来源于我对巨大成功的渴望，我要让父亲见证我在美国经营自己的事业。简而言之，对于卓越人士，无论他们得到什么样的反馈，也不管别人怎么看待他们，他们都会以此来激励自己，取得更大的成绩。

【突破行动·如何向前迈进】

你取得过成功吗？让你已经取得的成功激励你寻找一座更高的山峰吧。你亲近的人中，有哪位在全心全意地支持你吗？送给那个人一个大大的拥抱，然后请他进一步激励你吧。如果其他人都不支持你，也不理解你，怎么办？那你就必须更加努力，向他们证明，不认可卓越的你是错误的。

不管他们是否理解你，也不管他们对你说了什么，让这一切都来帮你激发你的神奇内驱力。以下几点可以帮助我们永不止步。

1. 以一个运动目标为起点，迅速点燃内驱力

不断寻找下一座山峰，那座呼唤你、挑战你、适合你的山峰，这是你自己的任务。没有新的挑战？那么你的内驱力就会进入停滞期，甚至会呈现下降的趋势。新的挑战难度过大？随之而来的就会是信心受挫、筋疲力尽和灰心丧气。你必须不断地寻找下一座山峰攀登，那座能激发出你卓越品质的山峰。

最近一段时期，我多次和一些比我跑得快得多的女性朋友一起跑半程马拉松。说实话，作为一名跑者，我的速度慢得就像远洋客轮。最近这几年，我甚至都没有尝试去打破我的个人纪录。之前，我可以在两小时内跑完半马，但是在我有了孩子后，我的成绩跌到了两小时二十分。现在，两小时零七分已经是我的最好成绩了。所以，我的朋友们在我之前很早就到达了终点。她们给我发短信询问我是否还活着："你到哪了？我们都在终点线了。"我回复她们说："真的吗？闭嘴，你们这些让人讨厌的飞毛腿！我来了！"我对此感觉良好，我只是想要提高自己，并不想跟其他人比。我将来还能再跑回两小时以内吗？我不知道，但是哪怕只比以前快一秒，都会让我感觉棒极了。不止我一个人有这种感觉，丹・希思（Dan Heath）和奇普・希思（Chip Heath）两兄弟合写了一本名为《让创意更有黏性》（*Made to Stick: Why Some Ideas Survive and Others Die*）的书。在这本书里，他们指出，即便是"微小的目标"，即与现状只有毫发之别的目标，也能激发你取得更大的成就。即使是比两小时二十分的成绩提高了一秒，也会让我觉得自己进步了很多，更不用说与我十几岁时的状况相比了，那

个时候我在曲棍球场上跟不上大家，在学校的 5 千米比赛里也常常落在最后。

如果你想挑选一个适当的挑战，那你最好从体力挑战开始。对体力的挑战是能让你的引擎转动起来的最容易的方法。这样你很快就能感受到成功和寻找更高的山峰攀登所带给你的成就感，这种感觉是会上瘾的。这种对体力的挑战可大可小，但是它必须能让你在已取得的成绩的基础上得到进一步的提高。具体做什么并不要紧，你只需设定目标，制订训练方案，然后把它发表在你的社交网站页面上。一旦你把它公之于众，就更有可能实现它，更有可能感受到神奇的内驱力的引擎开始启动，这种感觉美妙极了。以一个运动目标作为起点，会让你的内驱力迅速点燃。这股内驱力也可以帮助你去应对人生的其他挑战，这实在是太不可思议了。

2. 列出机会清单

我们很容易随波逐流地接受他人或是社会为我们挑选的目标，还会用那些最常见的方法去实现那些目标，这样做有可能让我们付出沉重的代价。在我看来，这正是博德・米勒的事迹鼓舞人心的原因。客观地讲，他是美国历史上最优秀的高山滑雪运动员。可是他每走一步，从决定自己要从事的运动项目，到比赛期间每一天对自己的要求，他的所有目标都是自己设计的，他也总是按照自己的标准来评价自己的成绩。正如他向我解释的那样，当他刚刚小有名气的时候，“能够参加青年奥运会并不是我的目标。当然了，我的确想参加，但我知道只要发挥自己应有的水平，我就肯定能参加。于是，我更关注那些我能掌控的事情：我训练的时候是否全神贯注？我是否关注了我所使用的器材？比赛前一天晚上，我是否调整了我的滑雪板？只有我自己可以对这些事情进行评判。目标是否达成才是我所关心的”。他的目标、方法和他对自己的诚实是他成功的原因。很多运动员在训练时间和个人意志力上可能与他不相上下，但是他们没有设定米勒那样的目标，没有遵循米勒的方法，也就不会取得米勒的成绩。人的个性作用极大，卓越人士往往会以他们卓越的方式，发挥他们卓越的才能。

对我来说，以我自己的方式来达到自己的目标，这不仅是实现我宏伟目标的方法，而且是能让我一天比一天过得更好的方法。设定目标，努力实现这些目标，再由自己来评价自己的表现，这样做可以让我集中注意力，感到内心的平和。这种感觉会常伴我左右，甚至在我需要达到别人十分苛刻的期望时，我都能觉察到这种感觉的存在。你不可能总有机会设立自己的目标，或是能以自己的方式去实现这些目标，但是设立一些自己的目标会让你更容易去迁就那些你完全无法操纵或让你不悦的目标。这就像我的晨跑，没有人逼我早起出去跑个 8 千米，但我意识到一旦我跑了，那么那天即使是最倒霉、最艰难的一天，无论我遇到何人何事，我也能走过去，看着每个人，琢磨着："你知道吗？你可能认为你知道的比我多，你想在开会的时候对我发号施令，但是今天早上，在我跑 8 千米的时候，你还在睡觉呢，你是无法把这些从我身上抢走的。"

说到设立你自己的目标，你觉得你做得如何呢？找到答案的最好方法就是，回到上一章你列出的那份梦想中的机会清单，它既包括你梦想的那些机会，又包括你在周围环境下发现的那些新契机。现在从这个单子里找出最大的最重要的梦想机会，然后评估一下你现有的实现这个机会的计划。你采取的步骤和设定的目标是客观的，比如需要找到一份工作，还是主观的，比如需要完成一门网上的技能课程，从而为找到工作做准备？你一定要确保，拥有一份实现你主观目标的计划，然后准备好，用行动去实现它。

3. 忘掉你的安全绳

每个孩子可能都曾经或多或少地认为，自己是个与周边环境格格不入的古怪的人。每个成年人也都害怕自己在同辈面前因失败而丢脸。我们很想把与众不同的地方和潜在的挫折隐藏起来，但是如果你想点燃你的内驱力，什么事情都比不上直截了当地表明你的目标。你会遭到别人的质问和怀疑，也会被告知你在犯错。因此，你不但要为挫折做好准备，而且要接受，甚至欢迎所有可以冒险的机会。你冒的风险越大，越有可能为了成功而挑战自我的极限。这样做就会把你的内驱力推至最高点。

我在前面已经给你讲述了珍妮特·沙姆利安的故事，她从自己的丈夫那儿获得了令人惊叹的支持。和多数卓越人士一样，沙姆利安在衡量她自己的山峰时也遭到了质疑和批评。和她同一社区的其他家庭的母亲，对于她经常长时间离家的决定非常不满。她告诉我："别人对于我的决定的质疑是让我最为难的事情之一，他们问：'你把孩子丢下？那谁来照顾他们呢？'我们的社会是不会对一位男性说这些的。周围人对我所做的决定的批评和评论实在是太多了。在学校，有的母亲会对我说：'天呀，你今天亲自来学校真是太好了，在这儿能见到你真是太高兴了！'这些讽刺挖苦的风凉话虽然伤人不深，可我听得实在是太多了。

"学校的老师对在家长会上见到我的丈夫早已习以为常了，他们也习惯了和他打交道。这让我感到很痛苦，但难道这就意味着我不是一位好母亲吗？"由于选择成为一名卓越的在职妈妈，沙姆利安遇到了众多阻力和怀疑，她本可以因难而退。可是，或许正是由于这些阻力，她找到了既能为梦想奋斗，又能服务家庭的方法。她告诉我："是的，在我的几个女儿出生之前，我就拥有一份很棒的工作，但是她们永远都不会知道这一点。我还能做什么吗？把她们出生前我的照片和录像都找出来？现在我的三个10来岁的女儿都明白，梦想是可以变成现实的，即使有了孩子，也不能阻挡你实现你的梦想。

"我的一个女儿现在已经上大学了。她用的是我丈夫的姓，她刚上大学的时候，一个大四的学生走过来问她：'你认识珍妮特·沙姆利安吗？

我看到了她在你的社交网站上的留言。她可是我最喜欢的全国广播公司的新闻记者，你是怎么认识她的？’珍妮弗（Jennifer）回答说：‘她是我妈妈！’然后她立刻就打电话告诉我：‘妈妈，我真为你感到骄傲！’”

虽然在一些人眼中，沙姆利安为了追寻她事业上的目标，没能照顾自己的大家庭，但是这对她来说却是一个转机，让她能够帮助女儿们为拥有更好的未来做好准备。这是她神奇内驱力里另一个必不可少的部分。

沙姆利安的经历非常令人震撼，因为许多对她来说很重要的人都依赖于她的成功。为了她的丈夫和家庭，她把自己的一切都豁了出去。但是对很多年轻人来说，寻求并发现某种安全保障似乎更容易。可是，这些安全保障会对这种特殊的内驱力起到抑制作用。假设有人为你提供了捷径，并需要别人替你承担风险或者需要别人替你去完成工作，那么你就一定要倍加小心。我知道驱使我在美国取得成功的内驱力，很大一部分原因是我在用自己的积蓄实现梦想。如果在我的积蓄用光时或者在发工资前没钱吃饭时，我有一些经济保障供自己支配，我肯定不可能有内驱力去战胜那些最艰难的挑战。我第一次搬到纽约的时候，有一个周末，我已经到了无米下锅的程度，可是接下来的一周我又开始了一份新的工作，银行账户里也有了些许积蓄。当时，我记得我听着弗兰克·西纳特拉（Frank Sinatra）唱“只要我能在那里混下去，我就能在任何地方混”，我知道自己一定会成功的。如果我的父母在我需要金钱的时候帮助我，我还会拥有让自己不断前进的信心吗？绝对不会，那种饥饿感是我神奇内驱力最重要的组成部分。

现在轮到你了，到了讲真话的时候了。回顾一下你到今天为止的经历，你用来实现自己伟大梦想的方法。你真的豁出去了吗，你把你的目标以及实现这些目标的方法告诉了你的亲人、你的老板以及你的朋友了吗？因为有太多的无法理解你梦想的人对你的想法持反对意见，所以你放弃了那些让你感到热血沸腾的事情吗？你之所以从事现在的这份工作，是因为你的父母希望你这样做，还是因为你想要冒险？如果你遵循别人为你做的决定，你就很容易把责难推给别人。你一定要让自己全身心地投入，忘掉安全保障。

如果你接受了一个又一个越来越大的挑战，而这些挑战来源于你卓越的兴趣、技能和爱好，那么你就一定会营造内驱力，让自己爬得更高。但是，即使你是技术最棒、最有动力的球员，你也有可能无法上场。在下一章，我将讲述如何才能不墨守成规。只有打破常规，你才能吸引大家的注意力，为梦想而战。

EXTREME YOU

第三章

打破常规，永远把胜利作为目标

我进了新西兰航空公司工作，起初是在奥克兰，后来又调到了洛杉矶，工作6年后，我已准备好去外面闯荡一下了。大学毕业后，我就一直在同一家公司工作，我十分热爱这份工作。我身边的同事就如同家人，我从他们身上学到了太多的东西，但现在，我已准备好在世界这个大舞台上展现我的新技能了。转行的时候到了，我需要拓宽自己的经验，进入大公司，为更大的国际品牌工作。可是当我打电话给猎头公司的时候，他们却根本不了解我的意图。

“你根本不具备应有的技能，”他们告诉我，“你一直在航空公司工作。”

我试图向猎头们解释，虽然我认识和了解很多地地道道的航空公司的专业人士，可我和他们是不一样的，我与他们共事，知道这些专业人士一闻到喷气燃料味就会感觉飘飘欲仙。我逐渐意识到，对这些猎头来说，最方便的做法就是把我的简历放到一个标有“航空公司”标签的漂亮小盒子里，而我则一直待在航空公司，排队等待着下一次升职机会。他们对于我所拥有的与航空公司无关的经验以及市场营销之外的才能和抱负没有丝毫的兴趣。我从他们那儿听到的都是最传统的职业发展路径：尝试做一件事，积累一点经验，修整一下自己，把那件事再做一做，从头再来一遍，再来一遍，直到退休。这完全就像一张通往平庸的可预见的人生旅途的单程车票。

我意识到，如果我一直干坐在那儿，等着别人来发现我的潜质，可能就要等上一辈子了。这是每一位卓越人士都要面临的一个挑战，即你培养了卓越的兴趣，掌握了卓越的知识和卓越的技能，这样的组合威力的确十分强大，但是如何才能赢得转机使它们有用武之地呢？现在，到了该由我来掌控自己抱负的时候了，我需要找到这样一些地方，那里的人懂得欣赏并嘉奖那个卓越的我。为了能够尝试新的事物，拓宽我的经历，我还必须琢磨出一条途径，能够让我运用在航空公司积累的经验。

跳槽到维珍，你的抱负你自己掌控

有一家航空公司显得与众不同。在大学里学习市场营销时，我就被维珍航空公司的故事以及该公司极具魅力的创始人理查德·布兰森（Richard Branson）深深吸引。理查德·布兰森出身并不富贵，也没有常春藤盟校的资历，事实上，他还有阅读障碍，但是他有着充满传奇色彩的个性以及宏伟的商业愿景。我十分喜爱维珍品牌的视觉形象以及它给人带来的那种感觉，维珍公司的标识用的是醒目的红色，而红色恰恰是我从儿时起最钟爱的颜色。我也非常喜欢公司的名字，“Virgin”这个名字太妙了，让人很自然地联想到天真、性感、温婉和无拘无束。维珍航空公司这种反传统的风格还为自己赢得了众多时尚新潮的忠诚客户：其他航空公司的航班上随处可见年逾花甲的老人在打鼾，而维珍航空公司的航班上，酒吧间里却聚集着众多时髦的媒体大亨们。这家航空公司经营得更像一家娱乐公司。正因如此，我决定，如果只能待在航空公司的话，那么维珍航空公司就是我的唯一选择。

当我开始研究在这家公司担任要职的人物时，我读到了很多介绍该公司市场总监的资料。我寻思着，她能拥有这份工作，那她肯定是一个既大胆又有趣的人。真是无巧不成书，后来我收到了一本小册子，受邀去参加在游轮上举行的一个营销论坛。这本小册子宣称这个为期三天的论坛将齐聚业界所有最出色的人士，让大家相互认识和学习，维珍航空公司的市场总监作为业界的知名人士也将出席这个论坛。看到这儿，我感到十分兴奋，马上就意识到必须向老板请三天假去参加这个论坛。我知道，无论如何我都要去，如果需要的话，我甚至可以以休假的名义去参加。我所读到的关于维珍航空公司的一切都让我觉得这是一家最适合我的公司，我只是需要找到进入这家公司的办法。正因如此，我一定要抓住这个机会，与这家公司的市场总监见上一面。

当脚踩在“伊丽莎白二世”号游轮的踏板上时，我有一种强烈的预感，这将成为我人生中难得的一次经历。登上游轮的第一个晚上，参加论坛的一小伙人吃过晚饭后一起去了酒吧。你一定已经猜到了，我就在这群人中，希望能在酒吧里偶遇我未来的老板。没错，我的计划真的成功了，看来我真的可以充当一名职业探子了。经人介绍，我与维珍航空公司的市场总监认识了，令人惊奇的是我们俩谈得十分投机。在游轮巡游结束的时候，我们已经结下了真正的友谊。当我们道别的时候，我很自然地对她提及：如果维珍航空公司将来有任何空缺，我一定会想尽办法，杀过来成为她的手下。

几个星期后，我收到了她的一封电子邮件，她让我给她打个电话。维珍航空公司促销经理的位置刚好有个空缺，她想知道我是否愿意跟公司的人事部进行一次电话面试。我大概一共也就考虑了三秒钟，我当然愿意！诚然，这个职位比我在新西兰航空公司的职位要低，但维珍是一家规模更大的航空公司，到那里工作，我一定有机会去接受更大的挑战。只要我能证明自己的能力，将来就一定会有升职的机会。

一切都进行得非常顺利，我得到了那份工作。在飞到康涅狄格州与未来的团队成员见面后，我就接受了这份工作。千真万确，我打破了常规，我得到了别人的关注，把自己带到了一个更能展现卓越的自我的地方。维珍和我简直是天作之合，我迫不及待就想开始在维珍航空公司的工作。

现在回想起来，我觉得自己太过着急了。我一直认为找到一份工作是件难事，可实际上，上手一份工作更难。我发现，打破常规不是一次性行为，而是需要你在有生之年不断去践行的一种生活方式。

在我从新西兰航空公司辞职，离开洛杉矶，开始在纽约的新工作之前，维珍航空公司必须替我申请在美国的工作签证。我一直以为拿到工作签证大概最多只需要几周的时间，于是为了省钱，我搬出了公寓，卖掉了汽车。可是这一等就是几个月。由于签证没有到手，我越来越害怕整个计划都会落空。如果维珍航空公司失去了耐心，收回这份工作邀请，那我可怎么办呢？

公寓退掉后，我只好睡在好朋友詹姆斯的沙发上，每天还得继续去新西兰航空公司上班。如果有哪天不能搭同事的顺风车去上班，我就只能借助自己仅存的交通工具：一辆红色的铁人三项用的自行车。20 世纪 90 年代末，在洛杉矶骑自行车的人寥寥无几，为了通勤骑上 90 分钟的自行车就更是天方夜谭了。每天到公司的时候，我都大汗淋漓，头发也被自行车头盔压得变了形，看起来就像个怪物。

等待是折磨人的，特别是你无法掌控结果的那种等待，那简直就是一种煎熬。我是个没有耐心的人，这是众所周知的事情，不信你去问问我的母亲和我以前的几位老板。他们总让我放松，放松，再放松，告诉我减慢速度，但是这么多年以来，我一直都在努力营造前进的内驱力，也从自己的上升势头和不断取得的成功中获得了极大的满足感。然而，这样的等待让我变得特别爱发脾气，我感觉自己成了一艘无风的帆船。一个星期又一个星期过去了，我的身体越来越吃不消，睡眠质量越来越差，开始乱发脾气，我吃不下饭，还总是因为这个跟自己过不去。我感觉到，负能量和沮丧感在我体内越积越多，我知道如果什么都不做的话，我一定会失去我神奇的内驱力。

我在半程大铁的训练中找到了自己的目标。虽然我跑过马拉松，但是半程大铁仍是迄今为止对我的体力最大的一次挑战。半程大铁包括 1.9 千米的游泳、90 千米的骑行，以及 21.1 千米的跑步。所有这些必须要在 8 个半小时内完成。我知道完成这项赛事会让我身体内积聚已久的能量完全释放出来，同时这也是帮助我保持内驱力的极佳方式。

我开始进行多项训练，每天两次，每周数天，除去休息日，基本是隔天训练。我可能早上游泳一个小时，然后去上班，晚上回来再骑行一个半小时。周末我的训练时间会更长，因为我要把铁人三项的几个单项放在一起训练，比如，我会先游泳一小时，紧接着再骑行两小时。这种强度的训练会让你在晚上感到筋疲力尽，但也会让你感到十分满足。当上床睡觉时，你会觉得这一天过得太棒了，你比身边所有人都完成了更多的任务。

就在比赛日到来的前几个星期，我一直翘首以待的时刻终于到来了。我的工作签证终于批下来了！我可以去维珍航空公司工作了。突然间，我原本平静的生活一下子又高速运转起来。我跳上了一架飞往纽约的飞机，用光了我所有的信用卡额度，在那里找到了一间公寓，并把自己在东海岸的生活安排妥当。与此同时，我还在为我的半程大铁做着准备。这个比赛在一个星期六举行，天呀，那天大概是我一生中最煎熬的一天了，不过我用了 7 个多小时就完赛了。赛后，我才发现自己被马蜂蜇伤了，骑行时把自己的屁股磨得生疼，跑步的过程中脚上还起了水疱。然而，我感到心满意足，因为我拿下了这么难的比赛，甚至还获得了一枚完赛奖牌供自己炫耀。比赛结束后，我开车回到了詹姆斯的公寓，在他的沙发上又睡了最后一个晚上。星期天一大早，我就飞回了纽约，为自己星期一去维珍航空公司上班的开工之日做准备。

半程大铁比赛开始之前，赛事组织者用很粗的黑色记号笔在所有参赛者的小腿肚和上臂上写下了参赛号码。比赛中，如果我们受了伤或者赛事的摄影师给我们拍了照，有了这样的记号，我们的身份就会很容易确认。比赛结束后，我本可以在洗澡时把我的号码搓掉，但对我来说，这些号码就好比我在战争中受伤后留下的伤疤，所以我无论如何也不想这么快就失去它。我打算到新公司上班的时候，让别人可以看到我身上的参赛号码，因为我觉得自己能完成这项比赛实在是太酷了。正如我所料，新同事们都好奇地问我："哇！那是什么呀？"现在回想起来，我选择留下胳膊上的号码本身就是一种打破常规的做法。工作第一天，我看起来就非常与众不同，我向新同事介绍自己的时候，会先告诉他们，我刚刚完成了一个半程大铁。在事业的低潮期，我为自己设立了一个考验体力的目标并最终实现了它，这样做不仅提升了我的士气，而且增强了我前进的内驱力。同时，它还增强了我对新工作的信心，让新同事们都知道我已经为成功做好了准备，为了成功，我愿意拼尽全力。

如何让新上司为你下注

即便完成了一场半程大铁比赛，在到达维珍航空公司位于康涅狄格州总部的第一天，我还是感到非常忐忑不安。在公司前台，我询问了一下当初决定聘用我的那位市场总监的信息。前台接待员就像机场登机口的工作人员那样在她的电脑上敲了几下，然后抬起头，脸上挂着维珍航空公司标志性的笑容对我说："实在抱歉，她已经离职了，上周五走的。"

等等，你在跟我开什么玩笑吗？我花了好几个月精心准备，就是为了现在这一刻，可是我的这份工作突然间可能就不保了？我感到肾上腺素在我的血管中翻涌。我已经到了维珍航空公司，可在整个公司甚至整个纽约州连一个熟人都没有。更糟糕的是，我已经快到身无分文的地步了，可是当初决定聘用我的人居然没跟我打声招呼就离职了。该死，维珍航空公司还会要我吗？

顺着接待员所指的方向，我冲进了卫生间第一个没人的隔间。我大口地喘着气，任凭眼泪沿着脸颊往下淌。我的那个巨大的维珍梦想难道就这样破灭了吗？不，不，不！小时候，如果我尽力去做一件事最终还是失败了，就会大发脾气，会把网球拍摔到球场的地上。后来我渐渐学会了克制自己的脾气，但同时我也发现了发脾气的价值。如果你不分青红皂白地对人发脾气，那么大家就会离你而去。如果你想对自己发脾气，那么你可以放下房间里所有的百叶窗，像胎儿那样蜷缩成一团。但是如果这个世界无法认可那个卓越的你，那么你就完全有理由怒火中烧。这种怒气既是一种力量，也是一种能量。它可以带给你动力和勇气，帮你重新站立起来，让你勇于打破常规，并让这个世界认识那个最棒的你。小时候，母亲时常教导我："凡人都有得意时。"不管了，今天就是该我得意的一天了！

大哭后，我忐忑不安的心慢慢安定下来。我觉得自己就是电影《勇敢的心》里的威廉·华莱士。我走到镜子前，往脸上泼了些凉水，洗去了泪痕，然后大步走回前台接待员那里。

"劳驾，您能让人事部的主管下来一趟吗？我是新来的促销经理，我需要他帮我办入职手续。"

人事部的一位经理在一张桌子前找到了我。他告诉我市场总监离职以后，市场部正在进行组织结构和职能权限的重组。他让我一定要保持"耐心"。看起来，至少现在这份工作还是我的。可是市场总监离职后，公司会不会裁员呢？我会不会成为"后进先出"的库存管理方法的受害者呢？我一定要想办法吸引公司高层的注意，这样才能保全我的工作。看来，我又要打破一次常规了。

开始新工作后的头两个星期，我慢慢熟悉了我所在的团队。他们都非常和善、超级聪明，对我的境况十分同情，可是很多人也在抱怨部门缺乏有效的领导。大家对于部门的前景都很模糊，我自己的前景又是什么呢？来维珍航空公司工作，我这一步难道走错了吗？

毕竟，为了这份工作，我放弃了在洛杉矶的舒适生活，搬到了曼哈顿一间闷热的没有空调的公寓。我现在的室友比我年长很多，而且刚刚离了婚，我跟她根本就不是一类人。但是，这是我经济上可以承受的唯一住处。在8月炎热的夜晚，躺在盛满凉水的浴缸里是我降温的唯一方法。每天的通勤比我预想的还要煎熬，从家到公司需要两个小时。每天通勤时，我看起来就像一匹运输行李的马匹。我的肩膀上搭着工作用包，先乘公共汽车，然后换乘地铁，再搭乘北线城际列车，最后还要坐通勤汽车才能到达办公室。

每天早上都要面对这样的通勤，我实在忍不住想对自己说：算了吧，我根本不可能挤出时间锻炼身体。但是在开始了曼哈顿的生活后，我几乎每天早上都会沿着东河跑上8千米。每天晨跑让我一整天的生活变得井然有序，每次出去跑步时，我感觉如鱼得水。我也意识到，跑步的时候也是我最好的思考时刻。

于是，每天天亮之前我就起床出门跑步。我一边跑步，一边回顾跟每一位新同事的谈话。我发现市场部缺乏一个清晰的整体战略。市场部的同事每天都疲于应对那些广告和营销方面的潜在合作伙伴提出的各种想法：“维珍航空公司应当在我们的传媒平台上打广告”“维珍航空公司应当赞助我举行的活动”“维珍航空公司应当成为我这部电影的合伙人”。可是，整个部门根本没有一个清晰的规划蓝图。我们有很多十分聪明的营销人员，但他们只知道如何去应对别人提出的各种想法。当我和这个团队的成员一起开会或吃午饭的时候，会询问他们是如何协调各自的工作的。可是，我得到的回答却大同小异：“我们这儿不兴这么做，我们每个人只专注于自己那一摊子事儿。”

我记得当时的想法是，这样做无异于把我们数百万的市场营销预算装上一架维珍航空公司的飞机，然后把所有钱从机舱门撒出去。所有钞票都会随风飘散，就像每个人为市场营销所做的那份努力。

没过多久，每天晚上上床睡觉之前，我都会有意识地重温一下自己做的笔记。这样一来第二天早上跑步的时候，我就可以有条理地思考这些问题了。我渐渐意识到，我们这个部门存在一个巨大的漏洞。这个声音在我的脑海里越来越大：市场部拥有一个极佳的品牌、一个清晰的理念，还有一个能力极强的团队，但是我们的发展愿景在哪里，规划蓝图又在哪里？如果所有人都能把精力集中在那些更大、更好的可以推动市场的项目上，所有人的努力都围绕着同一个规划，那么我们将会取得多么大的成功呀！

我不断试图打消这些大胆的设想。我一直在提醒自己，我是个新人，能有现在的这份工作就该谢天谢地了。可是我越是努力想让这个声音消失，这个声音反而变得越大。在我开始这份新工作一个月后，一个周五的晚上，我坐在那间曼哈顿的小小公寓里，打开笔记本电脑开始写作。我不停地写着，我的手指犹如闪电一般在键盘上飞快地敲打。那些曾在我脑海里不断涌现的大胆想法，一时间全都跳到了我面前的笔记本电脑屏幕上。那个周末，我流了许多汗，吃了很多冰激凌，还泡了好几个凉水澡。最终，我制订了一份全面的维珍航空公司的市场营销方案，设计了一个全新的组织结构和团队策略。我终于把我脑子里的想法都落实到了纸面上，这让我感到异常兴奋。我知道我的这些点子棒极了，这绝对是我做过的最好的战略设想。但是，我对它们的恐惧程度并不亚于兴奋程度，我该拿这些点子怎么办呢？

我在维珍航空公司一个朋友都没有，也没有导师或同盟。我刚刚从西海岸搬到东海岸。我在曼哈顿的生活花费极高，正因如此，我所有的信用卡的额度都已经花到顶了。有一次，在等着发下一次工资前，我一分钱都没花，熬过了一个三天的周末，甚至连吃的都没买。幸运的是，那个周日的晚上，我受邀去参加了一个商业晚宴。在主人还没来得及询问我在纽约过得如何之前，我已经把一整篮的面包都吃完了。我的的确确是在数着身上的零钱，确保自己还买得起通勤的车票。我真的该在这时候打破常规吗？

我面前有两条路：一种是权且把这个市场营销方案当作我个人的使命宣言，不告知任何人；另一种就是把这份方案分享给一位同事，试探一下我的这些设想是否会受到青睐。但是，我一个新人去告诉一位经验丰富的维珍航空公司的主管应该如何调整他们的市场营销团队，人家对此会有何感想呢？这难道不会成为他们炒我鱿鱼的最合适的借口吗？毫无疑问，把这份写有我设想的文件分享给他人是一个十分冒险的举动。我必须自问：坦白地讲，我是不是太缺乏耐心了，太爱出风头了，太目中无人了？

答案是否定的。我意识到，**仅仅拥有内驱力或具备独特的技能和特长是不够的，你不能坐在那里等着别人发现你的潜能。**我面临的选择就是：要么安分守己干好自己的本职工作，希望自己不会被解雇，也就是把不失败作为目标；要么铤而走险，完完全全打破常规，即把胜利作为目标。

第二天一早出去跑步的时候，我想出了一个办法：我要把我的这些市场营销的想法直接交给维珍航空公司的总裁。可是，我真的有这种胆量吗？坦白地讲，是每天的晨跑给了我所需的勇气。每次跑步时，如果思考一些让我害怕，可又不得不做的事情，由于当时我的身体正处于一种亢奋状态，所以这些事情不会让我感到特别恐惧。我可以感受到自己的力量和前进的势头，这种感受给了我极大的勇气。

我把我制订的方案打印出来，装进了一个大信封，并在信封上贴了一张致维珍航空公司美国分公司总裁的手写便签条。便签条上说，我希望我的这些想法能对公司有所帮助。我在上面签了我的名字，然后把这个信封从他办公室门下的缝隙里塞了进去。

接下来的几天让人备感煎熬，我只能坚持等待。拐角的那间办公室里没有传来任何消息。总裁喜欢我的想法吗？我是不是惹他生气了？更糟的一种可能是，我费了那么大的劲，可他还没有抽出时间看看我的方案。正在我胡思乱想的时候，总裁的秘书给我打了电话，让我去总裁办公室一趟。我深深地吸了一口气……时间到了。虽然我紧张极了，但是已经做好准备洗耳恭听他对我方案的意见了。

他告诉我，他有意实施我制订的方案。我的天呀！他十分中意我的方案。不仅如此，他中意的程度远远超出我的想象。他不仅十分喜欢我的想法，而且十分钦佩我有胆量把这些想法写下来。他还告诉我，为了能够开始实施我制订的方案，他决定提升我为市场总监，负责整个市场部。他说他知道这样做等于在我身上下了一个很大的赌注。

在很多人看来，一位新人打破常规，接受一项重大的挑战并获得巨大的成功，这样的结果听起来更像是一个既鲁莽又幸运的意外。可是已有研究表明，只要方法得当，这样做是明智的，也是可以重复获得成功的。在为专著《新鲜感》（*Rookie Smarts*）收集材料时，莉兹·怀斯曼（Liz Wiseman）发现，很多时候新手的表现往往出奇地好。她告诫新人，**不管年龄大小，一定要从工作的第一天起就争取倾尽全力。**她还以易贝（eBay）的一个项目作为例证，这个项目鼓励那些刚进公司的大学毕业生们提交可以申请专利的点子。结果，这些新来的员工提出的点子数量比他们的同事高出了25%，而且大多数最后正式递交了专利申请。怀斯曼甚至建议新员工尝试着指出他们的领导所面临的最大困难，并提出解决这些困难的方案。嗯……我觉得她的话很有道理。不过，你千万不要忘了阅读下一章内容。你一定要切记，决定打破常规之前，你需要做好准备，掌握所需的信息，同时还要表现得谦虚谨慎，这样才能避免自己在别人面前丢脸。请相信我说的话，我以前就犯过这样的错！

一开始就搞砸了，别浪费你的机会

作为新上任的维珍航空公司市场总监，我直接向公司负责销售的副总裁汇报工作，因为这位副总裁同时还负责公司的市场营销。这对我来说简直就是天大的喜讯，我和这位副总裁相处得十分融洽，能在他手下工作让我激动不已。这位副总裁和公司的总裁一起在我身上押了很大的赌注，正因如此，我下定决心一定不能让他们失望。为了能够确保我和我的团队交出一份漂亮的成绩单，即使让我付出比别人高出 800 倍的努力，我也心甘情愿。那天晚上，新上司送我到火车站，当跳上开往曼哈顿的火车时，我的心情实在是好得不能再好了。我升职了，这让我太激动了。此时，距离那次具有决定性意义的游轮之行已有一年的时间了。那一年，我经历了漫长的等待和期盼，一直在努力争取难得的工作机会，如今我的梦想终于变成了现实。这难道不就是打破常规的意义所在吗？这次升职是我最大的一次职业转机，这样的胜利太值得庆祝了！

凑巧的是，旅居纽约的新西兰人的年度圣诞晚会也在那天晚上举行。纽约的新西兰人俱乐部有 100 多人，那年我们刚好联合住在纽约的澳大利亚人，一起坐着游艇在哈德逊河上狂饮畅游。这么说吧，新西兰人十分喜爱派对。我记得大家在游艇上觥筹交错，所有人都很疯狂，很可能游艇上的圣诞树都跟着遭了殃……第二天早上 6 点，我还要起床赶火车到办公室，与我的新老板、新的团队成员一起参加一个意义重大的启动会议。对此，我难道一点都不担心吗？我真的不担心。老实说，我是十分喜欢参加派对的，可我也是一个责任感很强的女孩。通常我对自己的极限心知肚明，每次参加派对，到了午夜时分，我一般都会记起第二天还有重要的事情要处理，我无论如何都要赶过去把事情办妥；如果到凌晨两点还意犹未尽，我就会一边看着手表，一边寻思着：早上起床时会和所有人一样痛苦，这完全得靠耐力，但我不会有问题的，我一定可以挺过去的，明天晚上我再痛痛快快地把觉补上。

那天凌晨 5 点，我终于爬上了床。我当时的打算是，我先睡上一个小时，然后6点钟起床去上班。

我还没来得及上闹钟就睡着了。一觉醒来，我翻了个身，看了一眼闹钟，发现不是早上6点，而是11点了。我的天呀，本人职业生涯的末日到了！

我居然睡过头了，错过了我职业生涯迄今为止最重要的一次会议！

我甚至没打电话通知公司我在哪里。

可是到了这个节骨眼上，我已经无暇考虑我到底干了什么。我必须坐上下一班火车赶到位于诺沃克的办公室，想办法为自己解释。我和我老板的这个启动会议安排在早上9点钟，但现在都已经11点了，而我赶到办公室至少也要两个小时的时间。这简直太糟糕了，糟糕透顶了！坐在火车上，我依旧惊魂未定，浑身出着汗，狠狠地敲打着自己的脑袋。我一直试图为我的缺席找到一个合理的理由，但除非是我出了车祸失去了双腿，否则任何理由都无济于事，我实在是找不出任何借口。一时间，我仿佛回到了童年，突然间父亲的脸庞出现在我的眼前。他提醒我："千万不要让你周围的人失望。"在我做这件蠢事的时候，我对周围人的顾虑都跑到哪里去了？为了要向公司总裁展示我能为公司做的事情，我打破了常规，但我现在的所作所为是不是已经适得其反了？听到我犯下的这个令我无地自容的错误后，他会不会认为我渴望得到这个职位完全是出于自私的考虑，又会不会觉得我努力去赢就是为了炫耀自己？在我的一生中，我还未曾感到如此羞愧过。

当我拖着沉重的脚步，急匆匆地赶到办公室时，我看到我的老板镇定自若地坐在他的办公桌后。他一个字都没讲，等着听我解释。当我站在他面前的时候，我知道自己只有一个选择：讲真话。

"嗯……今天早上发生的事我都不知道该从何说起。我真的羞愧得无地自容，我十分清楚，今天是我走上这个重要工作岗位的第一天，我实在太让您失望了。我真希望自己有一个冠冕堂皇的理由可以解释我今天为何缺席会议，可是我实在找不出来。”我喘着粗气……额头上不断冒汗……“今天早上之所以耽误了开会，是因为我睡过头了。我之所以睡过头，是因为昨天晚上我在旅居纽约的新西兰人举行的圣诞晚会上玩过了头。我真不知自己中了什么邪，我以前从来没有干过这样的事……当然，我说的不是参加派对这件事，而是因睡过头而错过了我一生中最重要的一次会议。说真的，虽然我现在看起来像一个没有责任心的人，可是我可以向您保证事实并非如此。我有好几个星期没有听到熟悉的乡音了，当然了，派对上不仅有新西兰人，还有很多澳大利亚人，我们在游艇上，所有酒都可以随便喝……还有……还有……我很抱歉，真的真的很抱歉。”

他接下来的举动让我大汗淋漓，办公室里鸦雀无声。他坐在那里，虽然只有几秒钟，可我感觉却像是过了一个小时。他一句话都没说，眼睛一动不动地盯着我，脸上写满了“家长式”的失望。最后，他终于开口了。如我所料，他告诉我，我已经完全摧毁了他对我这个人的可靠性的信任。该死，该死，真该死。这会儿我只能等着大锤落下：听他告诉我，升职这件事没戏了。但是，他并没有对我说这些。与之相反，当我转过身，对着门口，准备逃到让我有点安全感的卫生间大哭一场的时候，他却把我叫了回来。

“萨拉，今天早上你的确让我非常失望，”他对我说，“可是如果我不跟你讲下面的话，那我就太不厚道了……我觉得这实在太好笑了。你今天干的这件事实在太有维珍航空公司的特色了！”接着他跟我解释说，如果我将来再犯类似的错误，他一定会降我的职。但是，他决定再给我一次机会证明我的能力。我不仅需要吸引别人的注意力，得到升职机会，而且需要给公司创造业绩。

我没有浪费我的机会。作为市场总监，我从来不坐等别人出谋划策。在我的整个团队和合作的广告公司的鼎力支持下，我们决定在流行文化中寻找一个衔接点，以此来向美国市场介绍维珍航空公司。最终，我们选择了《王牌大贱谍》系列电影。对航空公司来说，这是一个非常规的市场营销活动。维珍航空公司收到了很多被这个广告冒犯了的顾客的投诉，但同时这个广告也为公司赢得了核心顾客的青睐，这些核心顾客实在是太喜欢这个广告了。这次营销活动取得了巨大的突破，它为公司营造了热点话题，其价值远远超过了活动的预算。

为了这次活动，我采取了许多大胆的吸引人眼球的行动。我这么做完全是通过发挥卓越的自我来帮助维珍航空公司更真实地展现公司卓越的一面，进而取得了成功。我打破常规，最终我们都获得了成功。这是一次真正的胜利。

你必须做得更多，
从初级行政助理到谷歌行政总监

为了将来能够取得你想要的成绩，现在就要开始主动采取行动，心理学家将其称为“主动性”。这种主动性的确可以改变一切。《职业与组织心理学杂志》（*Journal of Occupational and Organizational Psychology*）曾对多项研究进行了综合分析，这些研究总共涉及三万多人，研究结果表明具有主动性的员工通常表现出色。这些员工在核心工作上表现更佳，创业时往往更可能取得成功，通常还会获得更积极的评价，拿到更高的报酬，获得更多的升职，而且他们对公司也更忠诚。一旦被解雇，这些人也会更快找到新工作。太棒了，我就要成为这样的人！

但是在此，请容我多说一句：这些益处通常要到将来才能获得，因此很容易被人忽视。我怀疑很多不愿打破常规的人之所以错失眼前的机会，是因为他们很难提前预期自己会失去什么。当我刚刚去维珍航空公司上班时，十分担心公司会裁员，可是当时，我只不过是对未来胡乱地猜测，完全是凭一种直觉。如果当初我没有把我的市场营销方案塞进总裁的门缝，可能也不会失去工作。

但是公司很可能会招聘其他人担任市场总监，所有市场部的员工可能还会像往常那样各自为营，我可能会在新主管的手下工作，一切工作都会按部就班。对很多人来说，这样的工作状态已经足够踏实、可靠又令人满足了，不愿打破常规的人并不见得就不幸福。

不过假如当初我没有打破常规，我想我不大可能会向理查德·布兰森先生抛出那个有些出格的营销想法，也不会倾尽全力把这个想法转化成巨大的成功。我很可能都不知道有这样的机会在等着我，毕竟当初他们决定雇用我的时候，恐怕没有一个人会想到我会成为市场总监，领导整个团队取得今天这样的成绩。如果我没有打破常规，估计我取得的成绩只会微乎其微，根本无人在意。这样一来，我可能永远都不会为自己创造出成功的机会。

为无法打破常规而付出的代价，在某种程度上要取决于你已有的优势。根据《华盛顿邮报》的马特·奥布赖恩（Matt O'Brien）的研究，"优势与劣势往往是很难被转变的"。对那些条件优越的人来说，即便他们没有冒我所说的那些既大胆又有创意的风险，也可能会活得很自在。可是，对其他人来说，想要单靠才能和努力就取得成功，要比以前困难很多。即便只是想为自己创造一些机会，也需要你采取一些突破行动。

事实上，无论你的境况如何，比起安分守己地待在让你感到安全但限制你发展的环境和岗位，为了你个人的愿望和梦想而打破常规会让你获得更大的成就。我的朋友丹·凯泽林（Dan Keyserling）就是一个极佳的例子，我是在几年前的一个会议上认识他的。你永远都无法预知什么时候会有一个卓越人士闯入你的生活，我和凯泽林聊天时，他告诉我他是如何年纪轻轻就获得一份让人难以置信的工作的，那一刻我就意识到，我和他会成为终身挚友。从一所名校毕业后的几个月里，凯泽林就走上了一条众望所归的职业之路。他拿到了《纽约时报》的一份相当棒的工作，这份工作让每一位充满进取心的新闻专业的毕业生梦寐以求，但在内心深处，凯泽林知道他还在找寻着另外一些东西，一些与新闻报道不同的东西。他很庆幸自己最终进了谷歌工作。虽然最终到了另外一个令他心仪的公司工作，凯泽林还是发现，打破常规、为卓越的自我创造机会，从而找到自己的擅长之处，这一切都必须靠自己。只有这样做，他才能构建属于自己的卓越成就。

“能进谷歌工作让我兴奋不已，”他告诉我，“我感觉身边的人正在创造未来，因此只要他们愿意聘用我，哪怕是要我擦地板，我都心甘情愿。其实他们给我的工作跟擦地板也没有太大的区别，我成了一名为两个软件开发小组服务的初级行政助理。

“被谷歌录用后，有那么一段时间，你甚至可能无法相信自己的好运气。在谷歌，所有的食物都是免费的，你很容易就能花上半天的时间犒劳自己（嗨，我午餐吃的是龙虾）。但是，即便我知道谷歌很适合我，我还是感到有些茫然。如果你和软件开发工程师共过事，就一定会认为他们说的是另外一种语言。每次参加与软件开发相关的会议，我都有一种中风的感觉，因为我根本听不懂别人在说些什么。我甚至连他们使用的词汇都完全听不懂，而且无法改变这种状况。我能为这些技术狂人所做的实在太有限了，这让我很有挫折感。”

凯泽林在很短的时间内就发现了这份工作的局限性，并意识到这份工作根本就不需要他塑造卓越的自己。从这个意义上来说，他是十分走运的。他说：“如果整天关注办公楼里其他地方发生了什么事情，要不了多长时间，你就会感到无聊。说到底，你需要从自己的任务中获得满足感，这是你的任务，也就是你的工作，这些任务不能代表你的头衔，也不由你来任意描述，更不会成为晚宴上的谈资。

“就在这个时候，谷歌总裁埃里克·施密特（Eric Schmidt）从美国国务院挖来了一位名叫贾里德·科恩（Jared Cohen）的神童。他任命科恩为‘谷歌创意总监'（Director of Google Ideas）。几乎没有人知道这到底是什么，虽然对此一无所知，大家却一致认为此事一定会以失败告终。可当时我的想法是，贾里德·科恩这个人实在太有趣了。他曾经在康多莉扎·赖斯和希拉里·克林顿（Hillary Clinton）的手下工作过。我非常想会会他。大学的时候，我主修的是政治和社会思想，我是校报的执行主编，还为希拉里·克林顿的总统竞选出过力。我一直认为自己未来所从事的职业应该是在公共政策或传媒界的政治领域。"

你有没有听到令人紧张的音乐响起，有没有发现眼前的转机？在大学里，凯泽林就做了自我省察，了解了自己最大的兴趣所在。现在在一群工程师中，他又发现了一位对政治极度感兴趣的人。

"我打听到贾里德·科恩在4楼的一间没有窗户的办公室里办公。他手下现在只有一名助理、一名研究员以及一位尚未开始工作的员工。我主动向他做了自我介绍，然后他就开始向我谈论他脑海中绝妙的想法。他一口气说了大概一个小时，他说的话听起来都很有道理。谷歌的重要性就在于，谷歌有能力将信息组织起来，并让所有人都获取到这些信息。不管你怎么想，这样做本身就带有一些政治性。科恩在探寻一个问题：互联网将会是什么样的？对于信息的获取会是一项基本的人权吗？

"科恩要达成的目标深深地鼓舞了我。我觉得，我们俩对于世界如何运作持有相同的看法，对科技将如何影响地缘政治和安全问题的理念也相同。他话语间谈到的需要解决的问题，正是我一直以来出于兴趣而频繁思考和阅读的问题，也是我希望在新闻上能听到的问题，对于这些问题的兴趣帮助我在大学里确定了研究的课题。我的感觉是：他可能有些疯狂，但那是和我同样类型的疯狂，所以我一定要到他手下工作。

"但是那会儿科恩还没有预算，也没有人员编制，他不能聘用任何人。

于是他对我说：‘如果你愿意帮我，我是很乐意的。’我告诉他：‘没问题。我……可以随叫随到。’

“当然了，我已经有了一份工作。但是在一个 200 多人的小组里工作的最大好处就是，即使你不待在办公室里，也不会有人注意到。谷歌的办公楼很大，所有人都使用电脑办公。我通常是在楼里随便找个地方完成我的本职工作。听了科恩的介绍后，我开始帮他做一些稀奇古怪的项目，任何能证明我作为一名组员的价值的事情。刚开始的时候，我还感到有些别扭，他会告诉助手一些事情，我则坐在她的旁边，努力地跟着学，脸上一直带着微笑。如果我告诉你我从未因此耽误我朝九晚五的本职工作，那我一定是在撒谎。”

凯泽林打破了常规，冒了一次险。“谷歌是不留蠢人的，”他对我说，“你必须有所表现。”他在公司的一些朋友警告他，认为他这么做是犯了一个大错。谷歌的组织架构是根据产品范围来划分的，这就意味着如果一个负责人被解雇了，那么所有参与这个产品开发的人都可能会受牵连。但是，“谷歌创意”根本就不能称为一个产品。“它是专门为贾里德·科恩设置的。我知道一旦他离开，谷歌创意就将不复存在。”

凯泽林打破了常规，自愿给科恩帮忙。但是他意识到，要想让自己的赌注有所回报，他还必须做得更多。机会真的来了，可当时他觉得自己根本无法满足科恩向他提出的请求。他告诉我：

> 有一天，我正坐在我位于 11 层的办公桌旁，科恩在即时通信上给我发了一条信息：“嗨，我知道这么做让人有些尴尬，可是巴西前总统马上就要到了，而我的助手刚好不在，我需要你过来帮我做记录。”
>
> “不行呀，”我给他回信道，“我今天穿的是短裤和人字拖。”
>
> “不要紧的。”科恩对我说。

> 于是，当我见到这位来访的国家领袖的时候，我对他说："您好，总统先生，很抱歉今天我的衣着实在是太随便了。"
>
> 总统先生对我说："哦，你穿的可是巴西式的人字拖！"
>
> 会见结束后，我回到了科恩的办公室，对他说："听着，你会聘用我的，也许不是在今天或明天，但是一定会在不远的将来。在那之前，我就在你这儿工作。"我把我的办公桌搬到了科恩的办公室里。我的老板们也看到了我在墙上的留言。我根本算不上什么超级明星级的行政助理，当初决定聘用我的时候，他们就知道我对政治感兴趣。因此，听说了我的举动之后，他们都说："这再正常不过了。"

职场大突破来临了！科恩正式接收了凯泽林，凯泽林成了"谷歌创意"的一位成员。作为一个曾与科恩、凯泽林以及他们整个团队共过事的人，我可以说，凯泽林迈出的这一大步对他的事业起到的推动力完全超出了他自己的想象。他们这个团队现在已经成为谷歌架构调整后新成立的更大的 Alphabet 公司里的重要部分。科恩被誉为全球最知名、最重要的政治思想领袖之一。凯泽林也一级一级攀升，最终做到了行政总监，他出访世界各国，拜见各国领导，与他们共同致力解决那些影响深远的问题。在谷歌，凯泽林可以算得上资深人士了，谷歌 90% 的员工都是在他之后来谷歌的。打破常规帮助凯泽林找到了真正的使命吗？他说："我不是很确定，人是否真的可以一生固守自己的使命。但是谷歌创意所做的事对我具有极大的鼓舞作用，它能够确保我的孩子可以成长在一个互联网对所有人都免费开放的世界。除此之外，我不确认自己还能做些别的什么。这大概是我通过使用自己的技能所能做的最有影响力的事情了。"

凯泽林是怀着对政治和新闻的兴趣，并带着这方面的技能来谷歌任职的。能够在这么优秀的公司谋到一份初级岗位对他来说是幸运的。但是，假如当初他没有打破常规的勇气，那他就不可能找到为卓越的自己量身塑造的机会和事业。他冒险去追寻一个身边没有人看到，也没有人相信的机会，最终找到了一份属于卓越的自己的事业和使命。

【突破行动 · 如何抵御打破常规的风险】

生活中，许多人让大步前进的机会溜走，是因为他们抓不住近在眼前的时机，这实在太让我吃惊了。我觉得这很可能是因为打破常规需要你平衡两个完全相反的极端。下面，我给大家介绍几种方法，来抵御打破常规的风险。

1. 你有多大的胆量就应表现出多大的敬意

你要有胆量，这部分需要勇气，通常也会吸引所有人的注意力，但是你还必须做到善解人意、小心谨慎和尊敬他人。我们每个人都遇到过一些傲慢、自恋又喜欢夸夸其谈的人，这些人往往乐于把自己的同事挡到身后，而且精于溜须拍马。打破常规往往伴随着一些风险，这种风险源自无法为卓越的自我找到一个既受重视又受赏识的环境。外人可能会把它看成骄傲自大、自私自利、不顾后果的鲁莽行为，即炫耀自己有多么能干、多么成功，但又没有计划，还把可能对同事造成的影响置之度外。

唐纳德 · 坎贝尔（Donald Campbell）在自己的一项研究中描述了所谓的“主动性悖论”，即雇主十分愿意嘉奖具有主动性的员工，也就是那些为了正当原因而打破常规的人，但他们也可能会惩罚那些虽然具有主动性，却不能服务于公司的价值和利益的人。正因为如此，你越是想打破常规、出类拔萃，越要对其他相关人士以及你们共同的利益表现出应有的尊重。

我担任过很多领导职位，遇见过很多人，他们很有魄力，突破层层阻碍才与我取得了联系，希望我能在他们身上花些时间和精力，但很多人却无法向我证明，我把时间和精力花在他们身上对我有什么好处。事实上，我认为即便得到了我的关注，他们也不知道该如何利用这个机会。他们只有胆量，却缺乏对别人应有的尊重。写到这儿，我想起了这样一位年轻人，他认识一位跟我关系很近的人，这让我觉得自己该跟他通个电话，并对他保持开明的态度。

> 我接到他电话的时候，他突然对我说："我要在你的手下工作。我现在就在美国，我有美国护照，你让我干什么都可以。"
>
> 听他这么一说，我本想对他说："小伙子，我们从未谋面，有什么理由能让你这么迫不及待地要来我这儿工作呢？"但我实际说的是："你还是先做个规划吧，想想自己到底想做什么，你能为我的公司做什么，来我的公司工作如何有助于实现你的职业目标。做好后，你把这份规划发给我，然后我们再接着谈。"在我看来，我的建议正是他所需要的，但他并没有给我发任何规划，而是不断给我的电话语音信箱留言，还在社交网站上给我留了很多言，甚至主动提出要帮我照顾小孩（很抱歉，这种做法让我有些毛骨悚然）。他表现得咄咄逼人又唐突大胆，但这样做对他的未来毫无帮助。

是的，打破常规的机会在你身边比比皆是，但要想成功，你或许需要以一种从未用过的方式，勇敢地站出来表现自己。不过，你千万不能鲁莽，如果希望自己打破常规的行为获得成功，你身边就需要有一些人支持并理解你的行动。

2. 审视机会，寻求支持

很多有关用伟大、积极的举措取得胜利的战争故事，情节往往是一个有才能的挑战者独自一人克服重重困难，最终获得胜利。可在现实中，如果没有我的老板在我搞砸了的时候依然认可和支持我，我是不可能在维珍航空公司取得那样的成绩的。一些有关主动性的研究表明：虽然许多人天生就具备打破常规的品质，但是一个愿意支持你的老板或者一个鼓励自主的工作环境，通常也能激发你主动性的一面。因此，如果你是一个想出人头地的卓越人士，那就应该去寻找一个愿意鼓励并支持你的环境。

实践打破常规的机会比比皆是。一个学生在老师提出问题之前就举手，这种行为可以被称作打破常规。一个人通过帮助有需要的人或纠正一个错误来为某项事业出力，这也可被视为打破常规。我经常担心别人想到我曾想到的并在我之前采取行动，这种担心通常会在一刹那间激励我。直到现在，每次开完会后，我都会抢着说“后续行动由我来负责”或者“我来总结一下我们的讨论”。有时虽然仅仅是做会议记录，我也会抢着干。我不希望有别人站出来，抢走我带头并获得全新的经验和心得的机会。

这里的窍门就是要养成习惯，经常审视那些很容易被浪费掉的机会。通常，机会会在你感到失落或担忧的时候，以一种直觉的形式展现出来。你会有以下想法：为什么我不能更快地升职呢？如果被解雇了，我该怎么办？为什么周围的人都只是坐着，等着别人采取主动？这些不悦的感觉可能会导致你抱怨，或是促使你通过做一些具体的事情来让自己分心，但它们也可能就是一些暗示你有机会做得更多、取得更大成绩的信号。机会在哪里？什么在阻碍你？你该怎样打破常规，战胜困难呢？

3. 恰当的计划可以防止低俗的表现

我在佳得乐工作的时候遇到过一位了不起的橄榄球教练，他说过的一句名言让我至今难忘。他说：**不管你是尝试着取得一个突破，还是要填**

补一个刚刚出现的空缺，你创造或发现的机会并不是最重要的，最重要的其实是你的准备。在你采取打破常规的行动之前，你一定要保证做足了功课。

如果你没有计划好该做什么，争取到一次会面的机会对你毫无用处。

如果没有想好该如何去执行它们，单单陈述你的想法是毫无意义的。

除非你得到了其他人的支持，否则再精明的想法也不能带来任何成果。你获得了他们的建议吗？你知道他们在寻找什么吗？你知道激励他们的是什么吗？你能展示你那些大胆的举动将如何让与你谈话的人，而不仅仅是那个大胆的你，受益吗？

一位 F1 赛车的明星车手在超越并取得领先位置前的 100 多圈会一直尾随着前面的赛车，与他一样，你必须将胆量和责任都发挥到极致。你所做的事情可能会出乎很多人的意料，但是你做这些事情的时候，一定要站在对他人需求的全方位了解之上，仅仅考虑自己的需求是不够的。

如果你总是坐在那里等待别人去发现卓越的你，就注定会对结果失望。但打破常规也可能会事与愿违。在你制订计划的时候，不妨花点时间，仔细考虑清楚：打破常规将如何帮助你实现目标，另外你能否经受功亏一篑的结果。这种情感上的规划能帮助你更好地做准备，变得更认真、更大胆。

打破常规对卓越人士来说是绝对必要的，这是因为我们每个人都是在不断学习、进步的，我们会以一种周边世界无法预料的方式，将新的技能与个性化领域的知识结合起来。我们只有依靠自己，才能保证我们的卓越技能和知识会在它们可以产生最大影响的地方被发现。与此同时，这也是我们最大的弱点：在开发并展示能力的时候，我们很容易会变得得意忘形，并陷入认为卓越人士可以以一己之力做成一切的陷阱。在下一章，我将向你展示作为卓越人士，不自以为是是何等重要。

EXTREME YOU

第四章

你不必是个全才

在我 26 岁的时候，我觉得我已经塑造了卓越的自己，感觉自己已经是一个彻底打磨好的卓越人士，未来的道路必将一帆风顺。也许，这份过度的自信就是一个预警信号，但是我注意到了吗？当时，我刚刚在戛纳电影节众多明星下榻的大道酒店，与我亲密的团队成员以及维珍的创始人理查德·布兰森爵士共进晚宴，庆祝我的生日。是的，你肯定明白我的意思。我，一个来自新西兰的疯狂小孩，从来都没有想象过自己会出现在那样的场景中。而且，事情还在不断向更好的方向发展。我们团队在“Virgin Shaglantic”市场营销活动上取得的成功，引起了姊妹公司维珍大卖场（Virgin Megastores）的团队对我的关注。他们聘请我回到洛杉矶，担任市场总监一职。最终，我在职场上来了一次华丽的大转身，从航空公司的圈子跳出来，迈入了迷人的时尚圈。

我觉得自己拥有了所需的一切，可以独自展翅飞翔，并以自己的方式获得成功了。我甚至或多或少地放弃了寻找另一半的事情，因为自从我以为的真爱与一个空姐私奔后，我的心就已经支离破碎了。

但是，我的哥哥奥吕（Olly）已经找到了真爱，最让我兴奋的是他邀请我做他婚礼的伴郎之一。我觉得这听上去有点儿怪异，但是还不算太恐怖，他为我设计的是穿伴娘的服装站在伴郎的队伍中。当然，我不得不问的一个问题是：作为伴郎，我是否可以参加他们婚礼前一夜的单身派对。我本以为他不希望有女性参加这个派对，但他说："你当然得去了。"

这事儿引起了我妈妈的注意。她告诉我："你必须去，派对上只有你和35个男生，如果你一条鱼都没钓到，就真是嫁人无望了！"是的，这就是我那一直充满爱心又能鼓舞人心的可爱老妈说的话！然后，我们谈到了我哥哥的一个令人讨厌的朋友，一个因儿时的发型而被称为"卷毛"的男生。从小到大，我一直都知道这个卷毛的存在。妈妈说："亲爱的，我必须要告诉你，几天前，我偶然遇到了利亚姆·奥黑根（Liam O'Hagan）。哇，他真的是长大成人了，他现在的模样相当吸引人！"

我寻思着："老妈，你是认真的吗？地球上会有一个头脑正常的女性去和一个她妈妈认为外貌有吸引力的男人约会吗？"

受邀去参加哥哥婚前的单身派对引发了很多相当刺激的对话。我告诉其他伴郎，观看一场重大比赛的时候，我可以一直喝，他们对我最好小心一点儿……我当时想的是世界跆拳道比赛吗？我一直喜欢喝葡萄酒，但不得不坦诚相告，我的酒量并不好。派对那天，我喝多了，躲在洗手间的隔间里，吐得昏天黑地。我哥哥的那位原先被称为"卷毛"的令人讨厌的朋友现在身材高大、皮肤黝黑，人帅爆了，我喝醉之前一直在和这个帅哥打情骂俏！他冲进女洗手间，托起我垂在马桶里的脑袋，告诉派对中的其他男人，他要把我送回家。他那天的一言一行充分体现了绅士风度！是的，这是真的，我遇到自己一生挚爱的那个晚上，吐了他满鞋的污秽物。

第二天晚上，带着清醒一些的大脑，我在婚礼上再次见到了他，更确切地说，我们重逢了。当我回美国的时候，是他开车把我送到了机场，我一回到美国的家，我们就开始整天发邮件，每天晚上还会煲很长时间的电话粥。有好几年，我脑子里想的都是我没时间交男朋友，但我却迅速为他腾出了时间。

三个月不到，我就开始感到利亚姆（说来也奇怪，我叫他“卷毛”的时候，他从不搭理我）可能会是那个带我走出单身生活的人，而我妈妈也一直提醒我这一点。我原本想慢慢相处，但是利亚姆有不同的想法。他认为是时候了，我们中的一位得找到勇气去探索一下答案：我们是不是彼此生命中的真爱？于是，他辞去了在新西兰的徒步旅行向导的工作，买了一张单程机票，准备来洛杉矶和我一起生活！

被维珍大卖场扫地出门，不要只顾低头做事

那个时候，我已经在维珍大卖场的新职位上工作了差不多一年。利亚姆抵达洛杉矶的前一天，我像往常一样到了办公室。我刚把咖啡杯和手提电脑放在办公桌上，电话铃就响了。电话是 COO（首席运营官）的助理打来的，让我去一下 COO 的办公室。于是我拿着咖啡和笔记本就走向了高层管理人员的等候区。在 COO 的办公室，我看到了我的顶头上司，他和人事部的一个同事坐在一起。突然间，我的早餐开始在肚子里翻滚起来了。

接下来 10 分钟的大部分记忆至今仍让我感到一片混沌。我能回忆起来的是，有人告诉我，我的职务已经被解除了。人事部的同事把一些文件放在我面前，让我在上面签字。我能记起的是，自己的脸一片绯红，那是血瞬间涌上脸的感觉，我感到一片恐慌。这事儿不应该发生在像我这样的人身上啊！在自我

认知中，我是一名势不可当、正在崛起的“摇滚明星”。现在，我感觉自己的灵魂正在出窍，我等着我的老板们用他们正常的友好的态度回应我，但他们没有。

我被辞退了，痛苦、惨烈而又尴尬地被辞退了。

人事部的代表“押送”我回到自己的办公桌前，我觉得自己像个罪犯。我可以从眼角看到每个人都像土拨鼠一样从他们的工位上冒出头来，想知道办公室这一侧，我这个失败的女孩子身上究竟发生了什么事。整个办公楼似乎都在盯着我，他们仿佛知道刚才发生的一切，想着这个自作聪明的女生得到了她应得的惩罚。我的办公室墙上挂满了我的照片，突然间，这个我个人的圣地就变成了其他人的地盘。我把自己所有的东西都扔到了一个盒子里，迅速离开了。

很长一段时间，一直困扰我的是，我从来没有听说过或者了解到公司解雇我的真实原因。这让人感觉不公平。公司欠我一个答案！公司欣赏我，给了我新的职位，想让我把维珍大卖场的名气打出去，而这也是我一直在做的事情。那个年代是“信息高速公路”时代的开始，我已经制订了一个维珍从未见过的战略计划，将数字广告和直接回应的策略相结合。我甚至还搭建了一个顾客忠诚度项目的基本框架，根据顾客之前在维珍大卖场所购买的产品，为顾客提供新的音乐选择。我所做的这些工作都领先维珍在音乐领域的竞争对手声田（Spotify）数年的时间。当我与市场调研和公关公司简要概述我对未来的计划时，一遍又一遍，我听到的都是：“这是我们见过的最深思熟虑的品牌战略。”直到今天，我也坚持认为自己当时的工作是高质量的。

然而，我做得有多好其实并不重要，因为我完全忽略了一个重要的问题：我的老板和他的老板从来就没有认可过我所做的一切。也许，是他们没有理解我的工作？我记得那个最终解雇我的 COO 第一次带我一起巡店的时候，我想和她讨论一下未来的市场营销方案，但她却一直在喋喋不休地抱怨着店里的标识，而这也正是我负责的工作。她说，它看上去就像一张小小的邮票，而不是那种大的醒目的让客户可以轻松阅读的标识。她的意思很清楚，她想让我把足够多的时间放在店内标识这类事情上。

跟着她走在店内的通道上，我在心里默默地批评她那头染色过重的头发，评价她之前在一家为中年妇女服务的服装零售商就职的工作经历。我心想，这位女高管的穿着实在是没有品位，她来自一个墨守成规的老式零售商，她不可能理解我为塑造维珍品牌所做的事情。

因此，我没有接受她的建议，也没有从她身上学习我本该学习的所有东西，我盲目地闭门造车，只顾低头做事，把注意力放在自己的优势上。我觉得自己对公司的未来有着伟大的战略眼光，所以花了大量时间专注于琢磨公司的品牌战略。但是，我忽略了一点：维珍大卖场是一家零售商，不管是什么行业和品牌，零售业务需要的都是一个应变迅速的战术。它需要许多快速的反应和实际的工作，以便消耗库存。所以公司大多数的市场预算都会花在店内的标识和与唱片公司合作的橱窗促销活动上，而不会把钱砸在引人注目的旨在塑造品牌理念的大型活动上。

我还忽视了一个重要的事实：我们所处的行业其实已经陷入困境。网络分享平台让免费的在线音乐下载成为可能，而互联网正在吞噬传统的音乐销量。几年后，我们在北美的商店开始关闭，到 2009 年，它们从市场上完全消失了。我没有预见到这个趋势，但我本应理解的是：我们首先是一个传统的实体零售商，我们的 COO 关注的是零售战术和细节，它们能激励消费者在结账时额外花上 5 美元。这也许可以帮助公司维持长久的运营，进而营造未来。

我心里其实知道，我没有将足够的时间花在我的老板想要的地方，也许只有 20% 的时间？对于自己这么做的原因，我不是非常诚实。我对实战派的零售工作感到畏惧，因为这不是我熟悉的领域。我没有零售行业的经验，也没有从头开始了解这个行业。更重要的一点是，我命中注定是那种只见森林不见树木的人。我是一个有全局观的思考者，当需要我解决大的战略性挑战时，我可以从容应对；但当需要我做具体的细节性工作时，我会感到迷失，进而倾向于无视它的存在。也就是说，我一直专注在自己卓越人士的优势和专业领域。我相信这些被证明的优势能够带领我找到一条出路，而不至于暴露我的不足。当我怀疑的时候，我可以抱怨、吐槽我的老板们，说他们缺乏应变能力，说他们的指导方向令人困惑，说他们没有能力看到摆在眼前的更大的机会。

如果你不仅自己发牢骚，而且成了带头抱怨和发牢骚的人，你就会成为那个众所周知的捣蛋鬼。当你不理解你老板的需要或者没有表现出你很珍惜向更有经验的人学习的机会时，你的老板是不会有兴趣尝试你与众不同的新方法的。今天，当你作为一名商业领袖，领导一家公司，处于当年维珍大卖场高管们所在的位置时，你需要新的人才和颠覆性思维，但也需要密切关注公司日常运营的知识和经验。**如果你只通过自己的视角看待世界，而不去倾听、不向同事们学习他们看问题的角度，你的技能和理解就会出现偏差。**

当极端优势成为极端劣势时

大家可以从两方面来看待我在维珍大卖场的“自杀”经历。一方面，当我接受那份工作的时候，我的极端优势和工作本身格格不入。也许你可以说，我应该更好地做自我省察，第一时间意识到其实自己根本不属于那里。维珍大卖场需要的是更有战术性的零售技能，而不是针对公司品牌未来的宏观战略愿景。但正如我说过的，在塑造卓越的自己与你的工作内容之间做到完美匹配，需要很长的时间。这是一段漫长的旅程，即便你找到了两者之间的完美匹配度，市场也会持续变化，你同样需要随之改变。所以我想说的是，两者之间从来就不会达到真正完美的匹配，而我的问题是，我过于专注于自己的优势，而对自己的劣势视而不见。我的劣势包括严重缺乏制订零售战术的能力，这也正是 COO 能帮助我掌握的能力，但我当时不好好向她学习，反而忙于批评她。

我那时自以为是，不愿承认那个卓越的自己仅仅与当时的职位要求部分匹配，而一直在尝试自己觉得舒服的方法，从而忽略了学习和成长的需要，没有去做那些感觉不那么舒服的事情，我的极端优势才变成了极端劣势。

换句话说，即便我做出一份精彩无比的战略书，作为一名员工，我也是公司的一场噩梦。我在维珍大卖场团队中是典型的负面教材，当时认为公司似乎对我极其不公，可事后却可以看得很清楚，我应该被解雇。然而，我花了好几年时间才看到真相并学会如何应对，其间伴随我的是愤怒和事业上的挫败感。本章中，我会分享卓越人士如何避免自以为是，学会承认并弥补自己的缺点。下一章，我将会复盘我的职场滑铁卢，跟大家分享卓越人士如何从惨痛的失败中恢复元气。

一切都与赢有关，
从足球明星到市场营销界新星

如果你通过自我省察发现了自己独特的优势，点燃了你神奇的内驱力，从而发挥这些优势，并找到机会打破常规，让你卓越的新知识和技能获得了别人的关注，那就是把自己的某些部分发挥到了极致，但也仅仅是部分而已。活到极致和成为全才是截然不同的，你仍会有很多待完善的地方，在很多方面其实差得还很远。你不得不明白的是，你卓越的方面也许特别棒，但无法帮助你所向披靡、战无不胜。如果你尝试单独一人包揽所有事情，只依靠你的个人优势，不管你的优势多极端，都注定会失败。

为什么？因为，正如汤姆·拉思（Tom Rath）和巴里·康奇（Barry Conchie）在他们的著作《基于优势的领导力》（*Strengths Based Leadership: Great People, Teams, and Why People Follow*）中提道：“**尽管个体不必是面面俱到的全才，但是团队应该是**。”他们观察到 4 个不同层面的领导力优势，并且认为成功源自团队成员拥有的这 4 个不同方面的领导力优势。我想说的是，

你的卓越技能和知识可以让你进入一个伟大的团队，但要让一个团队获得成功，那就需要它成长为面面俱到的全才，而卓越人士不会是一个全才。这就是为什么从长远角度来看，要想成功，卓越人士需要对自己的劣势有极端的洞察力，还需要极致的支持来平衡这些弱点。

我了解到那种极致的支持是在我和弗朗西斯科·努内兹（Francisco Nunez）成为朋友的几年后，那时他是市场营销界一颗冉冉升起的新星。努内兹和我是完全不同的两类人，但我们很快就成了非常亲近的朋友。他从出生那天起就真真实实地展示了令人难以置信的体育天赋，而这些天赋正是我希望自己能拥有的。现在他为一家大型零售商管理着全球的市场营销业务，这是一份责任重大但极为有趣的工作。但是，如果你认识年轻时候的他，你肯定不会想到，他居然能胜任这样一个重要的职位。

他小时候是个相当害羞的男生，喜欢体育活动，不喜欢说话。最重要的是，他热爱运动。他说："我记得自己无时无刻不在运动，我打篮球、参加田径队的跑步比赛，当然还打棒球，但踢足球一直是我的最爱。"他拿着体育奖学金上了大学，他对大学生活的描述是："一周 7 天，一天 24 小时，除了上课和购买日用品的时间，我都是在训练中度过的。"他是一名足球运动员，但更像一名饥饿的艺术家。

努内兹是一位足球明星，但饱受伤病的困扰。他做了手术，尝试了物理治疗，巨额的医药费不断激增，直到他慢慢极其不情愿地意识到，自己已经无力承受。他告诉我："足球一直是我唯一关心的事情，它就是我生而所需的氧气，现在我感觉无比空虚，我已经失去了唯一的挚爱。"

在他最后一个赛季的一场比赛中，他开始和一家零售商的销售代表聊天，他穿的绝大多数足球鞋都来自这家商店。他说："我对这个销售代表所做的工作很好奇。我们彼此交换了一些信息，这位销售代表对我说：'我们马上要在洛杉矶开一家新店。'听完之后，我马上做了一个令人难以置信的决定：既然这家零售商是我的最爱，我何不加入他们，大干一场！

"于是，我成了一名时薪 7 美元的店内销售员，开始琢磨着用这笔收入在洛杉矶这样的城市活下去。这不仅涉及收入的多少，而且需要我面对自尊心的问题。我家人的反应是：'什么，你要做什么？'我想要那份工作，它是我达成最终目标的必经之路，因为我想弄清楚我能为公司做些什么不一样的大事情。但是，我从未在任何一家公司工作过，而且我是个无比害羞的人。每个了解我的人都打赌说，我不可能在一家公司生存下来。洛杉矶人都认识我，因为我是个足球明星。从一个让大家尊敬的明星变成鞋子销售员，每天拿着量脚器为客人测量脚码，面对这个转变，我得调整心态。那是我人生最谦虚的时刻。"

我不确定我是否认识什么人，他完全可以依赖一种极端优势而生存。在努内兹的一生中，他一直是一名卓越的运动员，但现在，他别无选择，只能承认足球不是他的生存领域。他必须突破自己的舒适区，发展他从未想过但必须去面对的领域。

尽管他已经完全放弃了足球，但是并没有放弃把他塑造成足球明星的态度和方法。他说："大多数店员对自己的工作都不是很认真，但我对这份工作的态度和自己喜欢的足球是一样的，我想成为我所做的事情上最棒的那一位，我想超越、超越、再超越，成为那个出类拔萃的人。"他正是这样做的，他经常下班后还留在店里，这给周围的人和领导们留下了深刻的印象。之后，他从店里的销售员变成了产品买手，这意味着他需要把自己日常销售中积累的消费者购买趋势，用于帮助公司购买未来要销售的新鞋款式。最终，他获得升职，通过有效地利用他卓越的自我的另一面，担任了一个品类的市场经理。努内兹说："我一直在探索时尚、流行文化等所有重要的文化领域，包括运动鞋、时尚风格和街头艺术。我的周末就是这样度过的，我把自己泡在流行文化中，而这也是公司需要联通的领域。"结果，公司里的同事总会向他寻求建议，请他评估他们的营销想法，问他：“这样做是不是大错特错？我的点子是不是挺酷的？”

然而，一段时间以后他发现，在已经找到的适合自己的职业领域后，他仍有局限性。“我开始思考自己的处境：在45岁的时候，你不可能成为这个领域最酷的那个人，总有一天，你是要出局的。”他的老板和职业导师们经常会告诉他，他还可以给公司贡献更多，如果能够更有效地沟通，他就可以担任公司更重要的领导职位。杰西（Jesse）是那位最初点燃他激情，请他加入公司的销售代表，也就是他在做球员时遇见的那位。杰西当时经常会主持一些努内兹参加的公司会议，他经常会在众目睽睽之下向努内兹施压，逼迫努内兹克服与生俱来的害羞。有时，在开会时，杰西会说：“我想努内兹可能还有什么要补充的。”努内兹觉得这让人很恼火，他说：

> 那些大型的公司会议上，每个人都想发言，以期引起大家的注意，但我真不是这样的人。让我说话，我觉得特别不真实，整个大学期间，我都是闭口不言的。我每天第一个到达训练场，全力以赴地训练，努力成为关键时刻总能进球的球员，我也是最后一个离开的人。我的项目是一个集体项目，但我的心态是，如果我做了自己应当做的部分，球队就会赢球，这就是我的风格！

他逐步成长，成为一个卓越的运动员、酷到极致的市场营销专家和极致的内向者。但现在，这些特点限制了他上升的潜力，他本应该让更多人听到他的声音，去组织、协调会议，从个人模式成长为带领一支更大团队的教练。

如同我在维珍大卖场的经历，努内兹一直忽略的是：他用熟悉的优势掩盖了自己不愿承认的劣势。他可以继续停留在他现在这个品类市场经理的职位上，但也许会慢慢失去他公司内最酷之人的地位。生活中很多人都遇到过这类陷阱，他们紧紧抓住自尊心和过去的成功。简而言之，他们自以为是。

面对改变的压力，努内兹既生气，又有些自我防卫心态。他说：“我是个急性子，脾气不好。”作为少数族裔，他当时在公司是绝对的弱势群体，他觉得自己就是个局外人，似乎没有人真正了解和信任他，所有这些都加剧了他保持沉默的心态。最后，杰西告诉他：“你有一个选择，你可以做自己认为正确的事情，但结果肯定是行不通的；你也可以接受那些能引领你并让你信任的人的建议。”

努内兹知道他生命中最真实、最令他信任的那一部分就是他内在的运动员气质。他和我分享道：“我最喜欢的个性就是，我能够把运动员心态应用到很多其他不同的情形中。”运动员心态会自问：“当一天结束的时候，我会赢吗？”一切都与赢有关，但对我而言，现在的赢并不是成为进球最多的人，而是达成最终的目标，而我现在的目标则是在我真正有激情的公司里更上一层楼。对我而言，赢变成了弄清楚如何让自己茁壮成长并取得成功。如果我不这样做，我就不会赢。

他说：“当我第一次被迫当众讲话时，我感到心烦意乱和愤怒，但我开始尝试翻转那股能量，让它激励我前进。”他仍然相信自己的运动员心态，但开始质疑自己先前的想法，即保持沉默是他的“风格”。他感觉，也许这不是风格，而是恐惧。他战胜了对自己固有的想法，承认了那些伴随自己极端优势而来的不足之处，并在感受着自己极致的本性中完成了这件事。

当他能够找到自己的方式，逐渐成为一名更善于沟通的领导者的时候，成功和升职就接踵而至，甚至远远超过了他的期望。他成为北美最优秀的100名领导者之一，并负责塑造整个公司的未来之路。正如他告诉我的：“在我的一生中，我从来没有想到自己会负责这么一大摊子的事情。是的，当运动员的时候，我一直都有大胆的目标，但是从职业发展的角度来看，我从来没有想过自己会赚这么多钱或者拥有这样的生活。除了职位和收入，还有一些事情真的让你感觉非常不错：你被邀请去参加一些重要的会议，你的想法会成为公司未来走向的重要部分。每天早上，我醒来的时候，都有一种感受：这是真的吗？我能做到这一点吗？”

努内兹不再自以为是，这让他能与其他人合作，而这些人支持他，帮助他提升不足的地方，将他的劣势变成他新的优势。他赢得漂亮！

保持稳定，从电影院领位员到传奇沃瑟曼

有时候，卓越人士很容易就能看到自己身上的优势可以带来的真正潜力，也能通过观察他们偶像和导师身上的特质看到自己身上真正的不足之处。我与凯西·沃瑟曼沟通的时候想到了这一点，他是体育圈里大咖中的大咖，是沃瑟曼传媒集团（Wasserman Media Group）的创始人，代理众多的大牌运动员、联赛和品牌。无论是从谁的标准来看，他的公司都是一个梦幻之所。认识沃瑟曼时，我还在佳得乐工作，当时我们一起与美国国家橄榄球联盟谈一个合作。因为他愿意指导我，带着我完成我在体育领域中最大的一笔交易，所以从那以后我就黏上了他这个“可怜人”，成了他圈子里的朋友。看来对卓越人士来说，好人难做啊！

沃瑟曼的经商之道源于他祖父的言传身教，他的祖父叫卢·沃瑟曼（Lew Wasserman），从一家电影院的领位员成为一名颇具天赋的经纪人，创立了美国音乐社团唱片公司（MCA），收购了环球影业。长达 40 年，卢·沃瑟曼一直被认为是好莱坞最具影响力的人。尽管如此，凯西·沃瑟曼很小的时候就知道自己将来肯定不会在娱乐圈工作。他说：“我想塑造的是自己的名气，我想获得大家的认可，但不是因为我的姓氏，而是因为我所做的事情。当你还是孩子的时候，你能得到的最好的礼物就是选择的自由，但这不会让你远离错误的决定。”沃瑟曼想选择一个让自己充满激情的领域，通过早期的追寻，他意识到体育是自己的激情所在。当然，他不仅要参与体育项目，而且要在体育商业圈子里工作。同时，他也希望自己的职业选择是正确的，希望能够尽可能高效

地开展自己的事业。在他带着激情开拓自己未来事业的同时，很快就抓住机会跟随祖父一起做生意，还得到了祖父身边一些成功人士的指导。

沃瑟曼觉得自己发现了祖父的卓越天赋，也就是让每一笔交易都成功的秘密。他说："我总觉得他做每一件事情都能成功，所以他肯定有自己的'点金之道'。但事实恰巧相反，他的秘密是他能很好地处理那些糟糕的事情。今天，我明白一点，没有人来找我是为了给我好处而不求回报的，他们来找我，给我带来的都是问题，而我不得不比别人更擅长处理问题。这并不意味着没有好日子或者特别棒的事情发生，但大多数人的成功不是这个样子的，很少有人是一帆风顺抵达终点的。"

通过数年对祖父的观察，在他自己的生意面临类似的挑战时，沃瑟曼得以精炼自己的卓越风格。他说："我从祖父身上学到的最棒的一课就是保持稳定。当你的情绪不稳定时，你的公司就会跟着你的情绪波动而发生变化。"沃瑟曼逐渐意识到，这就如同从事体育项目，你情绪的起伏也会影响你在场上的表现。"当我作为一名球员能很好地理解网球时，我就明白了最基本的是保持稳定。我们经常看到一名球员庆祝自己打了一记漂亮的球，随后就出现双误。一旦有了这样看问题的视角，你就会更深入地理解稳定是多么有价值。"通过向祖父爷爷学习，沃瑟曼摆脱了他早期对商业的天真想法，他曾经认为商业就是一场情绪有高潮和低谷的游戏，赢家拥有点石成金的能力。他重新设定了自己对商业的期望，即问题总会接踵而至，他所能做的就是保持情绪的稳定，始终更好地解决问题。

【突破行动·如何应对弱点】

一个了不起的 CEO，甚至一个了不起的医生、父母或者清洁工，都会找到方法应对所有挑战。应对那些挑战可能需要你已经拥有的卓越知识和才华，也可能不需要。作为卓越人士，我们必须摆脱这种期望，即认为我们生来拥有神奇的天赋可以解决任何事情。同时，我们也需要培养自己愿意承认并面对随之而来的挑战的意愿，包括我们自身的弱点。

1. 在弱点攻击你之前，识破它们

对自己不懂的领域视而不见，这对任何一位卓越人士而言都是有风险的，特别是你专注在深度开发自己的优势之时，此时你相信没有人能像你一样把自己的兴趣和技能完美结合，找到勇气打破常规，并向世人展现你所拥有的成果。为了最大程度地发挥你独特的优势，你会对自己毫无优势的领域失去注意力。卓越人士必须能够认识到自身的弱点，如同认识到自己独有的技能组合。如果不能做到这一点，你看到的就只是你实际生活的一半画面。如果看到的不是完整的画面，你能实现的也就只能是发挥自己一半的潜力，而不是全部，对吗？

那么，如何做到不忽略另一半画面呢？我喜欢《快公司》杂志撰稿人格温·莫兰（Gwen Moran）的建议，他的建议融合了领导力咨询顾问戴维·戴伊（David M. Dye）和一家人力资源整合公司的 CEO 吉姆·霍丹（Jim Haudan）的观点。

- **注意那些你正在逃避的事情。**你所逃避的事情往往能暴露一个你尚未掌握的领域。如果我早知道这一点，就一定会避免在维珍大卖场蒙受的那些“羞辱”。
- **在反馈中寻找你的不足之处。**无风不起浪！我倾向于加入一个组织，它有高远、大胆的新愿景，但总有一些人不理解这些新事物，他们看重原有的方式，也不想改变。就如同，我会为穿着新 T 恤而兴奋，但是总有人会一直穿着同样一件 T 恤。但是，那些不理解你的人往往对你有重大意义。倾听他们是值得的，这不是说你要改变自己，变成他们喜欢的样子，而是因为他们能够帮助你，点出你的薄弱之处。多年来，我听到的批评是：我总是信口开河，鲁莽行事，不做研究就凭直觉随意做出决定。我知道人们对我的看法是错误的，因为我会做深入研究，而且还会征求很多外界的建议，但是不理解我的人也是正确的，因为我的决定对他们来说的确是做得太快了。我没有付出足够的时间和精力，去理解他们是如何接收信息的，或者给他们一个机会表达见解并接受新愿景。我发现，倾听那些认为我完全做错了事的人，会帮助我打磨自己的想法并表现得更好。

- **理解大家的玩笑话。**如果你经常是大家开玩笑的主角，比如大家说你总是迟到，考虑一下，这可能是大家试图用幽默的方式来帮助你纠正拖延的毛病。
- **找到一个愿意吐露真言的人。**拥抱那些会告诉你真相的人，即使他们所说的话会让你极为不快。你不必等到有人愿意主动说出这些真言，想想谁是你信任的人，然后直接问他："你觉得我身上的三个优点和三个缺点是什么？我觉得自己应该在某个领域得到你更多的反馈。"下面这几句话是特别送给外向的你的：我知道这样问问题不是件容易的事情，哦，天啊，我知道这有多难！但是，只要你尝试和自己信任的人沟通，就别怕有寂寞无言的时刻，只要你给对方空间和喘息的机会，你就会爱上自己将会听到的内容。

2. 把天赋用在刀刃上

说到自信，我们这些卓越人士热爱自信，而且我们还倾向于拥有大量的自信。你相信自己能活出最好的自己的确超级重要，但也请注意，在自信和过度自信之间有一条细微的分界线，过度自信会渐渐破坏你的优势。在维珍大卖场顺风顺水、展翅高飞的时候，我对自己市场营销的点子是相当自负的，我的确是有一些不错的点子，我也有足够的理由为自己的战略性思维骄傲，但我完全错失了一次机会，一次能让自己的技能得到进一步完善和精炼的学习机会。对卓越人士而言，这听起来可能有点儿奇怪，但真实的挑战的确是：你要把自己的卓越天赋用在刀刃上，你有权力为自己擅长的知识和技能感到自负，但也请同时记住，你永远需要帮助。

3. 找到你的卓越搭档

一旦你能承认自己的弱点，下一步要做的就是：承认自己永远不可能在所有领域都强大。你需要他人的帮衬和提携，需要组成一个面面俱到的梦幻团队。性格内向的弗朗西斯科・努内兹的成功来自他与性格外向的搭档们的配合，我之所以了解这一点，是因为我也是他的搭档之一。不过，我想我们第一次见面时，他一定觉得我相当烦人。对我而言，正是因为自己非常擅长外向的领导模式，所以我所有创造性的成功均来自与内向搭档的合作。我是一个喜欢不断前进的“驾驶员”，因此当拥有一个能使自己减速并反思的“副驾驶”时，我会把车开得很好。我更善于创新和颠覆性思维，所以一直寻找的是能帮助我明确商业基本原则和历史真相的导师。我有很丰富的想象力，所以认识到，我需要具有强大的分析和管理能力的搭档，由他来把我的想法付诸实践。我是一个极端过程导向的人，当与极富创造力的天才合作时，我会利用自己的这个优点，使他们专注于做事，充分发挥他们的能力。

你的最佳搭档应该是什么样的呢？他一定不是和你言谈举止、思维逻辑一样的人，而是应该拥有你不具备的能力，而且很有可能，他在其他方面也和你截然不同。物色你自己的梦幻团队成员的一个好时机就是与平时总是共事的同事一起吃午餐的时候，想象一个你认识的供职于公司其他部门的人，他和你不太像，甚至个性截然不同，约他出来逛逛，并了解一下他对你，对整个团队和公司的看法。顺便说一句，如果那个人对你的邀请说“不”或者你们的午餐吃得有点儿尴尬，那也没什么大不了的，毕竟和一个完全不同的人建立关系是需要时间的。这些年来，每每想起我和那些人出去闲逛时，我觉得自己表现得很幽默，他们却不立即放声大笑给予回应的场景，我还是会觉得非常尴尬。我会觉得：“天呐，这个人对我真是极其不感兴趣啊！”但是，别着急，慢慢来。这些人中的一部分现在已经成了我最好的朋友，他们接纳了我。先前的状况只不过是出于大家聊天的思路不同，但不代表他们不喜欢你。

到目前为止，你可能已经注意到了卓越人士寻找最佳搭档的必要条件。你需要从自己那些漫不经心的闲逛中找到你的搭档，然后用巨大的决心和内驱力去塑造他们。你要学会利用自己的技能和自信去打破常规，同时也别太自以为是。卓越人士容易创造成功，这并不奇怪，可有时他们也会经历极端的失败。我在这一章中还没有讲出的故事是自己失去工作的后续和几乎丢掉的美国梦。下一章，我们就会从这里说起：卓越人士如何将痛苦的失败转变为了不起的个人历练。

EXTREME YOU

第五章

让自己摔得更狠一点

在事业上升期，我完美搞砸了

在完全理解自己的优势如何在维珍大卖场成为对我不利的劣势前，我不得不应对另一个问题：我被公司扫地出门了。现在，我没有工作，我的美国公民申请也无效了，因为申请是由我的雇主做担保的，也就是说，如果在三个月内不能找到一份新的工作，从而申请新的工作签证，我就只能登上飞机回老家新西兰了。这一幕是我未曾预想到的，也是我年轻时遭遇的最惨痛的失败，我离失去我的美国梦只有 90 天的时间。

卓越人士是如何从这样的失败中走出来的呢？最初，我也是一团乱麻，毫无想法。被辞退后的那几天，我甚至都无法鼓起勇气，把实情告诉我的家人。我觉得自己有负众望，也不想承认这一点。在脑海里，我一直重复着和他们的对话，试图想出一个可信的故事，说明这是怎么发生的，为什么这不是我的错。然而，音乐产业虽然出现下滑的趋势，可也没有裁很多人，也就一个人失去了工作而已，那个人就是我。最后，我还是没有告诉他们。

但是，我对利亚姆无法隐瞒事实，在他登上飞机来洛杉矶之前，他应该知道我的失败，也许登上飞机将是他一辈子犯的最大的错误。是的，利亚姆必须得知道，这个让他陷入情网、拥有雄心大志的职业女性实际上是个“骗子”。

我打电话告知了他这个“新闻”。如同一名骑士，他没有错过任何一次对我出手相助的机会。莫名其妙地，隔着大半个地球，他把平静和信心传递给了我，让我安心，他说他会按照计划飞来和我相见。他的态度让我确信了一点：事情会好起来的。

然而我还是无法回避一种感觉，那就是纯粹又彻底的难堪。我脑海里一直想的画面是：我收拾自己的办公桌，然后走出办公大楼，其间仿佛所有人都在盯着我，窃窃私语道：

> 她刚刚被解雇了。
> 天啊，她做了什么？
> 她真是自食其果啊。
> 她反正是个成事不足、败事有余的人。

成功时，你能鼓舞人心，你的一切都完美无瑕，刹那间，你掉入一个人人都对你说三道四的失败者境地，这让人相当震惊。

带着那份震惊和止不住的眼泪，被辞退后的第一天，我花了大量时间和我亲近的朋友们沟通。几天后，我在维珍航空公司的团队打电话给我，邀请我共进午餐，这真是太令人开心了。在我们相聚那天，我的愤怒情绪到达了巅峰。我被深深地伤害了，我玩命地在我自己和我曾经的下属面前替自己的行为辩护。我们一起抱怨，唠叨着公司的种种不是，我甚至说到了一个报复行动：我认识律师，我将起诉公司，因为他们解雇我根本没有什么体面的理由。这听起来真是不错，但事实是，我在新西兰航空公司工作时结识的律师朋友因为怜悯我的经历，帮助我向公司争取了两个星期的遣散费，事情也就到此为止了。

去你的！我不是个失败者！

我感到羞愧、气愤，又不能告诉我的家人，这样的情绪持续了很久。但是，至少我的利亚姆来到了我身边。我知道这听上去有些俗气，但我不得不说，看到他从洛杉矶机场的到达大厅出来的那一瞬间，我看到了自己的灵魂伴侣。没过多久，我们就一起坐进了我那辆小小的黑色宝马车，当时我不知道自己还能拥有它多久。我们来到山中的一个什么都没有的联排别墅，准备待上一个星期。

利亚姆的到来让我感到兴奋，他帮助我不再受困于自己的失败情绪。我们出门闲逛，开心地大笑，开始思考我们的未来。几天后，我终于有勇气迈进一家网吧，试着给我的哥哥姐姐和父母写封邮件。我清楚地记得，敲下每一个字的我，心在滴血，那封邮件写得特别艰难，我改了又改。在初稿中，我告诉他们，我被解雇了，但这全是公司的错，这简直是糟透了，公司不知道他们解雇我是犯了一个错误。当我写完，准备点击“发送”键时，我终于能够面对现实。我向我的家人们承认，是我自己把事情搞得一团糟。这实在是一件非常困难的事情。现在回顾那一刻，我知道我的家人肯定愿意帮助我、支持我，但当时在我脑海里，我想的是他们会怎么看待我，我设想他们会这样认为：这个小妹妹完美搞砸了自己在上升期的事业，她就是个彻头彻尾的失败者。没办法，这是很容易犯的“最小孩子综合征”。

在情感上，这封邮件是我自己的一个分水岭。当我写完给家人的邮件后，我开始有勇气告诉我的朋友们自己的经历。在此之前，在朋友们心中，我永远是那个激动人心和异常逞强的我。我和朋友们实话实说，但是，这真的是很难、很难、很难的一件事。在那个年纪，我和我的朋友们都在互相竞争。他们中有些人马上要成为律师事务所的合伙人，有些人返回学校即将完成 MBA 的课程，大多数人在公司里都是步步高升的状态，只有我，需要面对这一挫败。在曾工作的每一个岗位，我不但都能出色完成工作，而且可能还是最好的那一个，但现在的我突然面临这样一个职场上的巨大落差，这让我感觉自己像个骗子，也让我很难堪。我不停地想象着，每个人都在嘲笑我："嗯，她真是自食其果啊！"

然而，对我自己，对我的朋友们承认事实，这引发了改变。它一下子让我真实地意识到，我一直在死要面子，一直在努力掩饰事实。一旦我经历了许多真实的痛苦，接受了自己的失败和由此而来的悲伤，痛苦就变成了愤怒，愤怒就变成了钢铁般的决心。我当时的想法是：去你的，我不是个失败者！我将证明这一点，给开除我的人，给我敬重的家人，给那些也许正在嘲笑我的朋友们看看。我的失败成了我的燃料，我那似乎已经熄火的内驱力重新点燃，全面运转起来。

当然，从我被解雇的那一刻起，我就一直非常生气。我的内心充满了怨恨，时刻准备和任何愿意听我抱怨的人述说，我老板做了一个多么愚蠢的决定。但实际上，那种不愿意承认的挫折感或深刻感到的自怜的失望情绪，只不过是自我辩驳的借口而已。我必须感到失败，才会去相信自己已经失败了，才能让伤痛足够深刻，于是我开始问自己这样一个问题：我过去是否曾经成功过？也许事实是，我过去就是个失败者。就是这个样子！我的内心是否曾经住着一个冠军般的自己，或者说，过去我在家人和朋友的心中是否正如我想象的那样，只不过是一个空有雄心壮志的大骗子，注定要一败涂地？我感觉自己所有的梦想正在指缝中溜走，我的心因此而遭受着苦痛，在内心深处，我对自己说：绝不可以这样下去，已经发生的事情的确让人失望透顶，但这绝不是我放弃卓越梦想的理由，在没有证明自己之前，我绝不会停下脚步。失败的苦痛仿佛化作了一名私人教练，促使你成为更好的自己，让你去证明自己真的能行。我认为，这就是经历苦痛的过程。

当我读到研究者克里斯托弗·迈尔斯（Christopher G. Myers）、布拉德利·施塔茨（Bradley R. Staats）和弗朗西斯卡·吉诺（Francesca Gino）所说的“责任的模糊性”概念时，我彻底明白了拥有那些感觉的力量。大多数失败都是模糊不清的。当然，我知道被解雇的确是一种失败，但这完全是我的错吗，或是别人的错吗？或者，这仅仅是因为我运气不好？遇到任何一个挫折时，我们都面临一个选择：是把责任推给外部，还是至少自己来承担一部分。研究显示，我们的选择将决定我们是否能从经历苦痛的过程中得到益处。

那些研究者的实验分为两部分。第一部分，受试者需要了解并决定一辆车是否能参加一场即将到来的赛车比赛。但在他们所收到的材料中，有一条相当重要的信息被遗漏了。只有通过查证一个外部的研究链接，他们才会发现赛车会有 99.99% 的可能性出现垫片失灵的问题。实验第二部分，同一组受试者会参与一个相似的测试，但这一次是要认出一个潜在的恐怖分子。同样，也有很重要的信息被故意遗漏掉了，需要通过电子邮件的沟通才能得到。

现在，我们看看实验非常酷的部分。在第一部分，因未能阻止赛车事故而主动承担责任的受试者（他们会说：“我的确应该审查所有的相关信息”）在第二部分实验中有更大可能性指认出那个潜在的恐怖分子。而那些在第一部分把失败原因归于外部的受试者，很少能在实验第二部分中取得成功（他们会说：“关键信息被遗漏了”）。为失败承担责任，可以将苦痛经历转化为有价值的成长训练，这让他们在实验第二部分展现出卓越的一面。

为你想做的去奋斗，在体育圈杀出一席之地的女主持

很多我敬仰的卓越人士在面对“责任的模糊性”时，都有自己的选择。我记得和塞奇·斯蒂尔（Sage Steele）在一个会议上第一次碰面的时候，我马上就想和她成为闺蜜，她是我最喜欢的娱乐与体育节目电视网（ESPN）的主持人，也是那天会议的主持人，她走进会场时充满魅力和领导者气质，而我则怀着一颗敬畏的心坐在会场。我们找到了一个机会聊天，我发现她不仅是一个著名的体育节目主持人，在一个男性主宰的行业中打出了一片天地，赢得了自己的一席之地，而且是我有史以来遇到的最具决心的卓越人士。

她能走到今天，是斯蒂尔与很多阻碍抗衡的结果。正如她所言：“一个羞涩、腼腆、瘦弱的假小子，一个顶着一款夸张发型的肤色棕黑的女生，是如何成为一名自信的女性，与一群男人在电视上谈论体育，还能因此获得收入呢？”当然，她在很小的时候就确定了这个目标，那时她 12 岁，知道自己热爱体育，也知道自己没有出色到可以参加奥运会，但她找到了自己努力的方向，那就是体育评论，即便那是一个男人的世界。她一直与父亲谈论各种体育新闻，高中快毕业时，因为父母的支持，她选择了印第安纳大学，因为该校有体育传媒这个专业，而且特别注重电视转播领域。

求学路上，尽管有父母的支持，斯蒂尔还是遭遇了惨败。她本来是个成绩还不错的学生，可到了大学，考试的时候总是发挥不出来。连续三个学期，她的平均学分绩点都在 2.0 以下。她说：“不知道为什么，我成了学校的漏网之鱼，本来如果连续两个学期是这样的成绩，我就该被踢出学校了，但直到第三个学期，成绩依然挂红，我才被学校发现。”最后，学校决定给她一次留校察看的机会。系主任把她叫到办公室，当着她的面，称呼她为“令学校蒙羞的学生”，并且对她说，如果她在下个学期不能把学分绩点提高到 3.0，将被学校扫地出门。

斯蒂尔告诉我："那一刻，我悲痛欲绝、羞愧难当，只想找个地缝钻进去。系主任伤害了我，他对我非常气愤，但也许我的确需要他这个态度。"她没有和系主任争辩，也没有否认系主任对她所说的话带给她的痛苦，她尽量减少痛苦对自己的影响，努力接受这个事实，即自己过去的表现的确很糟糕，但是她拒绝把糟糕的表现作为一个对她能做什么的判断标准。她说："当他说我令学校蒙羞时，我并没有把这当作我能成为什么样的人的'证词'，或把他的话当成全世界对我的否定。我感觉非常糟糕，也很心灰意冷，但我一直是接受这样的教导的：**不要总是陷在挫败感中，而是要为你想做的去奋斗。**所以，我问自己：'我能做什么？'"

斯蒂尔开始在如何学习、如何备考方面寻求帮助。她请求教授给她布置额外的作业，这样她就可以赢得一些学分。她倾尽全力，努力学习，丝毫没有懈怠。"最后，我勉强通过考试，成绩刚够取得学位，但不管怎样，我拿到了学位证书，那真是一张让我感到无比骄傲的纸。"

聆听斯蒂尔的故事时，我想起了最近和一个朋友的对话，关于她如何面对挫折。她告诉我：

> 我爸爸经常会这么说："当失败或不如意发生时，你有24小时的时间让自己陷在悲伤痛苦中，然后你就得问自己：你能为此做些什么？"承认你的失败，感受不幸和损失，但接下来要让你的痛苦把你带入更好的方向，驱使你继续向前。

带着体育传媒的一纸文凭，斯蒂尔开始了她的职业生涯，一步一步走到她梦想的职位上。她最初获得的都是非常初级的写作和新闻编辑的职位，这与她心中对体育的激情有着天大的落差，但至少给了她一个环境，让她在机会来临的时候能够抓住。当有报道记者生病，需要人手时，她有机会主动接过一份现场直播的任务。斯蒂尔最终得到了她的第一份直播工作，那是在一个地方级体育节目中作为周末板块的节目主持人。她对我说："我仿佛一下子进了天堂，但也一脚迈进了地狱，工作环境复杂得让人难以应付。我想如果我继续勤奋工作，就一定会越来越棒。但是，我发现有几个同事一直在压制我，与我共事的一个同事不喜欢女性报道体育节目，尤其是我这种肤色的女性。而且，看起来我老板也没有兴趣培养我，给我晋升的机会。当我第一次和老板提及升职时，他盯着我的脸说：'你不配！'

"当时，我知道自己是个新人，还很年轻，有很长的一段路要走，但是我认为这不是我应得的待遇。一个老板应该支持为他工作的下属！那个时候，我身无分文，实际上已经身陷财务困境中，所以做出离职的决定对我而言是非常艰难的，但我无法接受老板所说的话。我选择了离开，去寻找那些愿意支持我发挥潜能的地方。"她没有全然接受这样的挫折和她老板侮辱性的批评，不认为自己的卓越梦想是错误的，也没有觉得自己不具备成功的必备条件。相反，她选择把这视为一次机会，向她的老板和怀疑她的人证明，他们小看了"卓越的斯蒂尔"。

停止撞墙的方式就是勇往直前

接受失败、难堪和批评无法让人高兴，但就如一个笑话：当你的头快撞向一堵墙时，如果你能停下来，那就是让人感觉最美好的一个瞬间！而能顺利停下来的方式就是勇往直前。就我而言，与利亚姆在山里度过一周后，我从悲伤、愤怒的萨拉变成了一个肩负使命的萨拉。想把我扔出这个国家，没门儿！因此，"留在美国"行动开始了，寻找一份工作成了我的全职工作。每天清晨，我在招聘网站上刷新简历。我几乎同之前认识的每一个商界朋友联系，约着碰面吃饭，一日三餐都排满了。我做了一个预算，算清楚信用卡的余额，想清楚我和利亚姆怎么活下去。不只是我没有在这个国家合法工作的权利，他也没有。为了不陷入经济困难，每一分钱我们都得精打细算，利亚姆甚至卷起袖子在我们公寓的停车场洗车，只为了能得到足够的现金用于购买我们日常的咖啡。

现在，每当回想起这一幕，回想起那些担心的所有事情时，我都忍不住会笑。毫无疑问，我是坚决不会卖掉那辆小宝马车的。我感觉那辆宝马车是自己仅剩的物件儿，可以向世界证明我是个成功的人。一想到我可能不得不卖掉它，然后开着破旧的二手车去面试，我就觉得“卓越油箱”中又多了很多燃料。

有一次，我与朋友罗布·雷利（Rob Remley）共进午餐，他在新线电影公司（New Line Cinema）工作，是我在维珍航空公司工作时，做“Virgin Shaglantic”品牌营销活动的合作伙伴。当我们聊到我的情况和困境时，他突然对我说：“我认为你应该去见一下我的朋友阿莉莎，她刚刚接受了一家电子游戏公司的职位，我知道她正在寻找帮手。”

哇，这真是一条货真价实的线索！

阿莉莎·帕迪亚·瓦勒斯（Alyssa Padia Walles）是一位活泼、奔放又富有传奇色彩的女性，当她走进星巴克和我会面时，我被她深深吸引。她对自己新入职的法国电子游戏公司英宝格娱乐公司（Infogrames Entertainment）的未来拥有极富感染力的乐观情绪，而且她浑身上下充满干劲。这似乎是一个很傻的公司名字，但我想也许这是一个充满异国情调、我还不认识的法语单词。我对电子游戏几乎一无所知，但她让我确信，这没关系。她正在寻找的是一位具有品牌战略思维的人，可以把这个正在不断发展壮大的公司带到一个新的高度。

我当然是一个具有品牌战略思维的人，而且在那个时候，这家公司是干什么的对我来说真的不重要，只要它能给我一个职位，发我薪水，并能帮我申请工作签证，就足够了。受到瓦勒斯热情洋溢的影响，我确信，这是一个千载难逢的机会，我能够参与到娱乐行业中发展最快的一个领域——电子游戏之中。

一个星期后，她给我打来电话，请我担任市场副总裁的职务，给我的薪水是我在维珍工作时的两倍。这是真的！如同电影中发生的一幕，我把电话那头的人晾在一边，突然开心又疯狂地跳起来。这太酷了！我把电话调成静音模式，试着压住自己的兴奋劲儿，然后用自己听起来很平静的声音对瓦勒斯说，我非常乐意接受这个职位。那晚，利亚姆和我带着一种解脱的心情，大肆庆祝了一番，那是我从未有过的感受。

公司要瘦身，我知道自己会被裁员

那时，英宝格娱乐公司正处在一轮疯狂的收购中。公司最终购买了三家独立的电子游戏公司：GT Interactive、WizardWorks Software 和 Hasbro Interactive。孩之宝（Hasbro）拥有雅达利（Atari）品牌的所有权利，这使我们放弃了原来那个很傻的名字，围绕着雅达利重新整合我们的品牌资源。每天，我都全力以赴地工作，尝试激励市场团队走出他们的舒适区，同时尝试与将因为收购而加入的新同事和老员工融为一体。

由于当时着急找份工作，以便留在美国，我忽视了一件相当重要的事情，正如我工作不久后就发现的，我对电子游戏毫无兴趣。我自己从来不玩电子游戏，也不会玩电子游戏。我丝毫不理解自己的核心消费者，无法体会他们的感受，也没有专业的知识可供借鉴。现在，你应该听到了警笛长鸣的声音：呜哦……呜哦……呜哦……

我手下员工中有资深的游戏玩家，他们也注意到了这点。他们认为我是一个来自完全不同世界的愚蠢无知的妇女。他们不理睬我的命令，很大程度上不把我的决定放在心上。尽管有瓦勒斯的不懈支持，但不到一年，事情就变得再清楚不过了，这份工作非我能力所及。后来，我被“委任”了一个新职位，只负责雅达利的品牌重塑，同时，一位曾任职于被收购前的孩之宝公司的经验丰富的高层接替了我，主要负责公司的市场业务。虽然我试图让自己在一个驾轻就熟的项目中充满激情和活力，但我知道自己已经被打入冷宫了。我的职业生涯越来越糟。

雅达利的整体业务运营也在持续下滑。在一笔一笔的收购中，我们有些操之过急了，如果公司想在未来有所发展，必须瘦身。我知道自己会被裁员。事实上，有过在维珍被辞退的经历后，在公司正式辞掉我的 6 个月前，我就整理好了自己的办公桌，摘掉了墙上的照片，从电脑上拷贝了所有的文件。

现在，人们对失败谈论得很多。每隔一天，我都会在一些商业领袖的博客文章中看到有关失败的故事。通常这些故事听起来很轻松，好像就是一些温和的丰富人生阅历的故事，仿佛是可以从你的人生清单中轻松一笔勾掉的事项。我担心这样轻松谈论失败的文字会传递错误的信息，因为我所说的失败是卓越人士的那种极端失败，是那种让人扎心的失败。

就我当时而言，那种似曾相识的感觉又回来了，即失去工作时的尴尬和羞愧。那几年，在我的简历上的确没什么可以拿得出手的经历。那是我人生中一段非常黑暗的低潮期，足以让我怀疑整套塑造卓越自己的方法。我的脑海中都是一些冰冷残酷的问题：

> 也许我应该收回自己的野心，找个适合自己的地方安稳地工作？至少这样，我可以避免再一次受到被辞退的羞辱。
>
> 我还能找回事业上升的势头吗？
>
> 也许是时候做个缩头乌龟，承认我注定不是为成就伟大的事业而生的了？
>
> 也许我之前大错特错，这所有的一切都是错的？

我一直都相信自己能成为冠军，而且也已经走在了成为冠军的路上，但现在看来，我似乎已经迷失了方向，可能永远地迷失了。

这真是太可怕了。

最糟糕的事情不是失败，而是恐惧

失败带来的伤痛犹如掉入地狱，但最糟糕的事情不是失败之痛，而是由此而来的恐惧。恐惧可以摧毁所有塑造卓越人士的基石。它可以让你神奇内驱力的发动机完全熄火，让你丧失本应有的节奏，你本该在内驱力的作用下成功，接着树立更远大的抱负，付出更多的努力，获得更大的成功。它能将你的注意力转移，从你能控制的主观目标转移到那些控制你的客观目标上，比如我当时的想法：给我一份工作，是份工作就行！**恐惧带来的伤害不仅在于神奇内驱力的丧失，而且会让你过于保守，在打破常规时犹豫不决。**它还会吞噬你的自信，让你无法去自我省察和不自以为是。

恐惧是让人无法摆脱的噩梦！

在被维珍大卖场辞退后，我已经克服了足够的恐惧感，实现了自己的短期目标：一份新工作和新的工作签证。但是，我没有意识到恐惧正在以另一种方式向我袭来。当我接受雅达利的面试时，我特别需要自我省察，确认我和电子游戏之间有什么匹配之处。正如最后的结局，我们完全不匹配，但是我当时太害怕了，不敢去看镜中的自己，承认事实。即便我是正确的，为了一个短期目标而接受雅达利的工作机会，也仅仅是为了一份工作，我迫切需要的是别那么自以为是，要诚实地面对自己必须要学习的还不熟悉的领域，以便让维珍大卖场的事情不会重演。

我再一次被解雇了，我的自信心又被打击了一次。我面临的真正危险是：

为了避免再度失败，我会认输，对自己失望，然后接受一份我永远都不可能擅长的工作，变得特别胆小，不敢承担那些会带领我走向成功的风险。

也许你正在琢磨我为什么会或者是如何发现走出低谷的复原力，进而没有屈服在那些恐惧之下的。事实证明，在你生命中任何时刻，失败的创伤都会使你变得更加坚强！在那艰难的岁月中，我想得最多的是自己小时候经历的一次最有价值的失败创伤，那是我 16 岁那年的一次钢琴等级考试。我刚刚说那是一次有价值的失败，对吗？是的，它确实是我人生第一次经历如此的苦痛，请允许我详细说一下。

当时我想象自己会成为未来的莫扎特，而且我受到一个事实的鼓舞：我获得了参加皇家音乐学院钢琴 7 级考试的资格，那真是一段美好的时光。对我而言，那真是一件天大的事情！这个等级考试能筛选出优秀的孩子，他们将继续在大学学习音乐，并走上以音乐为生的光明大道，而一些资质平平的孩子将会被淘汰。我一直希望自己能成为一名著名的音乐人。事实上，事情一直进展顺利，直到考试前 6 周，我在参加学校的一个体育活动时出了状况。那个体育活动中包含一个军训课程，我从一面 3.6 米高的墙上摔了下来，肩膀脱臼了，那不是小伤，需要进行外科手术。

在医院住了 4 天后，我回到家中，上臂里打了两颗钢钉，伤口仍然感到难以想象的疼痛和不适。我无法找个舒服的姿势躺下，所以无法安然入睡。我也不能舒服地坐着，所以无法看电视。我陷入了苦不堪言的境地。但是，我没有取消自己钢琴考试的申请。我确信，这将是我的尼基·劳达（Niki Lauda）时刻——劳达在 F1 大奖赛德国站中，驾驶参赛的法拉利赛车发生严重事故，他得以幸存，6 个星期后，他的身影就出现在 F1 大奖赛意大利站。我将战胜疼痛，克服逆境，为钢琴考试继续练习。

我想告诉大家的是，当你的肩膀受伤时，弹奏 4 个 8 度的音阶真的不容易。但是每天我都抬起被吊起的左臂，弹奏钢琴，并不停地督促自己不间断地练习，以求完美。考试如期而至，我对自己的期望非常高。我肯定会通过考试的，因为我是如此全力以赴地备战。我步入巨大的音乐厅，发现一架巨大的三角钢琴静静地等着我，考官们也等着给我的表现打分。我的手指因为紧张而颤抖着，甚至我的腋窝都在一直冒汗。但是，我全身心地投入演奏中，即便我知道自己弹错了两处，在即兴演奏时也小有失误，但总体而言，我认为自己通过考试还是绰绰有余的。整整三个月，我都在等待写有考试结果的信件。通过考试需要的分数是 100 分。当结果最终寄到时，我打开信封，发现自己以两分之差没有通过考试。

我想跳楼！

收到结果的那天，整个下午，我努力不让大家看出我有多失望，但我的心却在滴血。这个考试本应是一次证明，证明我在某个领域真的颇具才华和天赋。但是，失败让我感觉自己的青春期走向了终点。我是钢琴等级考试史上最用功的学生，我比任何人付出得都多，怎么就没有通过考试呢？而且，我为了参加考试，还经历了那样剧烈的疼痛和伤病！

这种情绪一直缠绕着我，直到我手拿一盒磨碎的奶酪，光着脚走向厨房的烤三明治机。下面发生的一幕在我记忆中就如慢动作一般：我的脚趾触碰着冰箱的边缘，我内心充满失望之火，然后这把火被顺势点燃，熊熊燃烧，碎奶酪在厨房漫天飞舞，击打到了墙上。咒骂的话语从我口中喷涌而出，我所说的粗话都是父母之前未曾听过的。这一幕确实让人印象深刻！我冲向楼梯，跑到自己的房间，把自己重重地摔到床上，眼泪在枕头上流淌，不停地流淌。我不在乎你是谁，不管你的目标有多大或多小，当你错过目标达成的机会，当你失败时，你会心痛。失败真的让人很心痛！

但是随着时间的推移，当我最终不那么自以为是的时候，我意识到自己的失败不是因为不够努力。当我重新查看自己的成绩时，我发现自己不是因为受伤而没有通过考试。在即兴演奏方面，我真的不够有天赋。我不是一个非凡的音乐家，但我已经做出了非凡的努力，而且也在极度的失望中挺了过来。是的，我幸存了。人生第一次，失败成了我的私人教练！失败让我在一些艰苦的训练中幸存下来，让我克服自己无法完成目标、无法幸存下来的恐惧，但是它也让我明白：如果我愿意聆听，失败总会有话对我说。它会说："你知道吗？失败总让人觉得不可能。这种失望，这种尴尬，这种心碎的感觉似乎可以将你置于死地。但是，你仍然活着！你虽受到惊吓，但还是挺过来了。记住你所经历过的一切！"

当我向塞奇·斯蒂尔提及在她实现主持人梦想的过程中，她是如何克服那些挫折的时候，我问她："现在你觉得自己已经成功了吗？你知道自己是成功人士吗？"她是这么回答我的："不，很多次我都在怀疑自己。甚至最近，我都曾多次怀疑自己是否能成功，即便已经算是个'成功人士'了，这种怀疑也不曾完全消失。但现在，我知道自己是个幸存者。我知道无论发生什么，自己都会应对自如。当我感到那份怀疑时，我会对自己说：把怀疑抛到九霄云外吧，继续前行。我要不断学习，不断吸收，不断迈出下一步，做更好的自己！"

好啦，回忆到此为止，回到我在雅达利即将被解雇的时刻。天呐，那种恐惧正如我之前感受过的那种苦痛，它又回来了。这真是让人苦不堪言，但还不至于将我置于死地。我还有利亚姆，他在我身边，现在他是我了不起的丈夫了，他会支持和帮助我。而且，我们仍然生活在美国。最重要的是，尽管我的职业生涯陷入最绝望、最低谷的黑暗中，但我脑海里仍然有对美好时光的回忆，我之前是成功过的。曾经有一段时光，卓越的我表现得非常出色。在我内心深处，我知道自己还具备所有的能力，那些曾让我风光无限的能力。现在，我又有了其他能力和一些新的技能，即所有我最近经历的失败所带来的益处，那些苦痛和恐惧并没有阻挡我前行。我具备了复原力。

【突破行动·如何从失败中复原】

你击败失败的方式就是挺过去，强迫自己更加努力，同时让你身边充满支持你的人，这会让你意识到：失败不会置你于死地，也意味着你还能再次面对失败的风险。来自弗吉尼亚州立大学的马丁·施瓦茨（Martin A. Schwartz）教授解释说："我们对失败的可能性越能淡然处之，就越能深入到未知领域，做出重大发现。"但商学院是不提供这种苦痛训练的课程的。你不得不经历它，感受它，战胜它。失败不仅给了我克服挫折的能量，还让我拥有了深厚的复原力，如同接种疫苗一样，它帮助我战胜对未来的恐惧，因此我能冒险，忠实于自己的内心，塑造卓越的自己。连续两次被解雇的经历最后演变成我一生中最重要的"私人教练"。我认识到，在令人恐惧的时刻，我可以环顾四周，对自己说："你们都不知道自己会挺过去的，但是我知道！"

下面是一些可以帮助你挺过去的方法。

1. 重要的不是失败，而是你如何回应

现在，假设你已经身陷挫折中，这是一次巨大的失败。不，呃，事实上，是一次非常惨不忍睹的失败。你可能不是很想告诉别人这件事儿。或者，你会告诉许多人，包括你自己，很多故事，比如，失败是由别人的过错引发的，失败是无法避免的，失败没什么大不了的。但是，如果你想把失败转化成能量，就不得不对你自己以及你能信任的其他人说出事实。如果没有人知道你做得一团糟的事情，失败就会特别容易被忽视，而被忽略的事情不会为你提供任何能够帮助你战胜失败的能量。你必须承认，自己已经失败了。事实上，有段时间你必须感到，你是个失败者。痛苦和屈辱能让你去证明一些事情，而整个过程正是你需要面对的。是这样吗？我马上告诉你！

开始体验所有的真相、痛苦和屈辱时是不是很困难？你是否发现自己被一种失望所困扰，但又没有对此做些什么？我最喜欢的诀窍之一就是：坐下来，写下自己的经历。记录整个故事，那些真正发生的事情，直到你开始感到那种内心中最真实的情感。

写下来真的有用吗？难道只是思考失败或者匆匆记下几笔对将来有帮助的教训，你就无法从中得到同样的益处吗？不，加州大学心理学教授索尼娅·柳博米尔斯基（Sonja Lyubomirsky）一直在研究记日记所带来的不同，她也是《幸福有方法》和《幸福的神话》这两本书的作者。她和她的同事们让人们把发生在自己身上的最糟糕的事情写出来、说出来或者思考上 15 分钟，连续这样做三天后，那些写下糟糕经历的人获得了更好的心理和生理健康，一个月以后，情况依旧如此。那些收获最大益处的是将他们的经历以写作的形式重新记录的人，而不是那些说说或者思考一下的人。

归根结底，重要的不是失败本身，而是你如何回应失败。所以，开始行动吧，写出来，想象自己就是一个特别惨的失败者，你有可能忍受成为那样一个失败者的感觉吗？ 尝试一下放弃梦想的感觉，看看自己有多生气。你会拉上窗帘，关掉灯光，像胎儿一样蜷缩着放弃吗？ 或者，你会因为太生气了，而把你的失败转换成新的决心和渴望吗？

2. 注意你的“死亡区”

很多滑雪运动员会像大多数人一样，努力不让自己摔得粉身碎骨，但卓越人士意识到，有时候你必须让自己摔得更狠一点儿！帮我意识到这一秘密的是博德·米勒这个美国著名的滑雪运动员，我在前文曾经提到过他。在他看来，在雪道上一次又一次摔倒和失败使他得到锤炼，使他比其他做得已经很不错的人更出色，进而使他成为世界冠军。

米勒告诉我，当他刚开始滑雪时，运动员的训练还是按照谨慎、安全的步骤逐步提高技术，尽量不犯错误。他说：“他们会花时间研究技术，偶尔会用 100% 的努力滑一次，看看到底会发生什么。然后，再回到谨慎、安全的轮回，一点点地逐步提高水平。”但对米勒来说，这种方法存在两个问题。

首先，他已经意识到，像他这样天赋不突出的人，如果练习的是和其他选手同样的技术，同样为了尽量不犯错误而训练，就永远不可能成为顶级选手。他说：“作为一名运动员，我不是特别有天赋。我跑得不快，跳得也不高。有人拥有和我一样的身材，却能完成战斧式扣篮，而我也许只能用网球完成灌篮的动作。”他得出结论，即便是在科学指导的基础上进行最大量的训练，他也不会脱颖而出，“如果我不犯什么错误，也许每次都能取得第 35 名，可我没有理由这样做啊！”如果和别人一样训练，米勒是不可能成为冠军的。他必须展现自己，成为那个卓越的米勒。

其次，他认识到，一点一点练习技术，一次提高一点儿，这并不符合他的天性。“对我而言，**最好的结果来自每次把自己最大的能力发挥出来，适应这个过程，并让我的技术水平跟上来。**”于是，他不是练习单个技术，而是为了获胜而训练，即能滑多快就滑多快，这样的练习方法让他在比赛中得到了优势。“其他选手在训练时只滑出 70% 的速度，在正式比赛中才会滑出 100% 的速度，他们不知道如何去完成几年前就应该学会的简单动作，因为他们摔得不够多，结果可能就是他们的膝盖在比赛中出现骨折。”

米勒意识到他需要摔倒更多次。他必须一次又一次失败，才能从失败中有所得，失败是他最好的老师，而他是失败老师的好学生。他说：“我是一个皮实的小孩儿，骨架大、肌肉小、灵活、柔韧性好，可以在蹦床上不费力气地做空翻和转体的动作。因为我什么运动都能玩儿，所以我的综合运动能力不错。”他努力学习滑雪运动员是如何在滑雪时受伤的，学习当他自己摔倒时该如何避免受伤。他还告诉我：“摔倒不是我最担心的事儿。我的意思是，撞到树上的确很糟糕，显然，你必须注意自己的‘死亡区’，但我学会了一点：如果你在某个转弯处的某个特定的位置处于某个特定的姿势，你是可以做些事情来避免摔伤的。因为我摔的次数比其他人都多，一直把自己置于这样极端的训练环境中，所以我研发了一套技能来应对那些意外的摔倒。”

失败教会米勒的是：如何以最小的代价换来滑雪场上最棒的那个自己。摔伤的痛苦不但没有吓倒他，使他降低滑雪的速度，反而让他迎难而上。为了让自己更加自信，还能够滑得更快，他不但没有逃避风险，反而愿意承担更大的风险。为了塑造卓越的才能，你必须失败，彻底地失败，然后经历更少的失败。

我知道你在想什么，比如你该如何出现在办公室，告诉你的老板，你正在计划明天做些失败的事情？你该在什么事情上尝试失败呢？你不需要在工作岗位上开始这个“失败”练习，进而让整个公司处在危险中。为什么不能从一些你个人生活的事情下手呢？也许你热衷于山地自行车，但是你经常选择容易的而不是困难的路线。去吧，选一天去尝试困难的路线，看看会发生什么。也许你会摔倒，甚至会受伤，但在这个过程中，你的技能、力量和自信心都会提升到一个全新的水平。或者，也许你正在准备一场关于自己生活的重要演讲，但是你特别担心，因为当众演讲并不是你擅长的事情。不要想着为了安全完成演讲任务而用什么自动台词提示器，为什么不邀请你的一些朋友，在他们面前大声地讲出来，仿佛你的生命迈向何处将取决于你的演讲表现那般，不要借助任何文字或者视觉辅助工具，看看如果你在朋友面前尴尬地演砸了会发生什么呢？你会依然活着，你会从尴尬中有所得，到了演讲日真正来临的时候，你会有备而来，比房间里的任何一个人都更有信心地完成你的演讲。

3. 为你所恐惧的失败制订战术

当然，摔倒毕竟是摔倒，失败也如地狱般痛苦。当我身陷苦痛时，我会靠做些事情来获得解脱。我必须开始做些什么，让我能感到自己拥有朝着一个目标前进的动力。如果我能把精力投入到积极的事情上，就至少能帮助我消除一些苦痛。

我在雅达利工作的最后几个月，过得并不如意，终于我接到了一个电话，那是自从我踏入美国的领土，就一直盼望能接到的一个电话。电话来自耐克公司的一名内部招聘人员，他是从我在维珍大卖场的一位同事那里知道我的。尽管我在那家公司的表现如同火车失事，可还是有些保持联系的朋友们仍然关照着我。这一次的职位是地区市场总监，办公地点在洛杉矶。这是一个相对低的职位，头衔也不大，但自从我上了大学，耐克就是我急切盼望能为之工作的一个品牌，它所代表的一切都与我的价值观、激情和梦想一致。我想立刻抓住这个机会，感觉这是我多年来一直在寻找的职业婚姻，并有可能带来我人生中极大的转机。

事实上，这是我第二次有机会为耐克工作。当我在洛杉矶为新西兰航空公司工作时，我遇到了一个澳大利亚人，他是耐克公司在澳大利亚办事处的负责人，他当时正在寻找一个新的市场经理。我为申请那个职位全力以赴，尽管这意味着我要放弃自己的美国梦，搬家到澳大利亚，但这可是耐克公司啊！招聘经理和我也非常地投缘，可最后公司还是觉得把我一个在体育领域没有什么经验的人从美国招募到澳大利亚有些冒险。

真是让人扫兴！

现在是我第二次有机会为我的梦想公司耐克工作，但是面试的过程持续了痛苦的数月之久。这个过程中，有许多电话面试，我还去了一次在波特兰的公司总部面试，但耐克那边总是没有消息或者是不能下决定。那时，我已经被雅达利解雇了，距离第一次和耐克接触已经过去了差不多 6 个月的时间了，我感觉自己的表现还不错，但是他们的行动，哦，真是太慢了。再度失去工作让我进入了高度紧张的备战状态。

“神奇的内驱力”核查：我研究了每一位面试我的耐克员工，以便随时准备好和他们每个人都能有一次让人难忘的交谈。

“打破常规”核查：我学习所有关于耐克的事情，研究它在洛杉矶的竞争对手，并把我的研究、观察和见解整理成一套带照片的备忘录，我可以把这个备忘录寄给人事经理，让他知道对于未来的工作，我的想法是什么。在这个世界上将没有人比我更胜任这份工作。

“自我省察”核查：耐克是我尊敬的品牌。14 岁那年，老爸从美国给我带回来我人生的第一双 Nike Air Stabs，穿着它奔跑，如同跑在只属于我的小小蹦床上，其他孩子没有一个看到过像这样的鞋子。从那以后，我内心一直燃烧着一个梦想：为耐克工作。这个梦想非常巨大，我痴迷其中，还有点狂热。20 世纪 80 年代末，当我还在大学学习市场营销时，耐克就一直在重新定义它的品牌内涵。它的广告语“Just do it”是一代人的呼声。对我来说，它接近于一种信仰，是我们雄心勃勃的战斗口号；它也驱使我们这一代人行动起来，让改变发生！在我的婚礼上，我的挚友萨姆在致辞中提到了贴在我宿舍墙上的那幅耐克海报上的文字：

永无止境。
没有疼痛，就没有收获。
你没有赢得银牌，而是输掉了金牌。

耐克是一家我能够融入其中的公司，我愿意倾尽全力放下自以为是的我，提升自己不足的地方。我已经从失败中走出来，失败是我最强大的私人教练，但我和失败相处的时间足够长了。我摔倒了一次又一次，已经准备好好打一场胜仗了。

当最终拿到录用合同时，我无法描述自己当时欣喜的感觉。头衔降低了，薪资也减少了，但那是我有史以来最值得庆祝的时刻！我一点儿也不在乎职位的下降，这可是耐克公司啊！坦白地说，即便是公司让我去做收发室的工作，我也会非常开心的。失败已经成了我的燃料，它一路给我力量，让我获得这次新的机会，在这份工作中，那个卓越的我一定会受到欢迎的。

当你经历一次失败的时候，请记住最重要的一点：保持你前进的动力。还记得我朋友的爸爸曾经对她说过的话吗？“你有 24 小时的时间让自己陷在悲伤痛苦中，然后是时候继续前行了。”你可以把下一个目标作为礼物送给自己。是的，在未来的数星期和数月中，你还是要面对失败的影响，但你仍然可以做的是，向着下一个成功目标前进。也许你输掉了一场重要的网球比赛，或者你努力训练，但仍然没有在一场马拉松比赛中跑出自己的最好成绩，那就设定你下一个体育方面的挑战目标吧，全身心努力，积极向前去实现它。也许你刚刚错过一次大的提升机会，那就仔细审视一下你周围的情况，把目光投向下一座可攀登的高山。《让创意更有黏性》一书的作者丹·希思和奇普·希思在《快公司》杂志中写道：“**忘却是对逆境的错误反应。逆境要求改变，而改变并不会奇迹般地降临，它是通过你重新踏上征程来实现的。**”所以，迈出新征程的第一步吧！

紧接着，下面会发生什么？恐惧！

你会有这样的想法：“如果我再次失败了呢？”

当这种感觉袭来时，不要躲避它，就让它来吧。在你脑海里想象你担心的事情真真实实地发生了，想想你能为此做些什么。即便是在最简单的情况下，比如准备一次演讲，在到达演讲地点前，我都会把所有最糟糕的状况在脑海里过一遍。如果我的电脑失灵了，我无法展示自己的幻灯片，该怎么办？没问题，我还存了一份演讲流程，如果不得不面对这种情况，我可以在没有幻灯片的情况下完成演讲。如果航空公司把我的行李弄丢了，我没有职业装可穿，怎么办？我会穿着跑步服装出现在讲台上，把丢行李这件事情作为一个有意思的开场白。如果在我走向讲台时，我的裙子在背后开裂了，该怎么办？（噢，是的，这事儿之前的确发生过！）我只要确保自己不会来个可怕的转身，把屁股对着观众就好。

博德·米勒在滑雪道上摔倒后，会琢磨下一次再遇到那种失去平衡的情况时，他能做些什么。像他那样，在脑海中为你所恐惧的失败制订一个战术吧。拥抱那些恐惧，熟悉它们。一旦你脑海里有应对恐惧的最佳方案，你就会对最糟糕的情况应对自如，不仅有更多的应对策略，而且更有信心了。

一次又一次，我发现自己身处十字路口，必须做出选择，是选择安全又熟悉的道路，还是选择风险较大但可能更具价值的道路。恐惧从来就没有停止过，但当我最害怕的时候，我会保持冷静，整理一下自己的思绪，用和自己对话的方式，把失败的可能在脑海中过一遍：

> *可能发生的最坏的事情是什么？*
>
> 我将会被解雇，再次被解雇！彻底被羞辱！在美国，所有的招聘经理都会在我的名字旁标注“失败者”三个字。我不得不搬家，搬到一个我能支付的小房子里，然后再次开始寻找新的工作。
>
> *这会杀了我吗？*
>
> 坦白说，如果这一切发生了，我将会活下来，我一定可

以的。

但是，我怎么知道自己就可以呢？

因为这事情曾经发生过，而我也挺过来了。

现在想象你再次被解雇了，继续往下想，还记得那种感觉有多糟糕吗？我们还会因此而恐惧吗？

不！

所以，激励自己前行吧！

当你能承认自己的失败，用失败的苦痛来训练自己，设定更大的目标，并更好地计划去实现目标时，你确实就是一个卓越人士了。到此为止，我们已经讲述了卓越的你要具备的所有 5 个基本特质。现在你可能在想：我怎样才能把这些付诸行动呢？我怎样才能把握职业转机，赢得大突破呢？你将会在本书的后半部分找到答案。

EXTREME YOU

第六章

地位需要自己去赢取

入职耐克后的迷失，做一块海绵，多看多听

在加入耐克几周后，我得知公司正在为女性员工组织一场前所未有的领导力大会。太酷了，不是吗？然后我收到一份线上问卷调查，需要所有参与的人填写，可是我越填越害怕，越填越不自信。问卷调查的问题是这样的：

在高中时，你运动吗？

运动，是的，当然！

你曾跑过马拉松吗？

跑过，我当然跑过，我还确定马拉松可不是任何人都能跑下来的。

你曾创造过世界纪录吗？

我出了一身冷汗。难道耐克公司的女性

领导者都是世界冠军？相比之下，我童年时期的体育成绩看起来多么平庸，不值一提。

你穿多大码的鞋？

我低头看了看我那双与史莱克的一样大的脚，意识到在一个生产鞋子的公司工作就意味着，我需要定期公开自己的鞋码。我脑中质疑的声音越来越大。当然，我是个卓越人士，但我在这里真的能行吗？我该如何利用自己的卓越技能和知识帮我取得持续的成功呢？

在本书前半部分，我们谈论了如何理解和拓展你独特的卓越潜能。现在我们开始转向如何通过掌握我称之为“卓越人士周期”的方法来获取成功，这个方法一辈子都适用。当你发现自己身处一个新环境，就像我在耐克那样感到迷失时，你就可以启用这个方法了。

长久以来，我梦想着能加入一个有激情、充满创新精神、特别成功的企业，但是等真的如愿了，我却时常发觉自己是个一窍不通又无关紧要的局外人。开会时，近一半的讨论我根本就插不上话。我努力适应一个全新的行业，学习有关鞋、服装、运动装备的一切，但当我的新同事抛出一些专有缩略词和简略语时，我感觉他们在说一种加密语言，比如产品属性（product engines）、当季惊喜款（quick strikes）、某一品类（SMUs）、最有价值球员（MVPs）……在入职不久后参加的诸多会议上，我完全找不到北，只能保持沉默，渴望能理解对话的内容，当然也就无法贡献自己的独特见解。

耐克员工们在公司里用微妙的信号来体现自己的地位，关于这一点，我一开始也没弄明白。直到后来我才了解，如果你脚蹬一双极其罕见的空军一号（Air Force 1）球鞋，你就是这个公司里最酷的那个人，是“鞋狗”——至少也是与“鞋狗”搭点关系的人。相反，如果你穿一双在非公司内举办的管理会议中给每一个人发送的赠品运动鞋，那你就惨了，很可能你已经被叫到人事部或者财务部去谈话了。有一个术语叫“搭配”（hook up），过了好几个月我才理解，如果穿的鞋子颜色和衣服颜色不搭，这就暴露了我并没有尽全力买足够多的衣服来搭配和彰显我的鞋。搭配意味着你对耐克的文化究竟有多深的认同。

有太多的事情不太对劲儿。在我还没弄清楚该穿哪双球鞋时，我怎么能做出成绩来？ 我太在意之前丢掉的两份工作，然而我现在又感到格格不入，开始担心会不会又要失业了。为了给自己打气，我提醒自己，正是因为我的塑造卓越的自己的方法，我才获得了在耐克的这份工作。我依旧是那个敢作敢当、负责任、准备充分、外向活泼的女孩，我有分享不尽的点子，而且特别愿意迎接现实的挑战。

然而，那些鼓舞士气的话也快不起作用了。沃顿商学院教授亚当·格兰特在他的著作《离经叛道》（*Orginals: How Nonconformists Move the World*）中描述了权力和地位的区别。对此，我逐渐有了痛苦的切身体会。**权力是对别人施加控制或者凌驾于他人之上，地位则来自他人的尊重和敬佩。**权力和地位最大的区别是：权力可以强制获得。如果简晋升为乔的上司，那么简就拥有了高于乔一级的权力。但是，地位却需要自己去赢取。在维珍大卖场工作时，我在还未赢得足够的地位时，就想做出我想做的改变，这让我丢了饭碗。所以，现在我知道，**如果我想让别人把我当回事儿，就需要先在这群人中建立自己的地位。**我决定给自己另一份问卷调查：

> *我将连续丢掉三份工作吗？*
>
> 不会的。我是能够实现自己雄心壮志的那种人。
>
> *这一次我跟以前相比会在哪些地方做得不一样呢？*
>
> 怎么行得通，我就怎么做！经历两次失败后，我强烈感到自己那赤裸裸的野心，我才不是那种轻易放弃的人。我将抛开所有过去辉煌的记忆，这些记忆总是让我深信别人都应该听我的意见。我要重新赢回信任和成功。一想到要向新同事证明自己，我就感到挺绝望的，因

为我几乎不知道要从哪里开始。

曾将我招进耐克，同时负责新员工培训的人事经理不断提醒我要有耐心。他告诉我："入职的前 6 个月闭紧你的嘴，多看多听，做一块海绵。"但是我告诉你，这太难做到了，尤其是当你身处一个竞争异常激烈的环境，团队里还是些典型的 A 型人格的时候。没有哪一天我不会察觉，好像每个人都盯着我，好奇地想知道"他们怎么会招她进公司"。

即便如此，我依然牢记这位人事经理的劝告。我之所以能在之前的职业生涯中取得成功，是因为我总是能给公司带来有价值的想法。而现在我突然发现，自己不得不搞清楚怎样才能赢得分享自己想法的权利。

很快，我就去了佛罗里达州参加一个大型的销售大会。我依然记得，我感觉自己像一个新入学的孩子，去学校餐厅就餐却不知道该坐哪儿，那种感觉尴尬极了。与美国市场团队的同事们吃过晚餐后，我的新同事们全都为流传已久的耐克精彩故事开怀大笑，我却几乎插不上话，因为故事里的绝大多数人我从未见过。晚餐后，我穿过酒店大堂，恰逢一群耐克同事准备一起去看场电影，我并没有受到邀请。我还记得当时自己绝望地想干脆溜回酒店房间，关上门，叫上一份冰激凌，看看电视节目《幸存者》，再和在家的利亚姆通个电话。但是，我知道自己需要鼓起勇气询问能不能加入他们。这简直就像在高中时经历过的那种令人神经崩溃的瞬间，但是结果终于让我松了一口气，他们同意了。

看完电影后，我又再次想直接回房间睡觉。即使像我这么外向的人，作为一个新人，跟别人谈话也令我筋疲力尽。但是所有人都往酒吧走，这时，我知道加入他们才是最正确的选择。第二天，我在一些交谈中能插上话了。那一刻，我才第一次真正感到融入了新公司。

从那以后，我就开始玩命地学习和建立人际关系。每次去波特兰总部园区，我都会约同事和领导吃午餐。与任何有时间跟我共进午餐、早餐和晚餐的同事一起吃饭，变成了我最重要的使命。在失业的时候，我曾拼尽全力建立人际关系网，现在，我在耐克也极其努力地建立公司人脉。即使当我的团队在向我汇报工作时，我也会不断提醒自己，发表意见之前先听取团队的声音，先从他们身上学习。

我开始察觉到，我需要变得谦虚，这比什么都重要。即使是卓越人士，也会不得不寻求帮助。我必须用开放的心态对待别人的观点，聆听别人的需求和见解。我必须有耐心，而且必须愿意示弱，从而克服自己对不是什么都懂这件事的恐惧，这样才能从每一个新认识的人身上学到一些东西。

最终，在新岗位工作两年后，凭借带领团队在洛杉矶市场取得的骄人成绩，我赢得了公司的大奖。我的天呐！在年度领导力晚宴上，我当众获奖了，这个瞬间至今还历历在目。我很开心，终于松了一口气。没人能体会在加入耐克之前的三年里，我经历了多么艰难的一段旅程。对晚宴中的大多数人来说，这可能只是公司颁奖典礼上一个特别普通的奖项，但这是我加入公司后一直拼尽全力工作才获得的。因为我心甘情愿接纳了痛苦和绝望，所以我成功了，我必须承认，如果想要脱离旧有的思维和习惯，达成我赤裸裸的野心，即在这儿取得成功，我就必须保有谦虚之心。

谦虚代表了发表意见前先学会聆听，表现出你关心周围人所在意的那些重要事情，这样你才能赢得一席之地。这不仅是为了营造良好的办公室氛围，也不仅是你得到大家认可所要付出的代价，而且是卓越人士一生都要信守的承诺，在整个职场生涯中都要不断为谦虚赋予新的定义。你或许会想，当你已经特别出类拔萃时，就不再需要谦虚了，但对卓越人士来说，位置越高，越应谦虚。如同我们在第一章谈到的安杰拉·阿伦茨所做的那样，当时她辞任博柏利的 CEO，去苹果公司担任一个高层的职位。

她告诉我：“人就是这样，他们的职位越高，就越觉得自己理所应当要知道得更多。所以，他们当然会表现得像是什么都知道。这样的例子在大公司、政坛、社会名流圈比比皆是。我却发现，我的职位越高，我知道得就越少，因为公司每天有成千上万个决定要做，我不可能事必躬亲。所以，我必须更多地倾听，也必须与更多的人沟通，这样才能尽可能多地感知公司的业务并了解真相。即使身体力行，一个人也不可能细致地管理上千人，更别提去管理他们得到授权所做的日常决定。你可以把这称为谦虚，或者就称其为‘明智之举’，即每一天都清楚你知道什么、不知道什么。谦虚不是我高举的牌子，它真的是已经深深地和我的基因嵌在一起了。”

谦虚不仅是一种领导力风格，而且能预见成功。来自华盛顿大学福斯特商学院的教授们做了一系列的研究，评估谦虚对职业绩效的影响。教授们对谦虚的定义是：正确地评价自己，渴望真诚的反馈，有一颗受教的心，乐意展示他人优势。来自万豪管理学院（Marriott School of Management）的布拉德·欧文斯（Brad Owens）教授和他的同事们在《组织科学》杂志（*Organization Science*）上发表了另一项研究，他们对学生和公司雇员的谦虚进行了评估，然后追踪他们在个人和团队层面上的表现，结论是**谦虚是预测高绩效最强有力的因素，远远超过智力和责任心。**

谦虚到底有多重要呢？说真的，对于和我一样属于天生就没有什么明显过人天赋的你们，这简直是天大的好消息。只要有颗谦虚的心，愿意倾听和学习，你就能迅速提升自己，表现得比你身边任何一个人都优秀。

“广告风波”，新晋管理者最容易犯的错误

你越成功，经验越丰富，就越难保持谦虚，此时也就越需要警惕伴随成功而来的风险，不管这个成功赢得有多漂亮。事实上，我很不愿意承认，我在耐克赢得的大奖以及我和团队在洛杉矶市场所取得的成绩，差点再次让我自毁前程。

在洛杉矶带了两年团队后，我被调到俄勒冈州的波特兰市，那里是耐克的全球总部，我升职担任美国品牌总监。我领导的团队负责女性健身类别产品的全美市场营销，涵盖公共关系、广告宣传、店面零售、耐克网站运营和线下活动。这是一个非常棒的职业转机，可以让我迈入职场更广阔的空间，在更大、更复杂的公司业务环境中发挥我的领导才能。在这个时候担任这个职位意义重大，因为我们正在朝整合营销转型，市场营销所涉及的所有要素都要围绕一个关键理念展开。然而，上任没多久，一次团队例会就让我感到非常尴尬。

那是我第一次召集所有团队成员开会，大家回顾项目进展时，来自广告部的一位年轻女士大胆发言，针对我们的市场活动提出了完全不同的观点。我冷静而坚定地跟她解释，虽然她的营销点子听起来非常好，但是这和团队其他部门正在做的方向并不一致。我尊重也鼓励她把我们的讨论汇报给她的直属上司、广告部的负责人南茜·蒙萨拉特（Nancy Monsarrat）。但是在下一次各团队都参加的会议上，她再一次解释说蒙萨拉特想按原计划进行。这位年轻女士当着各个部门来开会的人说，我的计划不适用于广告部。更过分的是，她接着说，在我接手这个职位前，他们已经有了一个更棒的想法，而且一直在这方面努力着。我拒绝了她的提议，让她回去告诉蒙萨拉特我的决定，但一周后又会发生同样的事：广告部希望按照之前的计划行事。既然她直接向蒙萨拉特汇报工作，而不是我，我也就没有权力支配她。

太丢脸了！在每一次可怕的会上，我都在我的团队甚至我自己面前丢面子。我想：他们怎么能忽视我呢？我特别纳闷：是不是……我讲得不清楚？我尽力列出各种理由证明自己是对的，并告诉自己应该坚持到底，给自己加油打气。但是在下一次会议上，一切还是老样子。

我们的意见分歧到底在哪里呢？那时候，耐克依然是一家男性体育商品业绩占绝对主导的公司。因为在过去，女性市场从未被认定为商业重点，所以跟女性商品相关的销售额只占公司整体业绩很小的一部分。许多女款商品往往就是“把男款缩小，染成粉色”，这是几乎每位耐克女员工都知道的方法。但是，公司新的全球战略已经认定，如果我们能和女性消费者有更深层次的连接，为她们提供专为女性设计的产品、体验和市场营销活动，这将是一个让公司业绩大幅增长的机会。公司的这个战略需要我们每个人都全力以赴，通过我们所说的“健身舞”来创造一个女性专属的全新体育品类，让耐克在女性运动品牌上焕发光彩。说到底，我们将特别关注那些在世界各地上健身课的女性，因为这项运动已成为一种爆发性的流行趋势。我们已经决定为这些女性服务，不仅为她们设计新的运动鞋和衣服，而且会跟健身行业的领军人物一起合作，塑造一款全新的健身课，名字叫作“摇滚明星健身舞”（Rockstar Workout）。

然而，耐克的广告团队觉得女性消费者不会爱上健身舞，也不认为整个品牌理念足以确保公司整个女性商品的市场增长。由于美国《教育法第 9 条修正案》（*Title IX*）所带来的积极效果，我们的年轻女性目标客户群中有很多在成长过程中都参加过各种个人及团体运动项目，因此广告团队认为通过体育运动才能跟这些女性产生更强的连接。另外，他们希望女性消费者在情感上和耐克品牌更有黏性，所以想通过广告杂志来向女性用户发起有关体育运动和身体形象的对话。在过去，大家都猜测女性是不愿意被看起来像运动员的，因为一块块隆起的肌肉让她们看起来不苗条。但是广告部已经做了颇有说服力的新调查，调查结果显示：年轻女性消费者觉得强壮的身体是一种荣耀的彰显。我非常同意这个观点，但我不知道这一点该如何帮我们推广健身舞这个概念。更重要的是，当在维珍和雅达利工作时，我已经亲眼看见人们对传统广告模式不再那么感兴趣，在电视荧幕上或印刷物上的广告能够赢得人们对一个品牌好感的时代已经过去了，人们更青睐能和品牌产生数字化连接的交互方法，而数字化传播的优势是传统广告无法实现的。我认为耐克的广告部正在错误的道路上追逐着一个错误的目标。

但是，那只是我大脑里出现的一个声音，它来自我的卓越知识。与此同时，另一个声音也出现了，那是谦虚的声音，它让我想起自己在维珍遭遇的彻底失败，那时的我为公司展望了一个长远的愿景，也知道如何去达成愿景，但自己在公司还未取得足够高的地位，也未得到周围团队的支持。我从维珍得到的教训就是：当有不同意见出现时，团队往往因为缺乏合作而满盘皆输。我知道我需要和蒙萨拉特达成共识。

但是我很害怕，真的特别害怕。我不想让冲突升级，那样可能导致我的耐克同事跟我作对。我不能主动去找蒙萨拉特谈话，要知道她在公司可是一位比我经验丰富又举足轻重的大人物。如果我承认自己不太懂，会不会显得不称职、没能力？当时我并没有意识到以下这一点，有关领导力的研究报告，包括论坛公司（Forum Corporation）2013年做的问卷调查发现：领导者之所以不愿意承认错误，多半是因为怕名誉受损，他们觉得低头认错会让自己看起来不称职。所以，为了不陷入难堪的局面，他们选择继续犯错。

因为不愿意和蒙萨拉特发生正面冲突，所以我去找我老板抱怨。也许他愿意去找广告部谈谈，然后说服他们同意我的意见呢？哦，这根本不可能！他才不会让我那么容易就脱离干系呢。他明确地说了他本该说的话，那就是：我应该和蒙萨拉特坐下来谈谈这件事。当我最终和蒙萨拉特会面时，我们进行了一次相互尊重、敞开心扉的交流。这比起我在维珍的时候简直是个飞跃。但此时，广告宣传活动已经在如火如荼地进行了，要解决两种战略之间的分歧和差异已经为时过晚。我的团队正在销售新的健身舞产品，广告团队则发起了一场关于女性和身体形象的对话活动。我们两个团队各自为政，没有任何交集。

广告团队崭新的身体形象广告登上杂志后，迅速得到了消费者们强有力的回应。朋友和同事们纷纷向我表示祝贺，他们对耐克的广告宣传赞不绝口。唉，太令人尴尬了，因为当初我是极力反对做这个广告宣传的。虽然我们并没有围绕这个广告活动进行公关策划，但许多媒体开始关注它，甚至包括一些主流电视节目，例如《今日秀》也开始谈论女性和身体形象这个话题，还讨论为什么当德芙和耐克等品牌开始引领这个话题时，女性和身体形象才变得如此重要。这次广告宣传的效果甚佳，自始至终，我在广告部的同事都是对的。

说句公道话，我自己团队主导的“摇滚明星健身舞”的市场策划以及在零售店发起的健身舞活动，效果也很好。但是由于我之前从未跟类似于耐克的大品牌打过交道，所以我不知道一个让消费者信任的品牌能够引领一场全国性大讨论，而这种大讨论又能激励消费者和品牌越走越近。所以，我未能抓住机会，将身体形象的广告宣传和健身舞活动有效结合在一起，如果它们能成功合体，就会给我的团队和整个公司的业务都带来更深远的影响。

在经历了几次特别有压力的晨跑后，我终于承认我欠蒙萨拉特一个深深的道歉。我很怕自己看起来无法胜任这份工作，也犯了新上任的管理层最容易犯的错误，那就是低估经验的价值。但是现在我明白了，如果我谦虚地学习她是怎么实施计划的，就会让我在所有媒体上做市场营销时取得比现在好很多倍的效果。

因此，即使我知道也许已经太晚了，还是鼓起勇气去道歉了。她本可以让全公司的人都知道我是多么自作聪明、自命不凡，但这个女人简直就是个奇迹，是世界上最好的导师。她不但接受了我的道歉，而且在公司未来的工作中给予我很多支持。感谢老天，当我犯了错，我立刻意识到了。之后一年内，我们俩都换了职位，成为并肩作战的伙伴，虽然分管两个不同的部门，但我们需要紧密合作，以便更好地塑造品牌整体形象。我们俩变成了强有力的工作搭档、亲密的知己和朋友。她帮我评估还在酝酿中的市场营销点子，当我有了第一个孩子时，她又给我建议，鼓励我工作和孩子两不误。

对我来说，根本的挑战不仅在于需要谦虚地与别人建立关系，理解别人的需求，而且是需要进一步的谦虚，即使是一位卓越人士，也能坦承自己根本不可能掌握所有信息的事实。没人能做到这一点，哪怕是最成功的公司里的领导者。正如德博拉·安科纳（Deborah Ancona）和《称赞不完美的领导者》（*In*

Praise of Incomplete Leader）的作者在《哈佛商业评论》上讨论的那样，让一个领导者拥有能独自执掌一个公司所需要的全部专业知识、创造力和魅力是根本不可能的事儿。相反，他必须承认自己是不完美的，他要么专门发展某些能力，要么需要找到别人来弥补自己的不足。

过去我理解错了。问题不是谁对谁错，而是吸引最优秀的人到团队中，一起合作取得最大的成功。这需要谦虚的心态，我希望自己永远不会忘记这一点。

做谦虚的新手，要笑脸不要腹肌的尊巴创始人

人需要一辈子承诺保持谦虚之心，做每件事都保持谦虚的态度，这需要卓越人士权衡好两股互相抗衡的推动力。一方面，我非常肯定的是，正如安杰拉·达克沃思的成功所证明的，成功离不开英雄般的执着和拼尽全力的劲头儿；另一方面，即使你很执着于成功，也依然需要保持谦虚和灵活，为了取得成功，始终愿意去尝试新的方法。卓越人士需要掌控执着和谦虚之间的平衡关系，已经大获成功的卓越公司和品牌同样需要这个平衡，他们把自己持续获得的成功，一次又一次执着地归结为谦虚和倾听。

尊巴舞就是个非常好的例子。阿尔贝托·佩雷斯（Alberto“Beto”Perez）是尊巴舞的创始人，他是一位哥伦比亚的舞者和编舞人。在 20 世纪 90 年代中期，有一次他去教健身舞时忘了带课堂上经常播放的音乐，但又不想取消课程，于是从车上抓了几盘拉丁和嘻哈音乐的磁带，即兴上了一节新的课程。尊巴舞就这样诞生了。今天尊巴舞风靡全球 180 个国家，有 1 500 万学生在学习。你听见了吗？ 1 500 万人是新西兰总人口的三倍，他们每周都在上尊巴舞课。尊巴舞绝对改变了商业游戏规则！你或许以为接下来的故事是执着于自己的目标并不懈地努力付出，但当我与佩雷斯和他的联合创始人阿尔贝托·珀尔曼（Alberto Perlman）聊天时，他们对我说的更多的是，他们还有很多不太明

白的事情，以及他们一路谦虚走来收获了很多惊喜和改变。

他们告诉我，最初那几年，他们一直认为作为一种健身课，尊巴舞与其他健身课是竞争关系，都在争夺客户每天那抽出来锻炼的一个小时。2007—2008年，他们扩张了，珀尔曼的弟弟杰弗里·珀尔曼（Jeffrey Perlman）加入公司，领导市场部，杰弗里问他们俩："为什么你们市场营销的照片全是学生的全身照？为什么不离近一点、更聚焦一些，只显示课堂上人们的笑脸呢？"

他的问题直指尊巴创始人佩雷斯和珀尔曼在理解他们的业务时，遇到的一个重要困惑。你可以非常正式地把尊巴舞归为一项健身内容，如果是这样，他们就应该一直践行整个健身行业对会员承诺的结果，即减肥、结实的肌肉、六块腹肌等。这就是他们脑海中健身行业应有的样子。但从全然投入的尊巴舞教练和学生口中，他们听到了更多带有个人情感的声音："尊巴舞改变了我的生活。"学生们给他们分享了各种各样的故事，例如，有些人通过尊巴舞战胜了疾病、从离婚的痛苦中解脱出来，还有些人通过尊巴舞和他们给予的情感支持来让自己支离破碎的生活重回正轨。

正如珀尔曼告诉我的："佩雷斯知道这就是人们看待尊巴舞的方式，因为他亲眼看见了太多的学生和教练的人生因为尊巴舞而发生了翻转式的变化。但是我们都认为从市场营销方面来讲，这很可怕，因为在健身圈里至今还没有人选择这个方向进行市场宣传。我们不得不承认，我们的品牌正在对我们讲述不一样的东西。所有健身品牌的宣传都是和运动相关的，但杰弗里却推着我们谈论音乐、快乐和转变。"

故事的这个时刻是最让我着迷的。一个原本很成功的市场团队，团队成员的工作都很出色。这么多年来，他们都使用一种方法获得成功。而此时，他们没料到一个转机出现了，逼迫着他们要从自己熟悉的优势区转到不熟悉且令人害怕的区域。他们俩愿意继续做一个谦虚的新手，为了学习一个新的方法而拼尽全力吗？

在他们新的宣传材料上，喜爱尊巴舞的人的笑脸取代了僵硬的身体，他们还为尊巴服装策划了市场营销活动，强调真正的女性欣赏她们真实的体形。珀尔曼解释道：“我们改变了衣服的尺码，不再用中号（Medium），改称中号为超棒号（Marvelous）；我们也不再用大号（Large）和超大号了，而用可爱号（Lovely）和超级可爱号（Extra Lovely）来代替。我们看到这样的改变引起了人们的共鸣。”在公司网站上，他们开始搜集有关个人转变的令人鼓舞的“尊巴故事”。虽然他们依然保留一个板块讲述减肥的故事，但官网上最显眼的部分是以下几大主题：逆境、爱和无名英雄，而这些正是尊巴舞带给学生的真实意义所在。谦虚的心态让他们远离了传统的六块腹肌式广告宣传方式。

珀尔曼开始意识到有许多方法可以让他获得更大的成功，而这些是他在商学院的课堂学习中没有涉及的。他告诉我：“你学习的只是一个基础，当你置身在商业圈，每一天都会被搞得‘鼻青脸肿’。你不得不学会倾听品牌和客户的声音，你不能顽固不化。如果我们没有仔细倾听世界想告诉我们的，我们就不可能取得这些成绩。你必须不断走在改变的路上。”尊巴舞已经成功了，而且正在越来越成功，没有人会想到一个舞蹈健身课可以如此成功，而这一切都应归功于尊巴舞创始人能够持续倾听、合作并改变他们固有的方法。他们一直拥有一颗谦虚的心。

【突破行动·如何保持谦虚】

卓越人士不缺雄心、内驱力和自信，但这些并不是把他们推向卓越的全部。没有一颗谦虚的心，纵使绚烂星辰也将稍纵即逝。要成为一名真正的卓越人士，就需要对自己的骄傲保有警醒之心，还要保持愿意倾听和学习的饥渴状态。谦虚是一种稀缺且珍贵的资源，时刻拥有谦虚不是一件容易的事情。接下来，我想和大家分享几条卓越人士需要在职业生涯中不断练习的行动准则，它们确保卓越人士时刻与谦虚共存。

1. 把你的假设先放一边

有一件事无疑是令人尴尬甚至痛苦的，那就是走出过度自信和错误确信的保护圈，做个谦虚的人，对他人甚至有时对自己承认自己也有不懂的东西。私底下发现自己有弱点，对有些领域不懂甚至极度无知已经够糟了，还要把这些告诉其他人，这真是糟透了。人们一般认为，如果你想被视为赢家，就需要隐藏自己的弱点和那些让你感到不安的秘密，但是领导力咨询公司 Proteus 国际的埃丽卡·安德森（Erika Andersen）的研究发现，即使是 CEO，也会受益于承认自己有需要提升和发展的做法。她在《哈佛商业评论》的文章中写道："如果一位领导者一开始就展现出他非常优秀，具备领导者的各种核心技能的一面，周围的人就会对他很有信心，相信他一定能学会在领导岗位上所需的其他技能，而且会认为领导者本人对学习持有开放的态度是一件积极正向的事。"

斯坦福大学教授扎卡里·托马拉（Zakary Tormala）建议：如果专家承认一些不确定的事情，即使这样会让他们陷入前后矛盾的境遇，他们也会因此变得更有影响力。他写道："前后矛盾令人惊讶，但很吸引人。只要在论述中有相当强的论据，能吸引注意力，就会更具说服力。"

我经常感到很吃惊，当我求助时，其他人并不会认为我不行，事实上，因为我愿意花时间向他们学习，弥补自己缺失的技能，所以他们似乎得到了尊重。之前我提到的论坛公司的研究也提道：员工对能承认自己的错误，还鼓励其他人也勇于承认错误，并从错误中吸取经验的领导者更为信服。信任与员工的敬业度紧密相关，换句话说，**谦虚会拉近你和员工的距离，让员工们更加投入地工作。**

如果你希望能在人生中取得诸多成功，这一点就尤为重要。每一个成功都为新的机会创造了可能，而每一个新机会又会让你面临自己有很多不懂之处的境遇。你活得越极致，越是寻求从一个成功走向另一个成功，就越需要把你的假设先放一边，需要包容那些乍一看没有任何意义的方法，也要尊重这样的事实：只要你愿意，其他人是可以帮你变得更好的。孩子越是成长，就会懂得越多，事实上，卓越人士就是一群成长中的孩子，他们不会停止学习，总有不懂的问题，但是他们会承认自己不懂。

不管你已经有多谦虚，总能更谦虚一些。今天，挑一个你很亲近又让你特别尊敬和崇拜的人，邀请他一起吃午餐，然后向他请教，你是否已经足够谦虚到取得真正的成功了，以及他怎么看你。逼着那个人必须完全真诚，威胁他如果他当老好人，只说好话，你就会把绿油油的牛油果沙拉涂满他的脸。至少，你要向他请教三个能让你变得更谦虚的窍门。

2. 向身边每一个人学习

真的，你可以向身边的任何人学习。别以为只有那些比你职位高的人才能教你新东西。我从未想过自己要和有地位的人多交流，以便让大家注意到我或者让我能顺利升职。事实上，今天当我回想哪些人是我的导师时，我会想到我的老板们，但更多的是当年一起工作时比我职位低的人。2006 年，我成为耐克西部地区总经理，这意味着我不仅需要主管自己已经很熟悉的市场营销方面的工作，而且需要学习很多不熟悉的领域，于是我选择了参加为销售人员举办的销售培训，这样我才能从销售团队身上学习。我感觉自己就像个坐在房间后面的傻瓜，因为作为总经理的我还需要“补习销售培训课”。当时的场面相当尴尬，谁会希望老板坐在房间后面呢，但是我不断告诉自己：“如果我不努力去尝试和学习，是不会懂销售的。”

我不仅向职位低的人承认自己有不懂的地方，而且会向职位高的人承认这一点。当我刚晋升为总经理时，销售和财务都向我汇报工作，我觉得很恐惧，因为我在这些领域没有任何经验。但是我跟耐克服装部的财务老大是朋友，所以只要出差去波特兰，我总约着跟他见面，问他一堆财务问题。同样，我也主动约见一位销售部的高管，请他帮忙解释那些我听过但不理解的术语和说法。

在耐克，承认自己的弱点做起来出人意料地容易。首先，有了两次被辞退的经历后，我发自内心地认识到谦虚的重要性，我有充足的心理准备承认自己并不是什么都懂，我需要寻求帮助。其次，一旦寻求帮助，我总能获得正向积极的反馈，这更加鼓励了我。最后，虽然耐克内部充满竞争，但没人会在背后捅你刀子，所以向别人承认自己不懂时，我从未感到不安全。

然而，不是每家公司都会有这样的环境。在之后的一份工作中，我记得一位职场前辈就曾这样警告过我："你必须停止公开承认财务不是你的强项。这家公司是由一群搞财务出身的人运作的，如果让他们知道这是你的软肋，你会被生吞活剥的！"他继续跟我解释，他感到我对自己太严格了，我暴露了自己的弱点，却没有真心实意地持续学习和成长。后来，在我需要财务方面的帮助时，他会花时间私底下解释给我听。所以，请谨慎地练习这一突破行动，找到一个你觉得能安全地承认你不懂之处的情境。

请尽全力去做。事实上，就是现在，跟着我念："我不懂，请帮我解释一下。"这句话用得越多，你学到的就越多，你身边也会有越来越多的盟友。

3. 带着谦虚的态度学习新东西

就像之前提到的领导力专家埃丽卡・安德森所说的那样："每当我们

需要学习新东西时，最开始都会表现得很糟。”如果我们带着谦虚的态度学习新东西，尝试新体验，就算有时看起来令人尴尬也不用感到很糟糕，因为事实往往并不是其他人一起联合起来专门想对付你。事实上，当你向其他人敞开心扉，他们会更容易同情你，对你更宽宏大量。之后，如果有机会，我们就可以给予回报，当有人在职业生涯中也遇到了不可回避的尴尬场景时，我们可以分享一些建议和观点。同时，如果你想告诉同事你的软肋在哪儿，一定要小心谨慎。让人难过的一点是，不是每个人都愿意帮你，所以要谨慎地选择时机，有选择、有策略地分享你内心的想法和自我怀疑。

现在，试着出去喝点东西。今天，下决心选一个你一无所知的领域，去尝试一种新的体验，再次体会一下当你缺乏技巧和经验时那种谦虚的感觉。把这些感觉记录下来，在未来你的生活和工作中，如果你有些怀疑自己，感觉力不从心，就回过头看看当初自己记下的感受。如果你没有频繁体验到那种感觉，很可能就还不够谦虚。学一种乐器会是个比较容易的开始。当你技术很差劲，又必须要在老师面前演奏时，你就会面临那种极其痛苦的时刻了。这虽然尴尬，但你会从中学到谦虚。

4. 用乔丹的方法应对挫折

不是所有技能都可以通过坚定的意志力来学会，这个事实可能对非常刻苦的卓越人士来说会有些难以接受。有时，需要时间和耐心才能掌握一项新的技能。在职业生涯后期，我有幸在一次销售大会上采访了篮球界的传奇人物迈克尔·乔丹，就像他跟很多观众分享过的那样，高中校队选拔时他被淘汰了。这巨大的失意激励他在之后的职业生涯中取得了巨大的成就，他在心里时常回忆起之前的那次失意，这让他一直能保持谦虚并愿意努力训练。我觉得那次令人失望的挫败就像宝藏一样，乔丹将其随身携带。对于在维珍所遭遇的挫折，我也是尝试用乔丹对待挫折的方式来应对的。

失败不一定要惨烈才会有价值。想想一个团队合作的例子，可能我们都经历过，事情结果已经很糟糕，队友们却不愿意与你合作。你可以写下一篇哪怕只有你自己读的博客文章，记录你在这一事件中扮演的角色，并且想想如果重新回到当时的场景，你又会怎么做。

你最好做到既执着又谦虚，因为它们是能帮你成为卓越人士的秘密武器。当你承认自己不会做什么时，这反而增加了你能做什么的能力。在下一章，我们将会遇到阿利·韦布（Alli Webb），这是一位卓越人士、一位家庭主妇，靠着谦虚，靠着一颗乐意寻求周围人帮助的心，她一路前行，塑造了一家超级成功的企业。

EXTREME YOU

第七章 玩你擅长的游戏

仅为一类人提供精准服务，从全职妈妈到时尚“黑马”创始人

如果你听到阿利·韦布如何颠覆游戏规则，取得商业成功的故事，就一定会同意这一点：这听起来简直就像个商业奇迹！谁会预见“吹发吧”（Drybar）沙龙能风靡起来呢？

韦布曾经是一个发型师，后来成了家庭主妇，在家里打转好几年后，她开始感到需要走出去，在外面做点事情。创业 6 年后，她的“吹发吧”沙龙已经遍布全美，拥有 3 000 位发型师，年收益达到了 7 000 万美金。真是不可思议！她是怎么知道自己可以做到的呢？其实，她并不知道。又是谁告诉她该把零碎的想法拼凑在一起，把一种技能和雄心抱负转化成事业的呢？没有人。那她究竟是如何把看起来有点古怪的

兴趣和技能，变成了一个巨大的成功故事呢？我必须弄明白。

可以确信的是，她把自己塑造成了一位卓越人士。一个外力促使她神奇的内驱力高速运转起来，关于这个外力，我想只要是曾经照顾过小孩的人都会懂。她告诉我："我在家里全职照顾孩子已经快 5 年了，我真的特别需要每天有几个小时可以自己掌控。这跟钱没有关系。别误会我的意思，我跟其他人一样也喜欢钱，我也有过购物时囊中羞涩的时候，但我更想离开家，做点事情。"

她开始做头脑风暴，看看可以从哪里起步。自我省察之后，她发现自己身上有某种与生俱来的卓越才能，虽然这些才能还未被其他人认定是技能或特长。"我是自来卷，"她告诉我，"在我还是个小女孩时，就痴迷于把头发弄直。如果我的发型不错，心情就会很好。"在成为一个妈妈之前，她是个发型师，她发现："大多数女性都没有耐心，或者没有时间将自己的头发打理得与专业发型师一样好。别人吹你的头发时，似乎有一种魔力。从技术上讲，发型师站得比你高，角度比你好。我在自己的头发上花了成千上万个小时，也学习了如何给其他发质的头发做造型。"

当韦布在与自己的头发做斗争时，她时常希望能有人到她家里来帮她一把。现在她想出了一个点子，去女人们的家里，为她们吹头发。不需要专门去沙龙，也不剪发，她只做自己最爱的那部分。但是，在她所熟知的美发行业，吹头发既赚不了钱，又是一份不受人待见的苦活，剪发和染发才能赚更多钱。即便如此，这也是她一直想做的事情，因为这份兼职可以让她根据孩子的日程来见缝插针地安排。于是，她开始带着吹风机上门服务，并给自己的服务取了个名字叫"在家中搞直头发"（Straight at Home）。

除了带着鉴赏力去她的客户家提供吹发服务外，她的第二个卓越技能可以追溯到她的童年。她的父母经营一间她称为"妈妈和爸爸的户外服装店"的店，他们面临的一个挑战是，当太太在试衣服时，陪同的先生早已失去了等待的耐心，这就很难让太太们快速掏腰包。所以，韦布的父母发明了一个能兼顾一对夫妻的客服方法："在他们不大的店里，他们为年纪大的女士和她们的先生提供了一排椅子。妈妈招呼太太们，她们是真正的客户，爸爸则为她们的先生提供橙汁和面包圈。他们让大家感觉好像在自己家里一般舒服和惬意。我们记得所有客户的名字。我的哥哥和我就生长在这样的环境里，父母待人处事的方法已经在我和哥哥的心里根深蒂固了。"

好了，现在到了卓越人士的小测验时间了。了解了韦布的兴趣、技能和经验，你能搞明白她是如何从一个全职妈妈，变成年收益 7 000 万美元的时尚"黑马"创始人的吗？这里有一份清单：

- 她有内驱力，走出家门，迈入职场。
- 她特别关注自己的头发，花了很多时间研究如何打理自己的头发。
- 她曾在沙龙工作过。
- 她拥有在高度关注客户需求的零售行业工作的经验。
- 她把各种元素结合起来，创造了一份兼职工作，每天花几个小时去女人们的家里，为她们吹头发。

由此，她是怎么成功的已经非常清晰了吗？我猜还没有，一点也不清晰。即使你已经知道她是个很谦虚的人，会向别人学习如何做生意，但也不过是在美发和关注客户需求的零售业方面增添了一些卓越人士所需的经验和技能而已。这些，还不能帮她取得巨大的成功。

韦布的例子体现了所有卓越人士都会意识到自己将遭遇的一个挑战，即在保持谦虚的同时，你可以培养内驱力、兴趣和技能，可以去打破常规，但仅凭你的卓越特质就获得巨大的成功是非常困难的。我发现，成功的秘诀在于专注于两个方面。一方面，从你的卓越技能和兴趣中开创出你自己的细分服务，它们是一些专属于你的方法、产品或领域。另一方面，找到一个同样细分的专属于你的人群，他们真的特别需要，也喜爱你提供的内容和服务。当你将这些特定的产品和服务带给特定的人群时，成功概率将会大增！你正在玩你擅长的游戏，于是，不可思议的事情就会发生了。

当韦布进军吹发行业时，她知道虽然自己有丰富的吹发技能和知识，但当时根本没人干过这个行当。所以她非常关注自己的潜在客户，希望了解她们的想法和需求。在为上门吹发服务定价时，她解释道："我不想那么贪心。我当时吹一次 40 美元，女人们都乐意接受这个价格，这只是两个 20 美元而已，女人愿意为此付钱。然后，我发现如果定 40 美元的价格，没过多久，我就不得不拒绝越来越多的客户，因为我不得不去接我的孩子，所以没时间！"

当发现她拒绝的客户比服务的客户还多时，她开始察觉到玩自己擅长的游戏的好处。那些像她一样的女性与她分享道：她们一直都期望有人能帮自己吹头发，她们需要韦布所提供的服务。韦布说："我越来越忙，这点醒了我，为什么以前没有这项服务呢？我必须把它做起来！"

说实在的，当我试着想象自己身处韦布的处境时，我紧张得腋下都冒汗。韦布从未做过生意，对于财务和法务等商业运作所需的重要知识，她丝毫不懂。甚至，连如何去评估她商业点子的可行性，她也一窍不通。这一切都让人心惊胆战。但是，她的丈夫在广告界工作，她试着把这个想法告诉了丈夫。"他是一个总是抱着怀疑态度、愤世嫉俗的人，而且总是否定，"她告诉我，"但这次他居然说：'哇，这个想法太赞了，我们应该做起来。'这鼓励了我，给了我勇气。"

这对夫妻决定把他们不多的所有积蓄拿出来开第一家店。接下来就是辛苦付出，顶着压力，带着焦虑，向前冲锋。想想看，他们家里有孩子要养育，可他们还是把全部积蓄都投入其中，这是瞎搞什么呢！关键是，那点钱根本就不够。所以，她请哥哥来帮忙。"我的哥哥在整个家族里是一个大赢家，他很有生意头脑，但他是个光头，所以对头发的事儿一无所知，我哥哥根本弄不懂为什么吹头发能成为一门生意。他的太太有一头特别罕见的又亮又直的完美头发，只有 1% 的人才会有那种头发，也是我从小就梦想拥有的头发。”

韦布给哥哥解释，根据她的经验，大量女性无法很好地打理自己的头发。“我们总是想要自己没有的。如果我是直发，我很可能就想把头发弄成卷发。”当女性从沙龙里出来，她们不仅看起来光鲜照人，而且自我感觉也好极了。“这就像你要去走红地毯了，有人把你塑造成最光彩夺目的样子。”她还跟哥哥分享了跟她一样有头发烦恼的特殊女性人群的反馈。最后，哥哥帮她补齐了缺的钱，她得以开了第一家“吹发吧”沙龙。我自己的头发也超级难打理，我谨代表全世界跟我有着相同烦恼的女性向韦布的哥哥说一声：“万分感谢！”

即便如此，将你完全未得到证明的观点从 0 到 1 地建立起来是一回事，把它变成一门成功的赚钱的生意又完全是另一回事。成功的压力非常大。她说：“有一个场景一直历历在目：晚上我躺在床上时，会盘算着如果我们每天工作 12 个小时，每小时为 5 个客人吹头发，这生意就能运转下去……根据我的直觉，我感觉这世上一定有足够的像我一样希望有人帮自己吹头发的女性。”韦布的直觉告诉她已经找到了“像她一样的”特定的人群，她们愿意为她提供的特定服务埋单。这就是我所说的玩自己擅长的游戏的核心：你不需要创造一个为大众喜爱的方式、方法或产品。在你所拥有的各种卓越技能和知识的基础上，你只需要为自己找到那个细分的专长，就会拥有一小群爱死你的粉丝。

大家为什么会爱死你的服务呢？哈佛商学院教授克莱顿·克里斯坦森（Clayton Christensen）的研究发现：每年有三万件新的消费品面世，但是 95% 都会失败。他给出的解释是：有幸能成功存活的一定是刚好符合客户需求的产品。这正是阿利·韦布所认识到的，她能提供的不仅仅是一项独特的服务，毕竟世界上有各式各样独特但不被需要的服务，而是在她所能提供的众多服务中，刚好上门吹头发这件事是像她一样有吹发困扰问题的女性希望她做的。克里斯坦森说："试着做你客户肚子里的蛔虫，观察客户一天是如何度过的，客户在做某一件事的时候，你要问自己一个问题：为什么他要这么做呢？"当你知道为什么别人想要某种东西时，你就可以分辨，你能提供的服务对他们是不是重要了。

新队友都是老员工，如何让一盘散沙聚焦

当我寻求该如何将我多元的内在、广泛的经历和兴趣精炼成一项新的独特技能，为细分人群服务时，我感觉自己就像是在管理身体里几个完全不同的小人。这有点像塑造一支能齐心协力工作的团队。因此，管理一支团队是最好的实战机会，能让你学习如何玩你擅长的游戏。在耐克公司，我第一次有机会带领团队时，就学到了这一点。虽然我们都是特别有才能、勤奋工作和友善的一群人，有着广泛的技能和兴趣，但事实是，一开始，我们并没有成功。当然，我们都知道我们基本上是为耐克的消费者，即运动员服务。但是，我们并没有彼此分享各自的兴趣爱好，也没有把彼此的技能清晰有效地组合起来，而这恰恰使我们错过了培养独一无二的特色或优势的机会。在我到岗之前，尽管他们被称为一个团队，但并不是一个运转良好的团队，显然也不具备我在前文描述的那种运行良好的团队所应拥有的必要特质。

对我来说，事情是这样的。我所要管理的这一小撮人在马里纳 - 德尔湾（Marina Del Rey）的一个购物中心里的一间又小又破的办公室工作。他们的办公室就像青春期男生的卧室一样，简直乱得一塌糊涂。但是，我们是公司新成立的一个正规部门，如同耐克这个超大公司内部一个小的创业项目一样。我们的办公室紧邻耐克娱乐营销部门，他们有着超大、超豪华的办公空间，给到访的名人们赠送免费的运动鞋，以便培养与洛杉矶社会名流的关系，这对洛杉矶的市场营销至关重要。我们那脏乱差的办公室是公司里能找到的离该部门最近的办公地点。在我接受新职位前，我的小团队和娱乐营销部门之间几乎没什么合作。

我的新队友全是耐克的老员工，在我到任之前，他们都已经到位好几个月了。德鲁（Drew）以前是大学橄榄球运动员，衣着打扮无可挑剔，帅得像个电影明星。贾森（Jason）以前是州游泳冠军，痴迷于冲浪文化和篮球，由耐克创始人菲尔·奈特（Phil Knight）精心挑选进公司。团队里还有几个在运动、街头文化和活动策划等方面很厉害的兼职顾问，他们是德鲁和贾森招进来的。波特兰的招聘经理告诉我，这个团队需要支持和方向。他们每天都坐在同一个办公室里，但是彼此没有沟通，也不去了解其他人的想法和活动。在我到来前的 6 个月，他们最拿得出手的“成绩”就是把一辆车改装成可移动的耐克鞋品展示车，在不同城市之间穿梭，我那极有品位的老板评价它简直“糟糕透了”!

虽然是这样，我还是听说德鲁和贾森在公司里广为人知、备受尊重，这对我意味着可能“成也萧何，败也萧何”，因为他们在公司内部人脉深厚。别忘了我在过去 4 年中所经历的那些职场风暴，我真是千辛万苦才走到今天，曾经差点被驱逐出美国，还两次被公司毫不留情地解雇。坦白地说，刚刚跨越风暴、见到彩虹的我，在耐克工作的第一天感到的是极度的恐惧。

我们的第一次团队会议，气氛很亲切友好，但我收到了特别清晰的信号，那就是：“你是谁啊，一个带着口音的疯女人？你凭什么在这里，你又没有任何体育行业相关的经验？”

是的，老实说，就他们的观点而言，他们是对的。我不仅从未在体育行业工作过，我的体育知识仅限于小时候在新西兰积累的。我可以没完没了地谈论板球、英式橄榄球和曲棍球，但对美国的体育项目知之甚少。当德鲁和贾森开始谈论篮球和美式橄榄球的统计数据时，我如同在听天书。

我的目标是团队所有人能聚在一起创造成功，让我们从这间脏乱差的办公室里脱颖而出。但是在这以前，我必须先融入团队，可我该如何赢得他们的尊重呢？

每天早晨，开始工作时，我都要下定决心不能被任何恐惧感所左右。每天晚上，我回到家都筋疲力尽。我急切地想证明自己的实力，赢得团队的人心。但是，即便我花上一整年的时间在家看《体育中心》（*Sports Center*）电视节目、学习体育统计数据，在了解美国体育知识方面，也永远到不了跟他们一样的水平。跟他们以前参与举办的各种品牌活动相比，我做的任何事都无法相提并论。贾森经常提起，他最美好的回忆之一就是“游击网球”（guerrilla tennis）的市场营销，他就阿加西和桑普拉斯全盛时期的对决，在纽约做了一系列营销活动。我的天啊，这个活动在市场营销行业里简直就是个传奇。说真的，我根本就不知道该拿我的团队怎么办。

“一举成名跑”，将各自优势融合成一个整体

我开始琢磨着把团队看作一个需要玩自己擅长游戏的卓越人士。对于一个像我一样的卓越人士，我采用的方法是：**先列出你所有的兴趣、爱好和技能，再从中聚焦，为特定的细分人群提炼出一项特定服务。**这个方法能用在我的团队身上吗？

一天，因为一款重要的气柱缓震跑鞋 Shox NZ 即将面世，我们受邀参加一个全国电话会议。波特兰总部要求我的团队在洛杉矶负责当地的市场营销活动，配合新鞋发布。搞市场营销活动好像超出了团队所有人的工作职责，活动本身聚焦在跑步这个项目上，但是公司的期望是让整个洛杉矶都知道新鞋上市这件事。因此，我感到压力特别大，我清楚地意识到公司总部对这次活动的创意非常关注。这对刚来耐克公司工作的我来说绝对是个生死攸关的重要时刻。

我必须做点什么来让我这支新团队有共同的目标，所以我决定将这群既强大又聪明，但个性极其独立的团队成员召集起来，召开一下午的头脑风暴大会。为此，我准备了非常详细的计划，来启发大家说出有创意的点子，这份计划彰显了我独特的协调能力和创造性的领导才能。我设计的一系列行动一环扣

一环，充满乐趣，还给了大家即兴发挥的空间。我不是简单地把所有人召集到会议室，然后对大家说："好了，伙计们，让我们来一场头脑风暴吧！"我的方法是，让大家拼出我们要抵达的客户的画像，把他们的形象具体化，包括名字、职业、交际圈和品位，就好像他们是我们认识的朋友一样。他们成天都在干些什么？他们日常生活所做的事情中，哪一些会给我们提供机会，让我们与他们建立联系？

刚开始时，我的团队和娱乐营销部门的同事们看上去还有点困惑，或者说有点生气，觉得我是在浪费他们的时间。我说："伙计们，就让我们试试看，开心玩一次，看看最后能收获什么。"当时的我极度焦虑，因为自己还不熟悉新的工作环境，但让我如释重负的是，尴尬的开头变成了一个特别有趣的下午，各种各样疯狂的可能性从大家口中抛出。最后，我们发现，洛杉矶跑步的人不是一群年纪大的跑者，洛杉矶是娱乐之都，这里的许多跑步爱好者还喜欢音乐，而且是超级喜欢。当我们想到搭建一个营销平台，主要用于吸引特别热爱音乐的跑者时，这个焦点激发我们想出了一个很棒的创意：主办一场 10 千米赛事，并邀请 20 世纪 80 年代一举成名的乐队在比赛途中的每一英里（1.6 千米）处演唱他们的拿手曲目，让这些千载难逢的令人难以忘怀的乐队现场表演鼓励所有跑步的人。

当我们一起头脑风暴，聊到这个活动究竟会多有趣时，大家都笑得前仰后合。那个海鸥合唱团（A Flock of Seagulls）还留着特别的喷泉式发型吗？那个 MC 哈默（MC Hammer）还穿着降落伞裤吗？如果娱乐营销部门选择一个上了年纪的摇滚歌星，在赛事的一个小时中，一遍又一遍地演唱同一首歌，会是怎样的效果？第一次，我们感觉像是一个团队。我们还给这个赛事取了一个超级完美的名字：一举成名跑（Run Hit Wonder）。

这件事最特别的一点是我们能聚在一起想点子了。我们共同经历过 20 世纪 80 年代，那个十年足以打破我们之间的隔阂。有谁能想到垫肩、束发带和腿套竟是地球人都曾拥有的经历？但是，最弥足珍贵的是，我们都有了主人翁的精神，大家都愿意贡献各自不同的天赋和资源。凭借他们的体育知识和在耐克工作多年积累的人脉、我的战略和市场营销技能，以及娱乐营销部的点子和关系，我们这一群似乎永远都无法共事的人，把眼光从各种各样不同的想法中聚焦到为特定的一群跑者创建一个难忘、有趣的跑步活动的精准目标上，我们期待整个城市都被这个活动吸引。破天荒头一次，这个由众多锋芒毕露的卓越人士构成的小团队，竟然运转良好，将各自的优势融合为一个整体。

最后，“一举成名跑”音乐赛事的效果简直棒极了。耐克总部的团队特意从波特兰飞来，亲自参与这个跑步活动。从比赛那天开始，我们就从洛杉矶一个“一盘散沙”的团队变成了一个富有激情、创新又有凝聚力的团队，上演了耐克历史上最成功、最令人难忘的一次营销活动。很快，公司在全美不同的城市举办“一举成名跑”，而这些城市共同的特点就是它们的跑者对音乐充满激情。耐克的其他团队经常会到我们这里学习，想弄清楚我们是怎么做到如此成功的。我们的团队通过这个赛事，已经学会了如何玩自己擅长的游戏。

在你的领域深潜，
从街头涂鸦到设计耐克“空军一号”

之前，我曾经强调过我们成功的一个原因是：我们将大家的卓越技能和知识聚焦在一点，仅为一类人提供精准的服务；而我们另一个成功原因则是：我们团队的每一位成员都拥有独特的成熟技能和知识。我们都在自己的领域深潜。贾森已经策划并执行了不少具有国际水准的市场营销活动。德鲁对耐克产品了如指掌，非常懂得如何取长补短展现它们的优势。当涉及音乐和才艺表演方面的策划和执行时，费雷尔（Ferrell）和她的娱乐营销团队在这个领域则是最棒的。

他们全都是卓越人士，他们在自己感兴趣的领域里花时间，付出耐心，不断精进。还记得萨姆·卡斯吗？我们在第一章介绍过这位主厨。当他去维也纳旅行时，他发现自己爱上了在餐厅厨房里的工作。就像我之前说的，他并没有就此停下脚步。在国外的那个学期，他每天都会出现在厨房，从不挑活儿，给什么干什么，直到签证到期不得不离开。其实，那时卡斯在做自我省察，当离开维也纳时，他已经找到了一个新的兴趣点，拥有了一定的技能。大学毕业后，他在这个领域不断精进。他一直在烹饪，足迹遍及世界各地，也一直在学习关于食物的知识。那些年，卡斯从自我省察出发，不断在他新的兴趣点上努力学习，精进他的才能，打磨自己成为多才多艺又有创新能力的职业厨师。当返回美国时，他已经是那个独一无二的大厨了。这就是精进，就是玩自己擅长的游戏的方法。

阿利·韦布从小就痴迷于把头发变成直发，她不断在自己和他人的头发上尝试。这并不仅仅是她的爱好，她还取得了美发师的执照，在沙龙里工作过。据韦布自己说，她花了上千个小时为自己和其他人做头发的造型。如果她只是意识到有大量像她一样的女性，愿意付钱请人为自己吹头发，但她在头发护理和客户服务方面从未深入学习相关的知识和技能，仅凭想开一家“吹发吧”的灵感是无法令她取得现在的成功的。

一旦你知道自己喜欢什么，你的竞争优势就在于你专注于自己喜欢的事情，而不管这件事是什么。同样的道理也适用于企业。耐克的独特之处在于对运动员的需求特别熟悉。我的专长则是在商业创新和变革上，无论我管理的是产品、品牌还是一家公司，我都能用自己独特的能力为他们设想一个更广阔的未来。我已经在许多不同的行业中发挥了自己的专长，也逐渐形成了一套属于自己的方法。过去那些猎头不了解我，告诉我必须待在航空公司里，因为我身上的标签就是“航空公司从业者”，所以我不得不在产品研发和市场营销方面努力学习。在商业文凭之外，我还在市场直销领域收获了额外的经验，并在数字技术领域寻找实践机会，从而帮助我理解如何创新。二十几岁时，我曾在斐济的海滩上聚精会神地读《写给傻瓜的 HTML》（*HTML for Dummies*）。后来，我从航空公司跳槽到音乐行业，然后换到运动鞋行业，之后又去饮料行业，我不断充实自己的知识基础，直到我对接下来所要做的一切具备独有的深度见解。

在不断精进方面，我认识的有史以来做得最棒的人之一就是艺术家兼设计师米斯特尔·卡顿。他擅长众多艺术表现形式，比如：插画、标识设计、低底盘汽车喷绘、街头涂鸦、服装设计、鞋设计，甚至电影制作，他在这些方面都有深入钻研。他还找到了愿意为此埋单的特定客户群，但当初没人相信这一点，甚至连卡顿自己都未曾料到这个结果。我深感幸运，因为我在耐克洛杉矶办公室工作时，刚好和他有交集。没想到的是，我不仅从卡顿身上学到了不少艺术知识，而且收获了不少对生活的感悟。

卡顿在东洛杉矶长大，在家乡他最初是作为一名街头涂鸦艺术家受到大家的关注的。他给我讲了关于他的故事：

> 有一天，一个人把车停在我学校门口，把所有女孩子叫到面前说："嗨，谁是这所学校里涂鸦画得最好的？"后来，好几个女孩来到我的班里，把我拽了出来。她们说："有个白人想跟你谈谈！"
>
> 我走上前，一个金发男人说："我是《名车志》(*Car and Driver*)杂志的摄影师，我希望你能画一些涂鸦。画面是：一辆古董车在前面，一位少女正在为车子打蜡，她穿着类似比基尼的衣服。"我画了两个版本给他。后来有一次，我和妈妈走进超市，我看到我的作品居然登上了《名车志》的封面！那时我16岁！

年纪轻轻的卡顿发现自己的才能是有市场的，再加上一直鼓励他的父亲总给他播放关于如何获得商业成功的激励人心的录音节目，卡顿开始在他的脑海里描绘自己的抱负。他说："从童年开始，我就一直在画画，我开始退后一步，问自己：我的梦想是什么？如果我赢了彩票，我将做什么，我会开一家什么样的公司呢？然后，我写下：我想做一名文身师；我想拥有一个特别大的停车场，里边是各式各样的车；我想设计自己的鞋。”

最终，卡顿发现他最想掌握的艺术形式是文身。他对笔和墨的使用已经达到炉火纯青的程度，但他发现文身掌握起来更难。他说：“我知道如何驾驭插图和商业作品，我甚至可以倒立着完成。但是，在皮肤上作画却很难。人体的皮肤是有弧度和生命的，是一张流淌着血液的画布，因此，我真的需要特别专注。我花了整整 10 年时间去练习，才觉得自己掌握了文身的一部分技术。我住在文身店里，将自己完全沉浸在其中，我的生活里只有文身。如同活着离不开呼吸那样，我离不开文身。我花了很长时间观察其他文身师，有些人也会传授我技术上的秘诀。但是，世上无捷径。你必须一直练习，直到手抽筋、闭上眼睛都能娴熟地操作为止。”

在他不断地精进自己文身技法的那段时间，文身根本还登不上大雅之堂。他回忆道：“那个时候，只有流氓、脱衣舞娘、摩托车党这种‘另类’的人才会喜欢文身。最后，幸运的是，一帮职业运动员、嘻哈歌手图派克（Tupac）以及其他艺人也开始文身了。所以对我来说，时机赶得正好。”他最好的朋友是一位巡演经理，负责一些音乐节和嘻哈类节目，比如著名的 Lollapalooza 音乐节，他经常跟别人谈起卡顿的才能。“他曾抓着流浪者合唱团（Outkast）的成员和著名嘻哈歌手埃米纳姆（Eminem），跟他们讲‘嗨，你们必须让我家乡的兄弟卡顿给你们做个文身’。”当埃米纳姆登上《时代》周刊的封面时，卡顿的文身作品清晰可见。他漫长而辛苦的精进努力终于得到了回报，他的新专长开始吸引新的特定客户：音乐发烧友。

成功的关键就是致力于玩自己擅长的游戏

阿利·韦布和我的“一举成名跑”团队在创造和落地新想法方面做得特别好，而当一个人或公司已经树立起自己的品牌，需要持续发展时，玩自己擅长的游戏同样重要。对此，我喜欢安杰拉·阿伦茨的观点，我们在前文说到“神奇内驱力”的话题时就曾谈起过她。从她开始在美国著名服装品牌丽诗加邦工作起，她就开启了辉煌的职业生涯，她帮不同规模的企业弄明白它们的独特性在哪里，并帮它们创造机会赢得专属于它们的客户。她把这称作公司的核心竞争力。

“丽诗加邦每年会并购三四家公司。举个例子，在加州，我们收购了Lucky Brand，它在牛仔装方面绝对是最顶尖的；还收购了橘滋，它是T恤专家，发明了让大家赞不绝口的性感运动服。我监管22家不同的公司，它们都是服装品牌，但创始人、产品、价位和客户群全然不同。那么，我扮演什么角色呢？我的工作又是什么呢？”阿伦茨有权力成为一个“独裁者”，帮这些公司做决定，但是她发现能为这些公司做的最有价值的事情是，让他们都专注于玩自己擅长的游戏。“一家公司销售额能到100万、1 000万，但是很难突破1亿或10亿，要想实现这个目标，你必须极度专注，才能在混乱的竞争氛围中脱颖而出。你必须拥有人们渴望的引人注目的核心竞争力。让Lucky Brand大获成功的是他们的核心产品，也就是那几条完美版型的牛仔裤，他们超过一半的销售额来自于此。橘滋之所以在全球声名大振，也是因为他们的T恤和运动服贡献了其80%的销售额。无论是橘滋还是Lucky Brand，它们都发现了自己的核心竞争力，即某样不分季节、不分年龄、不受时间影响的产品，这是拥护它们的每一个粉丝都需要、都想要，而且能负担得起的。”

阿伦茨坦言，她无法给Lucky Brand的创始人建议，告诉他们究竟如何才能设计出最好的牛仔裤款式，因为她不是该品牌定位的追寻时尚潮流的年轻消费者。但是，她能引领他们相信他们在玩自己擅长的游戏。她用同样的方法在博柏利取得了巨大的成功。她和另外一位特别有才华的人搭档，他们从博柏利历史性的核心产品风衣入手。“外套类的销量总是很稳定，而风衣总是在所有外套类别中排首位，是最受欢迎、卖得最好的。”不论是阿利·韦布寻求一份兼职工作，还是安杰拉·阿伦茨引领一场全球时尚风潮，成功的关键都是致力于玩自己擅长的游戏。

你该从哪儿开始

我特别清楚你现在在想什么："我的专长是什么呢？我怎么知道自己有没有弄错？"发现自己真正的专长，再将它们和特定的人群匹配，对卓越人士来说，这是最具挑战性、最困难的一部分。但幸运的是，你可以从任何一个方面切入，开始玩你自己擅长的游戏。你可以像卡顿钻研涂鸦一样，去培养属于你的卓越技能和知识，然后坚信自己迟早会找到喜欢你的粉丝。你也可以跟随你的兴趣爱好，就像萨姆·卡斯对食物背后的政治情有独钟那样。你还可以结识一位你想服务或者必须服务的客户。最重要的就是：在某一点上，你开始认真做事并专注其中。

以下这一条对个人和公司都同样适用：不断尝试，直到你发现自己的核心专长，然后玩命地专注其中。一个特别棒的例子是 Strava，这是一款健身软件，它建立的社交网络最初在骑行爱好者中掀起了一波关注度。（爆料一下：我太喜欢这家公司了，所以加入了他们的董事会！）当我第一次听说这家公司时，我以为创始人迈克尔·霍瓦特（Michael Horvath）和马克·盖尼（Mark Gainey）肯定是骨灰级骑行爱好者，这类家伙特别喜欢在长途骑行后，穿着极不舒服的氨纶紧身衣和弹力裤，大步走进咖啡厅。但是，他们俩却不是，他们压根儿就不骑车。

当然，他们以前曾在一起工作过，为企业创造了客户邮件管理软件。他们为运动员们创建了最热门的社交网络，但他们的背景是否跟你预期的大相径庭。就像盖尼向我提到的："人们认为迈克尔和我是狂热的骑行爱好者，但这远非事实。如果我骑车太频繁，最终会住院！我喜欢户外运动，喜欢和大家一起骑行，但是我们的目的是选择一个可以深入建立关系的客户群。"

和许多卓越人士一样，霍瓦特和盖尼希望在某些方面成为最顶尖的高手，但到底是在哪些方面呢？他们以前是不知道的。有两年的时间，他们都在琢磨，到底什么样的新公司能一直推动他们前行。实际上，关于霍瓦特和盖尼，我最喜欢的一点是，他们是 20 多年的好朋友。在大学时，他们同是校赛艇队的专业运动员，有共同的训练和比赛经历，有共同的激情，他们一起度过了一段精彩的大学时光。他们是特别难得的好拍档，所以在寻求特定的客户群体时，他们能达成共识并都专注于此。

最后，他们俩决定“服务那些早已认定健康和健身非常重要的人，做能触动他们的事情，给这些运动爱好者现有的生活方式锦上添花，而不是从根本上去改变他们”。但是，他们俩依然不是很确定究竟哪些人群才既重视健康又看重健身，也不清楚自己能给他们提供什么特定的服务或产品。即使前景如此不明朗，连客户在哪儿都还不清楚，他们俩居然就把公司的名字想好了。“Strava 的意思是‘去奋斗’(to strive)，任何人都要努力去奋斗。这家公司不仅服务于专业选手，而且服务那些总想努力做到最快的普通人，这些人可能在为能用 5 分钟跑完 1 千米而努力，或者在为完成自己最长的徒步旅行而努力。我们都知道这样的挑战意味着什么，比如：需要挤出时间训练、受伤、感觉训练不再那么有意思。这就是我们想塑造的粉丝群，是我们所认为的客户群体。我们同时设想并尝试了许多不同的主意，最终，我们决定从服务骑行爱好者开始，这是一群总觉得自己从未得到过服务的人，他们对新科技接受起来特别快，例如能够记录他们骑行时间和路线的 GPS 定位系统或者自行车功率表。”

这个案例中，两个创始人先确定了想服务的客户群体，然后才开始了解客户，琢磨如何为他们提供所需的服务。因此，他们的方法跟卡顿截然相反，卡顿非常清楚自己将为世界提供涂鸦的独特视角，但不知道自己的第一批粉丝居然会是嘻哈音乐迷。

【突破行动 · 如何学会说“不”】

为了玩自己擅长的游戏，你必须把你塑造卓越的自己的方法或你的产品，与喜欢它们的特定群体结合起来。做到这一点的秘诀就是学会不要什么事情都做。为了赢得你的特定客户，你不得不学会对其他人说 4 种不同的“不”。

1. 在某些方面成为专家，而不是在众多方面表现平平

你所擅长的游戏不可能让每个人都满意，这实际上是件好事儿。让那些真的需要你服务的人满意，这就足够了。Strava 公司的创始人回忆道，公司创立一两年后，他们碰到了一位顾问，顾问对于他们已经找到了自己特定的客户群大为赞赏。当时他们在星巴克开会，顾问问了他们一个对于想玩自己擅长游戏的公司很关键的问题：你们的客户是谁？“当她问我时，我回答道：‘看到那些穿着紧身骑行衣和骑行鞋，坐在角落里的人了吗？那就是我们的客户。’然后，她眼睛一亮！她告诉我她遇到过太多太多次，跟她谈话的对象环顾四周，给她的答案却是‘这里的任何人都可能成为非常棒的客户’。但是，只有当你非常清晰地知道你在跟谁对话时，才会和客户建立特别棒的亲密关系。”

事实上，玩自己擅长的游戏其实就是建立关系，可以是和 100 万客户建立关系，也可以是在工作中和一个团队建立关系，这种关系会一直持续，因为关系中的匹配度相当好。要想找到那个独有的匹配点，你需要大范围尝试各种可能性，然后聚焦在你的特定客户闻所未闻的产品或服务上。在找到那个匹配点之前，你几乎不可能预测到哪些因素能整合在一起，但是可以确信的是，最后整合到一起的匹配点可能是你当初根本就没想到的。多样化的尝试加上不断聚焦的努力，这会让你成功。多样化和聚焦，两者缺一不可。

当我们刚开始开展业务或发展事业时，本能上会害怕错过机会。我们什么事都想做，所以不想错失任何机会。但是我特别喜欢盖尼分享给我的超级简单的观点："相对来说，更好的是在一个小的市场里做到第一，因为如果你排名第一，人们会听你的。如果在一个大市场里，你排名第四，你就会听到很多噪音。因此，你必须准备好这样说，这个市场虽然现在看起来不大，但我们能继续深耕，与客户建立丰富而持久的关系。"我知道，我宁愿自己在"鼓舞人心、不畏竞争、高瞻远瞩的商业创新领袖"排行榜上排名第一，也不愿意在一大群和我有某些相同点的人中排名第四！

2. 非常成功的人几乎对所有事都说"不"

好了，现在你已经定义了自己的特定客户群，他们需要只有你能提供的服务或产品。现在，到了最困难的部分：拒绝分心，学会说"不"。这不是一个很难的概念，就像 Strava 的两位创始人告诉我的："每个人都说'专注'，每个人都说'选择不做某些事'，但是机会的噪音也会随之而来。如果你在一个领域的业务不大，人们就会对你说：'你应该再做另外一件事……'很快，你就涉足太多了。你想着去吸引所有人，失去了焦点，于是迷失了方向。"

当你学会了拒绝，你会怎么做？答案是更经常地说"不"。沃伦·巴菲特曾说过："成功的人和非常成功的人之间最大的区别在于，非常成功的人几乎对所有事都说'不'。"阿利·韦布想在以客户为上帝的"吹发吧"里为客户提供最棒的吹发服务，但其他人，不论是她的客户还是她的投资人，都敦促她扩展业务。她说："女人们坐在椅子上说：'要是你们能帮我把妆也画了，那就更好了！'她们觉得：'反正我坐着也是坐着，能不能吹头发的同时，再做个美甲？'随着业务不断发展，我们的投资人会说：'你的客户已经上百万了，为什么不给她们推销点商品？'"韦布不得不不停地说"不"，以此捍卫自己擅长的游戏："以我的拙见，这样做会失去为客人吹头发和提供优质客户服务这些核心。"嗯……一次又一次说"不"

这种能力也许得益于她长年照顾小孩的经历，这为她作为创业者玩自己擅长的游戏奠定了完美的基础。

但是，说实在的，在某些时候，说“不”是件很不容易的事情。所以，我想总结一下亚当·格兰特的文章《8 种不会伤害你形象的说“不”的方法》。他是我一位很好的朋友，也是沃顿商学院的教授，同时也是《离经叛道》一书的作者，还是当今世界上我最欣赏的思想领袖之一。他也是史上最棒的榜样，因为他特别聚焦于重要的事情，所以能完成超大量的工作。我经常问他是不是有好几个替身，因为他实在是太高产了，但实际上他并没有。他仅仅是在不冒犯别人的前提下，善于优先处理重要的事情。他建议不要直直地盯着别人的眼睛，直接说“不”，你可以试试这样做：

1. **延期。**提出晚一些再提供帮助，这样能过滤掉那些太懒或者失去兴趣不再跟进的人。
2. **转诊。**当你做不了或者感到自己不够格做某事时，你可以和对方分享也许能帮上忙的资源。
3. **介绍。**介绍比你能更好地帮助对方的人。
4. **铺路。**为能互相帮得上忙的人牵线搭桥。
5. **筛选。**聘请个秘书来帮你做最初的筛选。
6. **整合。**找到方法，以一种方式高效地整合需求，实现一次性帮助若干人的可能。
7. **限额。**当你拒绝某人的请求时，可以让他参考你对其他人的承诺，例如：“我太太和我每星期都会收到超过 20 个演讲的邀请，所以我们对演讲次数有限制，而现在已经超额了。”
8. **当成学习机会。**诚实地说：“很抱歉，让您失望了。我今年的一个目标就是：提升我说‘不’的能力，你是个很难让我把‘不’说出口的人，我想这对我来说是个不错的练习机会。”

3. 学会拒绝机会

说“不”之所以很具挑战性，不仅是因为有可能造成尴尬的场面，而且是因为每次你说“不”时，都会放弃一些东西。也许你现在对金钱说“不”，是为了花时间去建立某种特殊的匹配关系。也许你会对一个看似容易的机会说“不”，因为它不在你所擅长的游戏的领域内。在卡顿的职业生涯早期，他的朋友帮他找了一个机会参与耐克的一个活动，他很难拒绝。那时，耐克公司里没人把他当成设计师，他们只知道他会文身，所以他们就邀请他来文身。他解释道：“当耐克找到我时，他们仅仅希望我在活动的一个展台帮别人文身。我想：‘我没有对此感到失望，可如果我能在那里成为引领时尚的人就更好了。’

“帮我找到这个机会的哥儿们有些沮丧，他说：‘嘿，伙计，出什么事儿了？那可是很丰厚的一笔报酬啊！’但是我想，如果我为了赚钱而去帮别人文身，就可能再也不会作为设计师得到大家的认可了。如果我是幕后面那个做墨西哥卷饼的厨师，他们将永远不会改变对我的看法。所以，我必须像即将去出席活动的其他设计师一样展现自己。

“我想赌一把，我告诉他们我的真实感受，我希望像设计师一样出席活动，没想到就此与马克·帕克（Mark Parker）交谈上了。”帕克不仅是耐克公司的 CEO，而且是设计行业里的一个传奇人物。卡顿继续说道：“这简直太值得了，第一，我知道了耐克公司 CEO 听说过我的名字；第二，我和这样重量级的人物搭上了话。”因为那次谈话，他以设计师的身份向耐克的高层介绍了自己。最终，他受邀参与一款耐克“空军一号”的设计，那是一双令人梦寐以求的鞋，而且非常难买到。它被称为“当季惊喜款”，这就意味着它是一款限量产品，超级难买到，注定会成为收藏家的藏品。

每一个已经成功地在玩自己擅长的游戏的人，必须学会拒绝机会。如果不拒绝，从短期看，他们可能有更多工作，现金流更有保证，还能拥有更多满意的顾客。但是，他们放弃的长期目标是自己作为专家的定位，放弃的是与那些最看重他们卓越天赋和他们产品的客户的关系。一段时间内，他们也许会感到非常舒适，但他们最终会输掉自己擅长的游戏。

4. 精简你的生活

卡顿的成功与其他成功的案例一样，是一个拒绝分心并精简个人生活的故事。“我戒酒快 13 年了，”他解释说，“我对自己说：‘既然我想把文身这件事情做好，喝啤酒就成了最不重要的事。我喝酒是为了庆祝什么？我离实现梦想还差得很远。’”

越接近他期望到达的目标，他就越小心身边的人。他说：“发生的好事情越多，就有越多的人想和你待在一起，并且开始表现得奇奇怪怪。我的工作室刚成立时像一个发廊或夜总会，文身店是众所周知的让一帮家伙胡说八道的地方。比起瞎扯，没有什么更令人分心了。你必须珍惜自己的时间，才能做更多的工作。你必须在身边结识有创意的人，大家才能一起发展。你想开一家餐厅吗？那你必须去找个不安于现状的主厨，还得找到了不起的设计师合作。这些优秀的人才是你想与之待在一起的人。除此以外，你需要不断缩小你的交际圈子。

“特别是当你有了孩子以后，就可以谁都不理了。目前这段日子，我没有努力让每一个人开心，也没有出席派对、艺术展和活动，而是努力静下心来，创作作品。你静下心来，做些作品，然后必会再度绽放。”

没有比这更真实的话了。

世上没有一夜成名这样的事，这种说法的存在是有原因和根据的，因为打磨你的潜能，知道自己在哪方面的才能可以大放异彩是需要时间的，同时你也需要自律才能把自己塑造成世界上最好的那个。这看起来要做很多艰难的工作，事实的确如此。但是每一位卓越人士都会告诉你，当他们在玩自己擅长的游戏时，所有艰苦的工作都令他们感到满足。当你发现你的专长时，一切并没结束。牢牢握紧它，因为这仅仅只是开始。在下一章，我将解释发展一个细分的专长将如何带来颠覆性创新并让你取得成功。

EXTREME YOU

第八章

你要做的就是让决定变正确

卓越人士梦想着做大、做强。我们想要找到自己最擅长的事，想要发挥所有潜能。所以，请允许我澄清一下：在前一章中，我们谈到玩自己擅长的游戏并不是指你只能满足于一些小野心。恰恰相反，玩自己擅长的游戏是打一场大仗所需的技巧。一旦你做到了，就有机会在你能想象的最大战场上赢得胜利，因为你变得如此优秀，以至于改变了你所处的整个“游戏”！

Strava 做到了，它的创始人梦想着让 Strava 成为运动员们最常使用的网络社交平台。他们从一个细分人群切入，只为骑行爱好者服务，但他们总觉得喜欢他们产品的潜在客户应该远比骑行爱好者多得多。正如他们所料，他们改变了游戏规则。在我看来，“社交网络”是一回事，“健身追踪 App”是另一回事儿，但 Strava 整合了两者的优势，满足了那些努力成为更好自己的运动员们一些尚未被满足的需求。

为自己创造机会，在佳得乐成为队长

如果你想取得巨大的成功，就需要随着时间的推移，不断磨炼你的技能，为自己创造机会，而且必须对所有可能性保持开放的心态，因为最终你可能会以自己完全想不到的方式发掘出你的全部潜能。我原以为自己在耐克已经达到了人生成功的顶峰，毕竟，耐克是我梦寐以求加入的公司。在耐克工作的每一天，我都觉得自己能得到公司的雇用简直就是个奇迹。我为能迈入耐克的门槛而感到心满意足，只要公司不炒我鱿鱼，我会毫无疑问地干到退休那一天。在耐克，我结识了一群很棒的朋友，对了，天呐，我的前两个孩子，萨姆（Sam）和乔（Joe）都是我在耐克工作时出生的，所以耐克对我个人而言意义重大。多年来，我未曾接听过任何猎头打来的电话，因为我对去其他公司任职一点儿兴趣都没有。直到命中注定的那一天，我刚好有些坐立不安，开始感觉自己应该面对更多挑战，我碰巧接到了一个电话。

这个电话是猎头公司打来的，百事公司正在寻找一位创新型领导者，帮助公司重振其标志性运动饮料品牌——佳得乐。天啊，这怎么可能不让人感兴趣！我倒不是对百事的文化感兴趣，这家公司做决策的依据似乎仍然是由左脑负责的定量研究结果，公司要求一周中有 4 天必须穿正装。我对百事的园区当然更不感兴趣了，虽然它的雕塑公园在全美都是数一数二的，但一点运动氛围都没有。我早已被耐克的园区宠坏了，那里随处可见足球场、跑道、健身房，你也见不到穿正装的人，没人会穿无法和运动鞋搭配的衣服。那么，为什么我会开始考虑离开这个如此酷的公司呢？

因为百事公司给我提供了一个展现卓越的自我的机会，让我可以用更大胆的方式玩自己擅长的游戏。这份工作中，对方承诺给我全权负责重塑一个品牌的机会。更关键的是，这可不是一个一般的品牌。佳得乐在美国运动饮料市场排名第二，在该领域有着和耐克在运动鞋和服装领域一样深厚的传统和信誉。某个了不起的人将会引领这场变革，而且我知道，如果我不能获得这个工作机会，或许我在耐克的某位同事就会得到它。

面试过程中，我和百事公司负责美洲饮料市场的 CEO 马西莫·达穆尔（Massimo D'Amore）非常投缘。之前谈到的百事的那些企业文化，让我觉得这份工作可能并不适合我，但在面试时，我展开了人生中一场最勇敢也最激动人心的职场对话。达穆尔是个典型的意大利人，他有着你能想到的鼓动人心的手势和肢体语言。然而更重要的是，他是业界最成功的领导者之一，是一位胆识过人的变革推动者。百事公司刚刚任命他来扭转其在北美和南美的饮料市场。

总体而言，2005 年前后，饮料行业与许多大型企业一样，正面临着迅速演变的竞争格局，有很多由新技术支持的刚刚成立的竞争对手。消费者不再青睐那些不健康的糖分，整个饮料市场风起云涌。达穆尔紧紧盯着我的双眼说，他有一项任务，就是要在地球上找到最棒的体育市场营销高手来运营佳得乐。当我坐在那儿拼命证明自己当之无愧时，他打断我，信心满满地说，如果我认为以前所在的行业竞争很惨烈，可跟饮料行业的竞争程度一比，都是小巫见大巫。

天呐！他居然知道怎么挑旺我满腔的斗志！我意识到，他想寻找的那种有胆识的个人领导力，在我这个级别的耐克管理层是不可能得到体现的，因为耐克是一家注重团队合作的公司，每次开会的人恨不得需要一座体育馆才能容纳。而且，因为耐克已经非常成功了，几乎没有什么东西能阻挡它前进，即使一些新产品表现不佳或者某些新品类误入歧途，也不会阻挡它前进。我深爱伟大的团队式成功带给我的同事间的"革命友情"，但我也未曾感到自己的一举一动会左右公司的成败。

面试的那段时间，我正好对自己有些疑问：我所推崇的卓越法则（Extreme SRO）到底是什么？我真的有能力带领团队取得巨大的商业成功吗？或者，我只是在耐克这条大船上的一位忠诚水手？佳得乐的危机对我而言意味着挑战，让我检验自己是否能冒险应对挑战，是否能履行我的职责，同时也是一次看看自己到底有多大本事的机会。如果我不冒险，选择一直待在耐克这条超级成功的大船上，就永远不会和这种挑战相遇。

对我来说，该挑战最大的诱惑就是：佳得乐不是寻常的软饮。它是由佛罗里达大学的科学家为该校的橄榄球队研发的，帮助运动员们在佛罗里达炙热的阳光下训练。自从收购佳得乐以来，百事公司将它当作与饮料界的老大哥可口可乐持续竞争的一部分，利用自己强大的分销系统，像销售其他饮料一样销售佳得乐，将其与玉米片捆绑在一起，百事公司的销售业绩因此取得了大幅的增长。“堆高它，让它消失”（Stack it high and let it fly，意思是：在店里把佳得乐码堆摆放，做促销活动，让大家抢购一空）一直都是百事公司在各地分销商网络宣传佳得乐的口号。但是这个方法已经不管用了，佳得乐的销售已经停滞不前，我认为这家公司迫切需要的是，有一个人能让佳得乐重新玩自己擅长的游戏，去帮助真正的运动员提高成绩。我觉得这才是唯一能重振此品牌，并将它带到一个新高度的方法。

对卓越的我来说，去还是留再清晰不过了。在耐克，我曾是也将永远是一支冠军团队中的一名中坚分子。在佳得乐，我将有机会成为队长，领导一支现在还处于挣扎状态，但非常有潜力夺取冠军的精锐队伍。在佳得乐，我不仅有机会能将我的卓越技能和知识运用到一个特定人群身上，而且还有机会对自己和自己的能力下个赌注，看看自己有没有本事在一个新的方向上引领整个品牌的发展。在佳得乐，我要么取得巨大的成功，把它带到一个新的高度，要么遭遇彻底的惨败，除此之外，不会有其他结局。如果接受佳得乐的工作，我会为此而冒巨大的风险。我有种感觉，耐克不是一家你离开了，还会欢迎你再回来的公司。

然而，命运之神再度降临，在百事园区参加完第一轮面试后，我登机返程，刚在飞机上坐定，准备经历6个小时的旅程时，我慢慢意识到，自己好像有些恶心，这感觉真是太熟悉了。天啊，我居然怀老三了！我把怀孕的消息告诉了达穆尔，心想我关于佳得乐的一切幻想就要破灭了，但是让我吃惊的是，他居然说："亲爱的，这个消息太好了。我们喜欢孩子！"

所以，我离开了耐克这份自己曾梦寐以求的工作，我对未来可能发生的事情无比兴奋，同时，对于身后那扇对我关闭的大门也有很多感伤和怀念。耐克让我重新赢得了自信，跳回到职业生涯的正轨。在耐克，我结识了自己一辈子最要好的一些朋友。没有身后这个"大家庭"的强力支持，我还能成功吗？

把控自己的节奏，重新命名品牌G

2008年7月，当我抵达芝加哥时，刚好怀孕三个月，达穆尔总结的佳得乐现状是：因为品牌已经过气，所以销售停滞不前。过去几年，佳得乐唯一的创新就是推出了一些新口味。达穆尔告诉我："我们的目标是通过重新激活品牌，让佳得乐和它的核心客户群重新建立连接，从而扭转销售现状。"我天真地以为，我们现在真正需要做的不过就是把商标、包装和市场营销活动弄得吸引人一些，然后就会再度守得云开见月明，看到销售额的增长。达穆尔已经做了好几个大动作，为品牌聘请了新的广告公司TBWA/Chiat/Day，这家公司曾与苹果和阿迪达斯等品牌合作过，为它们创作的广告是其代表作，让它声名远扬。

我很快感到自己与新团队的核心成员能有效地沟通。欧普库（Opokua）领导我们的研发部，特别出色，还敢于冒险，对于研发出很棒的食物和饮料极其有经验；市场部的卡拉（Carla）和摩根（Morgan）是非常出色的市场营销人才，关于佳得乐的一切，他们都非常有激情；运动市场部的斯科特（Scott）和玛丽（Mary）与佳得乐的用户有着非常紧密的合作关系，从高中教练到世界最顶尖的精英运动员，用户类型多种多样；皮斯托尔·皮特（Pistol Pete）特别善于点燃产品的宣传势头；希瑟（Heather）多年来一直引领消费者对佳得乐品牌的看法，而且在运动消费常识领域是一本活的百科全书。我想，有这么棒的团队、这么棒的品牌，这场战役能难到哪儿去？

结果……真的太难了。百事公司为大众饮料做的市场营销，与我在维珍和耐克时常用的十分奏效的营销方法大不相同。百事公司通过高度复杂的研究方法，设计出吸引大多数人的不同口味和市场营销活动，从而在大众市场抢得份额。为了在最大程度上取得销售额的增长，百事不是将目标锁定在一群特定的客户身上，而是要吸引"所有有喉咙的人"。他们的方法就是寻找办法从可口可乐旗下与百事竞争的相应品牌那里"偷取份额"。现在，我开始明白达穆尔提到的这是一个竞争惨烈的行业是什么意思了。在"汽水大战"中，到处都是战争的语言，作为蓝军（百事）的队员们，我们被要求做任何能阻挡红军（可口可乐）的事。

2008 年 9 月，我在百事的第三个月，经济大萧条（Great Depression）之后最严重的经济衰退来临了。佳得乐的销售额从稳定变成下滑。对这个品牌来说，这简直是闻所未闻的事，要知道在百事的饮料中，佳得乐多年来都稳居"主力产品"的位置。我们的市场调研结果显示了正在发生的事实：在经济衰退期，那些不是运动员的消费者没有真正的理由去喝佳得乐了，他们放弃了运动饮料，转而喝自来水了，因为那是免费的。天呐，我们得做点什么。

我逐渐意识到，百事最大的问题是，本应是我们目标客户的那些年轻运动员们已经不再喜欢佳得乐了，因为它看起来就像一群跑车中的奥兹莫比尔[①]（Oldsmobile），对他们毫无吸引力。我想给佳得乐一个全新的外观，使佳得乐更具时髦和创新的感觉，如同耐克、安德玛、娱乐与体育节目电视网以及其他

① 1897 年，奥兹莫比尔汽车工厂由兰索姆艾里奥都斯创立，是美国汽车领域的老牌先驱。——编者注

品牌那样，得到这群年轻消费者在日常生活中的珍视。那些品牌全都在使用数字营销，但佳得乐仍然将 90% 的营销和传播预算投在电视广告上，几乎没有任何资源被投放到数字营销方面。我认为，如果我们能将佳得乐塑造得更年轻、更酷、更具运动感，并以这群年轻消费者愿意交流的方式来呈现，我们就能成功一半了。

在我加入佳得乐之前，团队已经在重新设计商标和包装了，他们即将为达穆尔汇报最终的提案。我记得当我看到新提案时，的确感到“更清新”了，比现在的包装确实更时尚，但是，伙计们，哎，伙计们，这太保守了。我初来乍到，本不愿意强势地发表意见，但我也记得达穆尔说过：我们遇到了危机，需要大刀阔斧地改变我们的方向。我的直觉也在全力向我呼喊：保守的玩法绝不是最终的答案。

我咨询了产品包装经理肖娜（Shawna），广告公司是否提出了别的方案。她的眼睛一亮，告诉我：的确有一个方案，每个人听完后都觉得特别酷，只是听起来太冒险了，所以他们决定不在会上提及。我必须得看看那是什么方案，当我第一眼看到它时，就知道我们必须选择这个方案。关于这个方案，我只看了大约 30 秒，脑子里就充满了各种能让喜欢数字营销的青少年们大爱的方法。所以，我想，管他呢。如果我们一直在玩其他饮料团队玩的游戏，无论如何我们都会输的，到时候，也许我们很快就都会被炒鱿鱼。

在我勇敢的新团队的支持下，我在公司内极力推进这个激进的方案，其中包括一个神秘的大型广告预告片，用来重新命名品牌“G”。我们从苹果公司“非同凡想”（Think Different）这句广告语中获取了灵感，它激起了消费者的好奇心，即一个巨大的变化即将到来，但又没有透露它是什么。这样，我们就赢得了时间去搞清楚究竟应该做什么改变。因此，我们一边为了创建一个新的饮料巨头而不断钻研，一边开始计划着这个广告预告片，这个广告会询问大家：“G 是什么？”

一大堆的工作等着我们去做，可我们只剩不到三个月的时间了。为了赶上1月1日计划的新品发布会，首先，我们不得不先完成每个产品包装的新设计，然后加工处理，再投入生产。其次，我们必须拍摄和编辑所有与新产品设计相匹配的广告宣传物料，安排全美几百万个销售点更换佳得乐的新商标。在这件事上，我们的团队有着惊人的团队协作能力！与此同时，我们还必须跟佳得乐的零售商和销售团队讲述我们的计划，但据我所知，这帮家伙不那么善于应对变化。在和零售商们一次又一次的会议中，我分享着对这个品牌新的愿景，但得到的却是迷惘、恐惧和焦虑的表情。随后，这批人就会直接向达穆尔抱怨：这太冒险了。值得称赞的是，每次听到这些评论时，达穆尔都会告诉这些人，无论发生什么，这场新的市场营销活动是肯定要进行下去的。

12月14日，在我们的全体会议上，我介绍了整个新品发布会的方案。那个星期，第一批带着“G标签”的饮料瓶将会在生产线上滚滚而出。我们对预告片的最终版也做了微调并准备播出，首播该预告片的电视时间段也安排好了。所有佳得乐不同时期赞助的著名运动员都会出现，想想迈克尔·乔丹、佩顿·曼宁（Peyton Manning）、尤塞恩·博尔特（Usain Bolt）、塞雷娜·威廉姆斯（Serena Williams）、德瑞克·基特（Derek Jeter）和米娅·哈姆（Mia Hamm），他们都会问“G是什么”。那个电视广告将播放三周，然后另一个电视广告将揭晓答案。G当然是佳得乐。

我感到信心百倍，尽管困难重重，但我们正齐心协力让改变发生！然而，在我演讲过程中，会议室里出现了两种反应：年轻人特别激动，年长的同事则显示出恐惧和困惑。对于那些消极的反应，我只能暂且放下，不停地对自己说，要坚强，因为我们即将亲手创造一个轰动的事件。

就在第二天，我的产科医生告诉我，我的羊水越来越少，情况非常危险，必须马上把孩子生出来。我说：“好的，太酷了。请允许我回趟办公室，和同事们交代几件事情，然后回家取上我为新生儿准备的‘待产包’。”医生却对我说："不行，我说的是现在。我们现在就需要把孩子取出来。你得马上入院了！"天呀！那一刻，我才发现除了一台笔记本电脑，我什么都没带，但我得入院生小孩了。我真是不知道自己是怎么想的，我的笔记本电脑在我生小孩时能发挥什么作用……

谢天谢地，我也就等了两个小时，利亚姆就带着我的"待产包"赶到医院了，那天晚上我们共同迎来了我们的宝贝小女儿。我们花了一两天时间，才给她取名加布里埃拉（Gabriella），小名加比（Gabby）。当达穆尔打电话向我祝贺时，他说："这一周你生了两个 G，大 G 和小 G。"所以，加比有一段时间就叫小 G。

我享受了两周的产假，在芝加哥度过了一个非常寒冷、白雪皑皑的圣诞节。我也慢慢在适应无眠的夜晚，我坐起来给加比喂奶，沉迷于最爱的荒唐喜剧、午夜肥皂剧《吉尔莫女孩》（*Gilmore Girls*）——又来了一个 G。然后，新年钟声敲响了，随之而来的是我们的"G 是什么"广告片的首秀。我和加比坐在家中的沙发上，注视着这条跃然出现在屏幕上的广告。电视广告发布 5 天后，我们收获了一个特别积极正向的线上反馈："G 是什么"打破了谷歌最热门搜索词条的记录。局势的发展好得不能再好了，对吗？

但是，经济依然不景气，这应该是多年来最冷的经济寒冬了。佳得乐的零售业绩极速下滑。在佳得乐重新发布上市的两周内，收益每个月下滑 20%。对于一项年收益为 50 亿美元的业务，你能算得出来，业绩下滑了多少！在许多商店，货架上简直是一团糟，新版 G 商标的佳得乐和旧版佳得乐混杂在一起。零售商们陷入了困境，不停地抱怨：顾客根本不知道"G"是什么。整个品牌的重塑简直就是一场巨大的灾难。

毫无疑问，在百事总部，佳得乐销售额突然急剧下滑让大家极度恐惧和困惑。因此，有人建议我们应该马上撤掉所有的预告性电视广告和户外广告牌，立刻揭晓答案，这样才能让事态有所好转。达穆尔打电话询问我的想法，下一步我们该怎么做。我恳求他说：不能过早揭晓答案，我们必须把控住自己的节奏。我们让这个预告片电视广告又持续播放了两周多。除了喂奶和换尿布，我不是在打电话，就是在处理邮件，基本是全职在工作，应对佳得乐断崖式下滑带来的危机。产假？嗯，我根本就没怎么休。

我们都指望超级碗（Super Bowl）的广告能给我们带来转机。广告中，我的团队恶搞了《巨蟒和圣杯》（*Monty Python and the Holy Grail*），让我们旗下众多大名鼎鼎的运动员装扮成圆桌骑士出场。但是，百事总部非常困惑和担忧，因为这段广告看起来太冒险了。在我家地下室的办公室里，我拼尽全力想参与电话会议的相关讨论，但我还是个新人，他们可能觉得我太天真了，或者我距离他们实在太远了，以至于无法说服他们。所以，我们不得不在超级碗上重播那段整个月都在播的广告。我极为震惊和难过。我感觉我的团队要失败了，对佳得乐品牌未来的愿景也要灰飞烟灭了。

然后，正如我所预料的，我们的超级碗广告在排名中几乎垫底。在接下来的 2 月和 3 月，销售额下滑得更厉害了。从我们的零售商到华尔街的分析师，每个人都认为问题出在我的团队上，而我就是个白痴，那个吹嘘着要重新设计商标和包装的大白痴。当生意完全崩盘的时候，谁又能指责他们呢？公司内部对我们施加了巨大的压力，要求我们回到最初让佳得乐赢得优势的战略上，甚至要把 G 商标改回到以前的老商标，这无疑是重新发动一场全面战争，让百事用传统的打法和可口可乐再战一场。

我发现自己正拼命努力地扮演好各个角色。在我的小女儿和两个快速成长的小男孩面前，我希望自己是一个细心周到的母亲；对于我的丈夫利亚姆，我希望成为他的贤内助，他正努力让我们一家人过上一种全新的生活；对于我那刚成立不久的佳得乐团队，我努力成为一个专注和勇敢的领导，和大家一起在任何人不曾预料的金融危机中打一场更艰难的战争。《华尔街日报》刊登了一篇标题为《让百事大汗淋漓的佳得乐》(*Pepsi Sweats over Gatorade*)的文章。对于我在佳得乐经历的职业生涯上的惨败,我能想象得到,耐克的前同事们一定在替我担惊受怕。

佳得乐危机,拿我的职位做赌注

这样的状况持续了 9 个月,不论是在体力上还是精神上,我都已筋疲力尽。利亚姆强迫我搭上去新西兰的飞机,正经休了一个月的产假,充分享受家庭时光并换换思考环境。他是对的,和灵魂伴侣一起喝一瓶新西兰美味的白葡萄酒,什么问题都能解决了。当开始重新开怀大笑时,我做了一个决定。在百事,许多人都催促我们要采取更保守温和的方法,回归到大家熟悉的百事营销策略中来。事后回想起来,我必须说我不怪他们,因为他们并不在我们的卓越团队中,他们也绝不可能看清我们究竟在做些什么。我只知道,佳得乐这个令人惊叹的品牌承载着专业人士深刻的观点和运动员这一核心客户的来之不易的信任,如果继续回到可口可乐和百事之间的传统大战中,佳得乐是不可能有任何获胜机会的。长期深陷双方之间的大战正是造成当前佳得乐困境的首要原因。即使在所谓的灾难性品牌变动前,佳得乐的销售业绩也已经停滞不前,所以我认为再回到以前的打法绝不是个好主意。

关于我们新品的一项调研表明,其实我们已经成功地恢复了佳得乐和年轻运动员这一核心客户群的关系。这么多年来第一次,在我们最关心的这群年轻运动员之间,佳得乐在社交媒体上得到热议。但是由于金融危机,我们取得的那点胜利根本没有办法填补销售下滑的数字。我们要想在特定范围成功的基础上实现更大的抱负,就必须采取全新的打法,不仅仅是引人注目的广告大战,而且要对品牌进行全面的商业重塑。在过去传统饮料行业里取得好成绩已经不够了,我们必须改变游戏规则。

从新西兰回美国之前,我写了我的“杰里·马圭尔”(Jerry Maguire)宣言,解释事情应当如何发展。[①] 我们不能再允许那些缺乏运动消费者知识、不了解我们市场调研结果、不清楚我们最新品牌策略的非专业人士四处煽风点火，带给我们恐慌；我们也不能再专注于追逐竞争对手的策略，如同一直以来百事追逐可口可乐那样。我愿意继续攀登这座令人难以置信的陡峭山峰，但唯一的途径就是：通过倾听运动员消费者的声音来做出我们的每一个决定。写完后，我把这个文件发到了达穆尔的电子邮箱，向他清楚地表明，我愿意拿我的职位做赌注。如果按照我深信不疑的方法去做，最后失败了，这个结果我可以接受，但是如果公司高层认为取胜的唯一方法是那些传统的饮料行业策略，那我根本就不适合这家公司，我愿意辞职走人。

在我重返办公室的那一周，达穆尔约我出去吃早餐。他接受了我的宣言，他告诉我：如果 2009 年剩下的时间内的销售数字很糟糕，他也能够接受。他想赌一把，如果他在背后支持我和我的团队，我们一定能弄明白应当如何翻转糟糕的现况，并在 2010 年开始实现稳定的增长。自打那顿早餐后，我们之间的关系就从老板和下属的上下级关系，变成了在艰苦战役中同一个战壕里的战友关系。现在我们俩都清楚，无论发生什么，我们都会相互支持。

我们之前开过无数次会，讨论对品牌进行颠覆式创新，但是现在创新会议的内容变了。之前，整个团队主要在埋头应对公司内部的施压，他们要求我们找到一些神奇的成分，可以使佳得乐比可口可乐的动乐（Powerade）更胜一筹。有一段时间，达穆尔让我们研发一种新的成分，如果运动员大量饮用它，就能获取更多的氧气，以便提高他们的耐力。但这里有三个问题。首先，饮料会变成该死的亮黄色，这使佳得乐看起来像带有放射性元素。其次，这种原料只有在巴西的一处森林里才能找到。最后，你需要喝下整整一桶饮料才能有效提高运动表现。佳得乐的研发部门曾不断提醒我：如果世界上真有一种神奇的成分，难道你认为我们会到现在才发现吗？最关键的是，我们已经迷失了方

① 杰里·马圭尔是汤姆·克鲁斯在电影《甜心先生》中的角色名。——译者注

向。我们把太多时间花在消除公司高层的疑虑上，而不是用来满足我们运动员的需要。

发现蓝海，给游戏换个玩法

为了重新聚焦我们的工作重点，增强团队的实力，我招募了几个对体育行业很有洞见的人，他们拥有不同的商业背景。安德烈娅（Andrea）来自耐克，在我们所需要的零售领域有着丰富的经验；斯坦利（Stanley）所在的代理公司能帮助我们从运动员需求的角度，重新构想我们的包装设计；乔纳（Jonah）所在的代理公司最擅长想出创新的概念；菲尔（Phil）是一个才华横溢、经验丰富的项目经理；当然还有无与伦比的戈登·汤普森，前文提到过他，他为我们团队的所有项目带来了迫切需要的设计和战略能力。与此同时，我确保佳得乐团队老成员能够发声，因为这一群人深深懂得我们的运动员消费者、我们的历史以及我们独特的机会。

在旧的游戏规则里，我们把佳得乐看作一种饮料，希望让更多的人选择饮用我们的饮料，而不是竞争对手的产品。在新的游戏规则里，我们为运动员服务，我们的产品就是运动员出色发挥所需的燃料。当我们意识到运动员发挥出最佳状态需要的不仅仅是饮料的时候，我们取得了重大突破。佳得乐有许多元老们多年来经历了商战上艰难的起起伏伏，我们聆听他们的声音，得以深入挖掘那些储存在电脑上的大量研究资料，没有人曾用过它们。研究表明，运动员需要全方位的特定营养，赛前、赛中和赛后都需要。

我依然记得，在会议上，当我们在一张纸上每一列的最上方写下“赛前”、“赛中”和“赛后”时，我脑海里就已闪现出对应的独特的产品设计理念。最终，我们称它为“运动补剂”，很快，我们发现即使是世界上最顶尖的运动员，也不知道哪里能找到适合他们的补剂。世界上最棒的短跑运动员尤塞恩·博尔特在奥运比赛前仍然在吃彩虹糖，因为他找不到更好的能满足他所需的补剂。

我们发现佳得乐的创新设计能覆盖所有不同类型的产品。就摆在美国职业橄榄球大联盟边线上的冷饮来说，为了定位更精准，我们重新设计，把它叫作“冰爽冷饮”(the cooler cooler)。我们设计了能测量饮水量的塑料挤压瓶，制造了在一场比赛前给运动员提供能量的橡皮软糖（博尔特，感谢你的创意)。针对运动后的恢复，我们生产了奶昔。我们创新地改变了成分、包装和食物形式……其实远不止这些。我们还发现，世界上没有任何公司能像百事公司一样拥有如此多关于运动营养方面的科学知识和研究，这得感谢佳得乐运动科学研究院。没有什么能够阻挡我们重构市场营销策略，将我们掌握的知识以全新的方式与年轻的喜欢数字营销的消费者们分享。我们决定把即将推出的产品称为“G 系列”，佳得乐赛前（Gatorade Prime）帮助运动员在赛前补充能量，佳得乐赛中（Gatorade Perform）帮助运动员在赛中补充水分，佳得乐赛后（Gatorade Recovery）帮助运动员在赛后迅速恢复体力。

2010 年，我们开始采用新的营销策略，那时我们需要面临的仍然是和以前一样糟糕的经济下滑环境，我们第一季度的业绩显示：销售额下滑得更加厉害了。那时，我们尚未发布任何一款新品，我们几乎没有可以再失败的余地了。媒体和市场分析师们几乎快把我们捏碎了。三周后，在百事一个大型的金融分析会议上，我做了一个演讲。在这个会议上，百事旗下所有品牌的高管都要向华尔街的老板们汇报我们业务的未来走向。能否说服他们继续向百事投资就全靠这一次了。那天早晨，我起床后，从酒店出发沿着纽约的东河跑步，耳机里大声放着埃米纳姆《迷失自我》这首歌，我想就是现在，就在此刻，整整 18 个月的梦魇即将结束。我的激情彻底点燃了！当以这辈子最有热情和最自信的状态讲述佳得乐的愿景时，我感到自己有如神助。演讲进行得很顺利，我既自信又清晰地回答了所有带有挑战意味的提问。华尔街的报告出来后，让大家惊喜的是，他们的态度居然是谨慎的乐观。现在，对我们持怀疑态度的人至少可以看见我们是有一个真实可行的计划的。顺便说一句，那个计划赞极了，跟他们以前在饮料行业看到的截然不同。现在，只等 4 周后的新品发布了。

2010年3月底，我们的第一条G系列产品的广告开播了："如果你想要彻底改变，那唯一的解决方案就是进化……介绍G系列产品。"与2009年我们的新品发布会不一样的是，我们开发了一种更深层次的方法来和我们的核心客户群建立连接。是的，我们有鼓舞人心、令人惊叹的电视广告，但现在我们还有一支由既年轻又有激情的运动员组成的生力军，在社交媒体上讨论我们的品牌，然后由我们的社交媒体指挥中心"任务控制中心"将其传播得更广、更远，进而确保我们鼓舞人心的消息能在核心客户群中传播开来。当我们每天焦急地看销售报表时，赛前能量胶和赛后恢复饮料开始上架了。

然后，天呐，奇迹终于发生了！佳得乐的销售业绩突然开始增长了。你听到我刚才说什么了吗？销售业绩开始增长了。真的发生了。这个3月是自从我加入公司以来，我们第一次达到销售业绩目标。到了6月，销售额已经大大超过了月度目标，并且很快就要超越当年的销售目标了。在消费者心里，我们的创新不仅提供了让他们可以尝试的佳得乐新品，而且让这款老牌运动饮料看起来更有新意，因为现在这款饮料是我们发明的，是被称为运动补剂的新品类中的一员。

最终，我们敬业又富有激情的团队成功地让佳得乐从一种日益衰落的运动饮料变成了百事饮料产品线中增长最快的品牌。经历了商战中的起起伏伏，我们发现运动营养品的潜在市场比运动饮料的市场大多了。突然间，我们发现了业务增长的巨大空间。在运动饮料品类中，我们已经占据了绝大部分的市场份额，但是，运动补剂是一个新的竞争领域，市场潜力更大，也是尚未被像佳得乐这样规模的品牌开发的领域，所以毫不奇怪，在体育消费这块蛋糕里，我们占的份额还很小。事实表明，玩自己擅长游戏的专业团队是势不可当的，我一直对一条信息特别喜欢，那就是自从我真正领导这个团队以来，佳得乐一直在持续发展。2009—2015年，佳得乐销售额每年增长都超过10亿美元。

通过改变游戏规则，我们发现了一个全新的领域，在该领域，我们可以用自己的方式取得更大的成功，而不需要在已有的领域中和他人厮杀，拼抢市场份额。这和W.钱·金（W. Chan Kim）和勒妮·莫博涅（Renée Mauborgne）提到的蓝海战略很相似。他们写道："在蓝海里，需求是被创造出来的，而不是相互争夺来的。在那里，有亟待开发的市场空间，利润高且速度快。"相反，在红海里，"日益激烈的竞争让海水变得血红"。他们的研究结果也是我们在佳得乐品牌身上所证明的，它显示："蓝海战略能创造持续的品牌价值。"

那么，为什么当我们发现了蓝海，也取得成功了后，卓越人士还需要坚持并为此而战呢？当你听说了一个像佳得乐这样取得了完美结局的成功案例时，选择蓝海似乎看起来是显而易见的，但事实上，一家企业第一次发现蓝海时，它们看上去总是很恐怖，也不太靠谱。专业团队追求全新的方式，开创一个对我们来说意义深远的商业领域，这是一回事；百事公司的董事长、CEO以及所有外部股东们能完全支持我们打破常规，进行这项重大且具有战略意义的变革又是另外一回事了。我常常往回看，心想我们真是太幸运了，我们的CEO是卢英德（Indra Nooyi），她曾经是一位战略专家，对她来说，我们制造的看似疯狂的佳得乐梦想在全世界范围内一定极具战略意义！卢英德让我明白了，赋予一个像我们这样的团队自主权，让大家发挥最大潜能，这非常重要。从此以后，这成为令我受益颇多的一项技能。

拓展新领域，彻底读懂你的客户

许多巨大的改变游戏规则的成功都是建立在你为玩擅长游戏而创造的机会之上的。通常有两种方法可以获得这类成功。对一些人来说，坚持在自己有激情的领域内持续发展和提升，会让他们找到做事的新方法。对另一些人来说，愿意提出一个关于你目标客户的、改变游戏规则的问题也可以产生创新，无论目标客户是你的工作团队、你的老板，还是你提供产品或服务的人群。问问你自己：我已经证明了自己可以提供比其他人更好的某个产品，那么他们还有什么需求是唯独我才有能力提供的呢？

我喜欢思考需求，就好像它们已经出现在地图上了。我在脑海里想象着把手指放在我能满足的一个需求上，然后环视四周：在我已知的需求之外，下一个需求会是什么呢？我能继续利用相同的卓越技能、知识和激情，帮助客户们做更多他们想做的事吗？我的技能是否有机会让我找到客户们尚未发现的需要呢？举几个例子：

- 你是一名运动员，需要我的运动饮料来帮助你取得更好的成绩吗？好的。你还需要哪些我们能提供的其他产品来提高比赛成绩呢？
- 你制作了一条牛仔裤，某个年龄段的所有时髦的年轻女性都觉得这是自己必须拥有的产品。现在，如果你运用我的方法，学习制作相同风格的其他配饰，她们也会同样喜欢吗？
- 你是一名年轻的大学毕业生，唯一能让你获得第一份工作的方法是，参加关于个性和经验的标准化流程考试，但这并不会展现你的优势。透过你的专业技能和激情，有什么独特的见解、经历和技能是你能提供给你未来的雇主的呢？

你能成功地将你的技能应用到另一个领域吗？你可以的，如果你足够努力，并且没有忽视让你立足的专业知识。如果你从一个小众的已证明是成功的专业领域转向一个在你客户需求地图上的新领域，你的客户还会信任你吗？他们会的，如果在某个领域里，你已经做到了他们心目中的最好，他们就一定会信任你的。在拓展新领域前，你会彻底读懂你的客户吗？你可以的，只要你从未停止去了解你的客户，不停地钻研你的卓越方法该如何让他们受益。正如我所做的，你可以看到这种方法能让你喜爱的品牌走多远。耐克从运动鞋起步，拓展到运动服饰和装备，一直保持着对运动员的关注。苹果以电脑起步，然后开发了一整套数字生态系统，一直保持着对客户体验的关注。大卫·鲍伊

（David Bowie）改变了音乐家的定义，不断发展他的音乐风格并塑造个人品牌，不但他最初的粉丝一直追随他，而且数十年来吸引了众多新乐迷。塞雷娜·威廉姆斯变成了女性标杆人物，除了在网球场上的风采，她身上的运动活力、激情和时尚感都受到人们的追捧。

他们之中有谁启发了你吗？

改变游戏规则，从精神病患者到世界卫生组织顾问

当一个品牌发现了客户的新需求时，游戏很容易以一种全新的方式进行。你可以追踪产品的发展轨迹，分析市场营销活动，绘制各种努力之后市场份额的增长图表。卓越人士改变游戏规则的方法在个人重塑方面也同样有效，原理是一样的：**首先，成为一名专家；其次，运用你独特的天赋和洞察力去创造一种全新的获胜方式。**

使用这种方法最鼓舞人心的例子来自我丈夫利亚姆的妹妹玛丽。玛丽天生就充满力量，但更重要的是，她的经历证明了一点：即便是那些发现自己处于极端劣势之中的卓越人士，依然有成功的希望和可能性。现在，请大家仔细听，因为这是一个完全不同类型的故事，跟市场营销一点儿关系也没有。但这是一个令人心生敬畏的例子，这个故事讲述了一名卓越人士发展她自己的专长，然后利用这种方法改变游戏规则，这不但帮助了她自己，而且帮助了世界上很多人。

在十几二十岁时，生活在新西兰的玛丽·奥黑根（Mary O'Hagan）开始经历破坏性的情绪不稳和彻底绝望的感觉。对很多人来说，二十几岁是一段自由和自我发现的美好时光，但是玛丽却会“进入一些非常黑暗的地方，身处其中，我甚至连一句话都说不出来”。5年时间内，她在各大精神病医院进进出

出。除了那些内在的至暗时刻，她还面临着非常严重的外在阻碍。她对我解释道，那时治疗精神失常的“游戏规则”让她的处境越来越糟。无论她转到哪里，都会面对她所谓的“仁慈的悲观主义”。基本上，医生会告诉她：“你患了非常严重的我们医治不了的精神疾病，你必须等药起作用才行。当你生病时，我们会照顾你的。”没有人指望她还会有康复的那一天。她说：“我被告知：‘你将永远无法取得你本来可以取得的成功。你将不能做全职工作，你这辈子的生活也将是支离破碎的。’

“他们还告诉我，我应该仔细考虑要不要孩子，因为他们认为我的病会遗传。这简直就是一派胡言。一个二十几岁的聪明女孩通常有两个梦想：生孩子和拥有一份事业，结果却被告知一个都不行。他们真是大错特错，我特别开心能证明他们是错的！”

因为没有给她针对自己治疗方法的发言权，玛丽忍受了好多年在几家不同医院之间的医治。多年以后，她看着主治医生写的病历，那明显表明他们根本没弄清楚她哪里出了问题。他们记下的内容类似于：“她总是表现得很夸张，在夸张的外表下是潜在的严重的心理焦虑。她的打扮也很另类。”他们不知道该拿她怎么办，也不知道该为她做些什么。其实玛丽需要的不仅是另一个传统的精神病学家，在新西兰她找到的所有医生都会以同样的眼光来看她，她还需要针对自己的心理问题，寻找一个全新的方法，创造出可能性，让她可以过上独立和令人满意的生活。玛丽需要某个人能肯定她有能力理解并改进自己的状况，而且这个人还要相信玛丽是一个为改善自己生活而拼命奋斗的人。

后来，她经历了一段非常糟糕的时期。她说：“一个寓言在黑暗中向我显现，告诉我，我必须要对自己的生活负责，找到自己的内在力量。”她在回忆录《疯狂造就了我》（*Madness Made Me*）里写道：

> 最后一次发疯时，我躺在医院的床上，紧闭着双眼，我的思想慢

慢陷入无意识中。这把我吓坏了，我尽力从无意识中找到一些信息，把它们排序，让它们变得有意义：

一位年老的妇人和她的孙女住在大海边，每天这位老妇人都出海捕鱼。她敬畏地对着大海大喊："让我用鱼网捕到一些鱼吧。"每次她都带着鱼回家，做给自己和孙女吃。一天，她给孙女一些鱼，说道："你自己做来吃吧。"小女孩痛哭道："我不会。"老妇人回答说："你必须找到属于自己的内在力量。"但是小女孩不懂这是什么意思，于是饿着肚子上床了……那天晚上女孩从梦里惊醒，一个响亮的声音从天而降："你拥有老妇人的力量，大海已经涌流在你心中。现在，从生命的本质中悟出道理，不要畏惧，为自己烹饪吧。"

起初，为了防止记忆混淆，我一遍又一遍地重复每一个字。后来，我发现这些词组成了一个故事，这个故事告诉我，我可以不再发疯了。

她的"寓言故事"启发了她，翻转了她的生命："我从一个被动的病人慢慢转变成一个积极主动的个体。这个寓言故事让我想着，我绝不能因为这些经历而沉沦，我必须学会如何管理它们。"

玛丽开始能以不同的眼光来看待她的精神疾病和生活了，作为一个与众不同且充满希望的故事中的一部分，她把这种改变归结于几个原因。第一，她曾是一个叛逆少女，总是做类似营救鲸鱼或者参加游行的事儿。不愿服从、固执的天性让她在学校里总是惹麻烦，但是现在叛逆帮助玛丽去质疑医生们的传统观点，即她在未来的生活中会遇到麻烦。第二，在她的生活中有人相信她，给她传递"希望的信息"，虽然这些信息不是来自关心照顾她的人。我喜欢她向我描述这一点时的样子，她说："我觉得在我们所有人身上都有一口希望之井，即使事情变得特别糟糕，你也能抵达一处希望之地，因为总有一个未来值得期待。"第三，她来自书香世家，这个能与世界接轨的思想进步的家庭鼓励年轻女孩子表达自己并且追求成功。虽然她的医生中没有一个人这么看她，但她的叛逆、她的希望以及她的家庭对她大胆表达自己并取得成就的期望，这些全是她能开发的内在的卓越技能。它们给她机会让她玩自己擅长的游戏，成为引领她从疯狂状态中走出来的最佳向导。她学着使用头脑中“疯狂”的想法为自己指明道路。她说：“我自己的疯狂图像是以词汇和隐喻的形式出现的。在图像最有感染力的瞬间，词汇会从黑暗中浮现出来，跃然纸上。我并不是故意不顾自己的疯狂，但恰恰是因为疯狂，我才成就了自己。”

多亏了一个简单的愿景，改变才会发生。她花了很长时间学习“当自己不断被击倒，如何一次又一次站起来”。即使从精神病院出院后，她也一直在努力谋生。她的谋生之路不仅是玩自己擅长的游戏，即为玛丽找到一条出路，而且是质疑现有的“游戏规则”给予饱受精神痛苦折磨的人们的理解和帮助。玛丽在新西兰协助发起了逐渐为人所熟知的“疯狂运动”。该运动认为，跟传统的精神病医疗方法相比，同伴的支持更重要，同时认为疯狂是一种“破坏性极强，但又充满人性的生命体验”。从这个意义上说，成功摆脱精神痛苦的幸存者，拥有独特的优势来帮助那些在精神上与自己疯狂较量的人。

玛丽是世界精神病学用户和幸存者网络（World Network of Users and Survivors of Psychiatry）的第一任主席，也是联合国和世界卫生组织的顾问，2000—2007 年，她还在新西兰的心理健康委员会全职工作。现在，她是一位国际心理健康咨询师，也是“伙伴地盘—伙伴引领”（PeerZone—peer-led）心理健康项目的发起人和顾问。因为这些行动，玛丽 2015 年获得了令人难以置信的荣誉，她被英国女王授予新西兰功绩勋章，这是一项令人印象深刻的嘉奖。如果当初她没有质疑，也没有想办法改变游戏规则的话，是绝对不可能拥有如今的生涯线和令人满意的生活的。她对自己人生故事的精彩总结是：她很开心自己曾经并没有奢求在生活中取得如此大的成就，因为如果她把自己希望做的这些事情，跟任何一位“老派”的心理医生说了的话，医生很可能当场就会增加她安定药的剂量。

我知道，以上列举的两个案例，一个是饮料品牌，一个是精神病患者，它们截然不同。但是它们的故事中存在两个共同点：一方面，游戏规则被打破了；另一方面，如果人们依然深陷之前的规则，将会面临巨大的失败风险。他们不顾一切地寻求新的方法，他们赢得了胜利，因为他们有能力改变游戏规则。

跟着感觉走，自由撰稿人的多元文化营销路

改变游戏规则的推动力以及达成这一目标所需的准备和承诺，不一定非得来自负面情绪，比如我的团队在佳得乐销售业绩断崖式暴跌时感受到的恐惧和玛丽感到的深深绝望。这种推动力也可以源自灵感和热爱。将你正在塑造的一套卓越技能和刚好对此有需求的客户连接起来，通常需要时间和耐心，但如果你从一开始就因为纯粹的热爱而投入其中，很可能就会坚持下去，并最终获得成功。

博佐玛·圣约翰，大家都叫她博兹（Boz），她对自己生涯线的描述是这样的：从失败的自由撰稿人，到获得财务成功却备感空虚的职场人，再到无比出色的市场营销人员，而市场营销经历让她得以为苹果公司工作，这一切都源于她对工作的热爱。博兹可能会是你一生中见过的最有个性的人，从她的头发开始，你就能感到她的与众不同，即使是在最拥挤的房间里，也能一眼看见她那造型漂亮但很夸张的头发。所以，当知道我们俩几乎在同一时期都在百事工作，但从未相遇过时，我太震惊了，这太不可思议了。多年之后，当被介绍相互认识时，我们俩一见如故。自打相识以后，我一直关注着她光芒四射的职业生涯，写这本书时，自然就想到了请她聊聊她作为卓越人士的成功之旅。

当我遇到超级成功的商业女强人时，总是假设她们之所以能获得如今的成就，一定是因为超级有野心。但是当我听博兹谈起她的故事时，我感到，

哇，这真让人耳目一新！博兹告诉我："对我而言，不是野心，而是跟感觉有关，跟职位或者薪水都没有关系。我也没有野心去争权夺利，就是跟着感觉走，如同坠入爱河！找到你热爱的工作或项目，其他事情该来的自然都会来。人们总说'做自己热爱的'，但对我而言，重要的是'当我做一份工作时，我的感觉如何，当我谈论这份工作时，我又有什么感觉'。如果我感觉很好，如果我想夸赞我的工作，我就会很自然地说出自己的感觉。我辞职通常不是因为我讨厌正在做的工作，而是因为外界有新的事物在向我招手，使我很想去尝试。"

博兹在大学里读的是英文专业，大学毕业后，她辞去工作，想看看能不能靠写诗和短篇小说谋生。不到三个月，她就发现写作不适合她，因为太孤单了！她告诉我，她真心爱做的是："和我那帮艺术家和流行文化圈的朋友跑遍纽约的大街小巷。文化中有一种神奇的东西，它是无形的，你无法预测它，只能留意它的出现。你能做的就是把手指伸向空中，感受风的变化。"

为了养活自己，她加入了一家更像是招聘公司的公司。这份工资让她有能力支付账单，也让她有机会更深入了解纽约的艺术和流行文化圈。很快，她发现自己很擅长干这个。"有意思的是，尽管我工作得有些心不在焉，却赚了特别多的钱。我买了一间公寓，而且公司还准备提拔当时只有 25 岁的我当副总经理，让我挑起一摊子业务。我不热爱这份工作，但也不讨厌。本来我会继续干下去，但突然接到了来自斯派克・李（Spike Lee）名下的 Spike DDB 公司的电话。这是一家市场营销和广告公司。他们希望利用我对艺术和流行文化的了解来帮助他们的客户，例如百事公司，想出一些创新的点子。"

接受这份新的工作就意味着"回到我以前赚不到什么钱，但工作时间漫长的状态。有人跟我说：'别去！你已经手握一份丰厚的薪水，而且马上就要晋升了！’但我想证明自己能运用对流行文化的热爱来推动商业发展。那个时候，我的选择看起来是世界上最愚蠢的。”

在博兹被挖到百事公司之前，她在Spike DDB做项目，参与为百事可乐、激浪（Mountain Dew）等产品进行品牌塑造的传统市场营销。她没有 MBA 文凭，单枪匹马加入公司，不像其他同事那样被公司同批次招聘，一起接受过同样的培训。她的项目成功了，但是在绩效考核时遇到了麻烦。“经理们评价我‘不善于分析’或者说我‘不太懂商业’，所以不能升职。我知道自己干得很出色，也为公司创造了价值，但我没有被完全接受。我感到自己对公司的贡献并没有得到认可。”当她收到一家时尚公司的邀请时，她选择了离开。

博兹告诉我，今天回头看当时的选择，她觉得她离开的部分原因是“自恋”。在百事公司，她没有获得大家的喜爱，没有得到足够的重视，这很伤她的感情。但是，她同时也意识到，用卓越人士的话来说，她的老板不让她玩自己擅长的游戏。当时百事公司招她进公司，是希望运用她对街头文化的卓越理解，以新的方式帮百事的产品做市场营销，但是又不给她机会使用她特有的技能，为公司做出特别的贡献。这让她不得不离开。

她再一次被别人提醒，说她做了一个错误的决定。“有人跟我说：‘天呐，你以大多数人望尘莫及的方式进入了百事公司工作。人们读研究生，就是想在那样的公司工作！他们申请实习机会，结果被拒。为什么你还要放弃呢？’但我当时想，为什么要待在像地狱一样的地方呢？在那儿，我做得很出色，但如果没有办法施展我 100% 的才能，那我只好离开。”

博兹一直喜欢时尚，表面上看，她的新职位恰好也是她梦寐以求的。当时，她担任这家公司市场部的头儿，管理着一个很大的团队。但是，热爱时尚和有没有能力把时尚当作生意来做是两回事儿。博兹发现，她的艺术和流行文化的专业知识不足以指导她领导团队做时尚营销。这时，她听到百事公司的前同事们提起，现在公司的管理层在市场营销和客户参与方面，越来越能接受新的更专业的方法了。她转念一想："等等，这不正是我想做的嘛！"跟百事公司多次沟通后，她又回到了百事，带领她的音乐和娱乐小组，专注于为百事旗下的所有饮料品牌构建和流行文化相关的创意。

接下来的这个例子讲的是在博兹的团队致力于塑造激浪品牌时，她是如何取得成功的。长久以来激浪一直将他们的目标客户描述成"有攻击性的""有力量的""令人兴奋的"。博兹开始重新诠释激浪的品牌理念。"我们想到的是街头篮球，因为它本身就自带狂野的味道，更具攻击性、冲撞更猛、更令人兴奋。"那时，街头篮球的文化正在形成，很快娱乐与体育节目电视网就制作了一档街头篮球真人秀节目。卓越人士博兹在风中就能嗅到这种文化氛围转变的气味。"你能在 18 个月前就预知它会发生。所以，我们用街头篮球和嘻哈音乐带动品牌的商机，顺带说一句，这很奏效！我们开始用篮球和音乐与年轻人交流，传递多样化的信息，这带给我们前所未有的优势。"

接下来的几年，博兹在百事公司做得风生水起，毫无意外，她的努力得到了业界的认可。她是一名开拓者，因为热爱自己擅长的游戏而投入其中，当节拍音乐（Beats Music）推出新的音乐服务时，她得到了带领其开拓市场的绝佳机遇。所以，她后来任职于苹果公司，以只有博兹自己知道的方式，玩着属于她的多元文化市场营销游戏。①

① 博兹入职节拍音乐没几个月，节拍音乐所在的公司就被苹果收购了。她在 2017 年年中离开苹果公司，接着入职优步，但一年后宣布离职，入职娱乐巨头 Endeavor，担任 CEO。——编者注

【突破行动·如何专注你的航向】

如果你能改变游戏规则，就有可能取得一系列惊人的成就。例如，围绕你最热爱的事情绘出自己的生涯线；重振一个过气的品牌，让它恢复以前的荣耀，然后可以做更多事情；或者，过上新生活，哪怕你的医生基本上都已经放弃了。可为什么并不是每个人都可以这样呢？因为太多潜在的卓越人士很容易分心，过度关注别人是怎么玩他们的游戏的，或者太关心别人是如何判断哪些冒险是值得的。下面分享三个能让你集中注意力的方法。

1. 培养“场独立性”

如果你想改变游戏规则，光做到跳出固有的思维模式和努力工作是不够的。你还需要心理学家提到的“场独立性”（field independence），同时忽略质疑声并克服那些他人感觉不到的困难，它们与创造性思考和勤奋工作同样重要。**拥有场独立性意味着，愿意做你凭直觉知道是可能的事情，愿意做你内心热爱的事情和内心感受到的事情。**当我思考佳得乐的团队、博佐玛·圣约翰和玛丽·奥黑根时发现，我们有一个共同点，那就是我们都曾被专家和比我们职位高的人不止一次地告知，我们是错的。这简直是浪费我们的时间，他们才大错特错呢。无论如何，我们都必须坚持以自己的方式玩自己擅长的游戏。

你拥有自己的场独立性吗？或者，你需要在这方面有所提高吗？想想你生命中那些最关键的决定，比如你特别渴望得到的一份有风险的工作或者特别想去的一个学校。你是不是根本不管别人劝阻的建议，而是完全跟随自己的直觉做了决定？回顾那些你自己做的重大决定，你可以开始审视：这是不是你需要开发的特质，可以用来改变你周围的游戏规则。

2. 最重要的竞争是与自己的竞争

不仅仅那些质疑你、讨厌你的人会阻止你，他人的成功也会把你带入迷途。我们都有怀疑自己、羡慕成功人士的时候，你会常常陷入沉思，琢磨着：为什么我没那么做？我能和他更像一些吗？我们公司能和他们的公司更像一些吗？

但是，你的问题提错了。其他人做自己时，总是会比你模仿他们时做得更好。其他专注做自己擅长之事的公司，一定比总盯着他们的那些公司更胜一筹。**当你总想模仿别人做他们擅长的事情时，你是不会取得卓越成绩的，只有当你寻找更广泛的灵感，运用自己的特长，改变游戏规则时，幸运女神才会降临到你头上。**

所以，别过分担忧你的竞争对手在做什么。我并不是说不要去竞争，卓越人士都是一心求胜的人。当这些人在跑步机上跑步时，毫无疑问，他们肯定会偷瞄一眼旁边跑者的数据的（承认吧，你肯定这么干过）。但是，卓越人士也清楚地知道，最重要的竞争是与自己的竞争。他们都想提升最好的那个自己。提升最好的自己就要坚持以自己的方式玩整场游戏。作为领导者，我喜欢把人们的思想从竞争中解放出来。

出于这个原因，我特别喜欢米歇尔·格林沃尔德（Michelle Greenwald）在《福布斯》上列的清单，清单上的公司不关注同行业的竞争，但为了获取创新的灵感，他们非常关注大自然或者跟他们完全不相关的行业。日本新干线子弹头列车的设计并不是源自和其他火车系统之间的竞争，而是从蜂鸟长长的尖尖的嘴的空气动力学原理中获得的灵感。魔术贴的发明受到了蓟毛刺的启发。设计公司 IDEO 通过研究 F1 赛车队维修人员的流程，想出了帮助医院的护士站运转更高效的方法。

在我的个人生活中，我也有大量自己很钦佩的朋友，我会向他们请教新的想法和观点。但是我不想和谁比较，也没有任何想击败的对手。我已经明白了一点，**如果你想跟他人攀比，最终就会成为他的复制品。**除了成为卓越的我，我谁也不想成为。所以，花点儿时间，静心、坦诚问自己一个问题：当你评价自己在工作、学校、生活中的表现时，你是在和自己比，还是跟别人比？要想达到卓越，只有一条路可走，那就是忘掉和他人的竞争。

3. 你必须相信你的直觉

当你改变游戏规则时，你会做一些之前未曾做过的事，这是一场全新的游戏。这也就意味着不确定性，它可能让你抓狂，还会有很长时间，你希望有人能走过来，向你证明它是行得通的。但问题是，虽然有可能证明某种方法是行不通的，比如数字不合理、理论有缺陷、产品成本太高以至于无法生产等，但是**世界上没有一个方法能证明某件事情一定行得通，除非你努力让它行得通。**所以，别坐以待毙，等着别人证明你的方法是行得通的。你必须相信你的直觉，做个决定。

当我想起自己是如何释放力量，在佳得乐熬过对成功毫无把握的数月时光时，我会特别感激我卓越的职场教练安东尼·萨莱米（Anthony Salemi）博士，在我最胆战心惊时，他给了我一句很棒的话。他说："萨拉，别担心在变革中你做的决策是否正确，你要做的就是让那该死的决定变得正确！"许多人告诉博佐玛·圣约翰别离开现在的工作跳槽去百事。之后，又有不少人劝她别离开百事。她必须在没有任何证据证明自己正确的情况下做出决定。阿利·韦布得到了大量的关于如何做生意的建议，也许这些建议能让她避免犯一些致命的错误，但最终，她相信了自己的直觉和经验，相信她所提供的服务是有市场的。最强泥人国际障碍挑战赛的创始人威尔·迪安被告知没人会花钱参加一场没有计时的比赛，但他还是坚持做了下来。

改变游戏规则是一段探险之旅，当你探险成功时，才能获得唯一的成功证明。所以，勇往直前，想想你生命中正在发生什么让你很难做决定的事儿，有可能是你想要的一份工作、你想分手的女朋友或者你想买的一套房子，但是你又怕对此做出承诺。无论是什么，继续前行并做个决定，向自己保证，你会让自己所做的决定变得正确！

我写这本书时所采访的每位卓越人士，都必须为他们的卓越计划做出决定，而在做决定时，他们也是完全没有把握的。不过，他们的确有一个秘密武器，我需要和你分享一下，那就是想象领导力和想象追随者的技能！在下一章中，我将为你展现如何运用这些技能来挖掘别人身上最卓越的潜能。

EXTREME YOU

第九章
一个人是不可能成功的

如果利兹·米尔施（Liz Miersch）没有在一次较大的行业危机中面临自己职业生涯的危急时刻，也许我永远没有机会认识她。当时，不仅她自己的工作遇到了麻烦，而且她所在的整个行业都受到了冲击。事实上，米尔施所在的行业处于两个行业的交叉地带，这两个行业被强大的变革力量带入混乱的状态，任何卓越人士都无法凭一己之力做出改变。

米尔施曾是《悦己》(*Self*) 杂志健身版块的编辑。她的职业结合了她对写作、健康和健身的热情，因为这份热爱，她居然成了执证的私人健身教练。但是，正当她在大牌杂志出版社磨炼自己的写作和编辑技能时，她逐渐意识到，纸媒和健身行业正在被新兴的数字媒体平台和新涌现的健身创业公司颠覆。过去，她的职业让她在这两座山峰之间搭建桥梁，但现在两座山都变成了活火山，随时都会喷发。米尔施是一位雄心勃勃的卓越人士，她并没有因为杂志行业在走下坡路，就怀疑自己的职业选择。恰恰相反，她看到了一个职业转机，可以用来磨炼她的新闻知识和技能，让她在这两个迅速发展的新领域的最前沿成为一场变革的推动者。

米尔施很快就打破常规，在参加一次行业聚会时抓住机遇，加入了健身公司 Equinox。Equinox 是运营健身房的，这跟杂志出版一点关系也没有，但是它的 CEO 思想很超前，他已经观察到行业趋势的变化，因此希望塑造内容来支持这个品牌。米尔施加入这家公司时，心中已经非常明确未来可以实现的愿景。

那时候，健身领域编辑出来的内容大多是告诉大家获得 6 块腹肌的 5 个秘诀，再附上一大堆光鲜的肌肉男和修饰得过于完美的女性的图片。这种内容一点也不令人激动，也没有深度，给人一种特别不舒服的庸俗感。米尔施意识到一个还未被发现的好机会，那就是创造一些新的玩法，可以把公司的科学知识与她别致的能触动人心的文字风格结合起来，让 Equinox 变成业界最值得信赖的权威。在米尔施加入公司仅仅 9 个月后，她就运营了博客 Q（Q by Equinox），这是一个以精心雕琢的文字和吸引人眼球的视频为特色的博客，引导和启发读者达到更高的训练水平。

她的方法特别酷，她设法让很多同事参与其中，支持她的新项目。对她来说，独自坐在办公室，告诉自己其他同事根本不懂出版，这样做相对要简单很多。但凭直觉，她知道花时间带着大家和她一起做这件事，从长远来看肯定是有益处的。米尔施找了许多 Equinox 的健身教练和培训师，请他们帮忙扩散她正在为博客寻找精彩故事的消息，这有点儿像广招各路英才，请他们加入她的视频制作中。她是如何激发大家的热情的？健身俱乐部内不同训练水平的教练都会做各种疯狂的动作，并自己拍摄下来，期待有一天米尔施的博客会选用他们的视频。他们发现通过米尔施的博客曝光之后，自己能吸引更多的客户，甚至包括一些网红。不久，全公司的人都对她的努力赞不绝口。

她的团队写的每一个故事、发布的每一条视频，都在帮助 Q 博客在健身和生活方式领域树立权威。在过去那些年里，你是否曾被告知不能吃蛋黄，因为它会增加胆固醇？Q 团队会去研究事实，并击破误解和谣言，用以科学为基础、带有争议性和娱乐性的文章让真相浮出水面。一段跟传统健身行业拍摄的视频全然不同的瑜伽视频，让她的团队收获了第一次重大突破。这并不是典型的工作室里的瑜伽练习者，跟随摄像头，我们可以看到，一位 Equinox 的顶级瑜伽教练在酒店的私人房间的床上表演令人生畏的瑜伽动作，其间她的同伴正在熟睡。这段视频叫作《柔术》(*The Contortionist*)，由于刺激、性感、激励人的内容，它在视频网站上获得了百万次的点击率。凭着这条视频，米尔施和她的团队颠覆了大家对健身内容应该是什么样的传统认识。这次成功的病毒式传播证明他们把握住了巨大的潜在市场需求，引发了一些滑稽恶搞的模仿视频，包括一个穿着紧身裤的超胖男子试图完成这些瑜伽动作，而那条紧身裤穿在他身上明显是不舒服的。

但是即使 Q 博客已经取得了成功，米尔施在公司依然只是一个除了精通杂志和出版，其他什么也不懂的卓越人士。她的团队正在公司内部玩着自己擅长的游戏，但还是有太多潜力没有释放出来。米尔施心里萌生了一个更大胆的愿景：Q 博客可以成为一份独立的电子期刊、一种新的新闻形式的引领者，可以得到一群热情洋溢的读者的拥戴，获得资深的合作品牌的广告支持。然而，每当米尔施思考这个愿景时，她都会提醒自己：要将如此棒的愿景付诸实践，她还有太多东西是不知道的。就在此时，我走进了这个故事，作为 Equinox 的新总裁，我在想我该如何帮助米尔施实现这个梦想，帮助她和她的团队挖掘潜力，做最好的自己。

担任Equinox新总裁，找到让你走得更远的人

现在，等一等，慢着！我知道你在想什么——我不是正在管理着佳得乐这个品牌吗，怎么就身处豪华健身房和健身行业的最前沿了呢？整件事情几句

话就可以简单概括，但也可以说来话长。让我们从短的版本开始讲吧。在这么多年的职业梦想和规划中，我确实没有想到会进入健身行业。但是当领导Equinox这个全球最顶尖、最豪华的健身房的机会摆在我面前时，我突然觉得进入这个行业也挺不错的。在我二十几岁时，会在Equinox一次性消磨几个小时，享受免费的沐浴产品，沉浸在免费的空调中。你们估计还不知道吧，我可是个健身狂人。如果一个二十几岁的人能抵制住纽约晚上各种聚会的诱惑，只为把钱省下来购买健身俱乐部会员卡，你们就能看清，她究竟对健身有多热爱了。更重要的是，当我更加了解这家公司以及它对未来发展的雄心壮志时，我眼前所见的就是一个能玩我擅长游戏的不可思议的机会，因为这是一个特别棒的历练机会，不仅是激励一个小团队，而且要激发一大群高能量的员工，即数以万计的潜在的卓越人士。

当我开启在Equinox的职业生涯时，我有意识地对自己说，我想提升自己的领导方法。在佳得乐，我总是冲在最前线救火，总需要亲自去处理许多棘手的麻烦事，因为我是那个为团队指明方向的人，就像北极星一样。但是，Equinox已经是一家很成功的企业了。在佳得乐时，我面临的是需要扭转颓势的局面，而在Equinox，情况刚好相反。我身处一家已经非常成功的公司，这里聚集着一群非常优秀的卓越人士，这给了我机会让自己变得更加出色。在这里，我遇到的是一个令人激动的挑战：在团队已有的发展前景下，搭建一个更大的愿景。

米尔施对于新型出版物有一种天然的直觉，这只是Equinox的一个例子。另一个例子来自戴维·哈里斯（David Harris），一名在公司干了25年的老员工，他是私教部的副总裁。哈里斯有个想法，他认为健身不仅仅是锻炼，健身的概念比锻炼更广泛。通过他自己的探索以及和很多在这个领域的顶尖科学家的交流，他可以得出这样的结论：如果想要取得高效的健身成果，我们除了需要运动和锻炼以外，还应该关注营养和他所谓的“再造”，即睡觉和恢复。我太喜欢这个想法了。一想到睡眠的改善对我整体健康的影响，与我额外再多做一个小时的锻炼一样重要，谁会对此持反对意见呢？

当把哈里斯的想法和米尔施已经开启的博客项目放在一起考虑时，我瞬间想到，也许我们会引领一场重新定义健身房的重大变革，健身房不仅是你的锻炼场所、获得各方面健康信息的源头，而且是你数字化生活中“总是在线”的伙伴，它能随时随地以高度个性化的方式，为追求健康和健身目标的你提供信息、伴你左右，并庆祝专属于你的成功。卓越人士，例如米尔施、哈里斯和其他员工，已经将他们的个人愿景带到了公司里，他们的愿景激发了我的想象力，我看到了一个更宏大、更大胆、更有力的目标。在这个新领导岗位上，我的工作任务就是：弄清楚如何将所有卓越人士最擅长的事情带到一个更大的愿景中，让我们有机会为整个健身行业创造改变。换句话说，我的领导力挑战在于，如何才能让所有这些伟大的创意变得更宏大、更大胆、更超乎想象。

我们并没有试图抄袭其他新技术领域的做法。我们可以利用自己擅长的游戏，凭借我们所掌握的有价值的知识和经验来塑造一场全新的游戏。当然，为了实现这个梦想，我们需要投资以拓展新的服务技能，例如搭建世界一流水准的技术平台，从而为我们的会员推荐多维度的个性化健身意见。幸运的是，公司早就对此有布局，这要感谢公司的领导们，他们都拥有非常出色的大胆的个人愿景。

回到米尔施身上，关于她的团队、她的成功、她对 Q 博客未来的巨大梦想，在我的办公室里，我们有过多次交谈，我意识到这将是一个重要的机会，可以帮助她做大，甚至比她能想象的做得更大。为什么 Q 博客只能作为一个品牌的内容博客，永远位于母品牌 Equinox 之下呢？如果 Q 博客变成独立的出版物，有自己独立的名字，增加团队的人数，扩展内容的广度和深度，让它吸引真正的付费广告主，让它自筹资金并创收，这样它能独立养活自己吗？

米尔施注视着我的眼睛，告诉我，她可以做到。她和我见过的任何人一样，都坚信是时候向那个“空白领域”采取行动了。她也和我分享了她的疑问和恐惧。那时，她已经拥有卓越的编辑才能，但不是一个全面的商业领导者。她不知道如何写商业计划书，更别提怎么搭建一个财务模型了。当她连半个需要胜任的角色都未曾担任过时，又该如何将这个小小的博客变成一家企业呢？

天呐！那正是我发挥作用的地方，我需要支持她、引导她、帮助她找到顶级的卓越人士，弥补她的不足，组成一流的有能力的团队和她一起冒险。我只要一想到 Furthermore 发布会那天的情形，仍旧会有一丝的激动，那天我们都因梦想成真而激动万分。在 Q 博客独立运营的第 6 个月，团队们就达到了销售目标。对我来说，当看到那种卓越领导力赋能给其他员工，同时让公司的业务走上一个新的台阶时，我感到特别欣慰。这就是我所说的想象领导力。

到目前为止，我主要聚焦在该如何帮助个人来塑造卓越的自己，但请试着换个角度看我给你分享的故事。仅靠个人的力量来塑造卓越的自己是不可能的。我职业生涯的每一步都得益于其他有想象领导力的人的帮助，他们能看出我的潜力、智慧和经验，并帮助我达成目标。即使我并不尽善尽美，也犯了好多错误，惹了不少祸，但他们依然支持我，给我机会证明自己。他们催促我、激励我，甚至当我的梦想还未成形或看起来过于冒险时，他们也总是在支持我。这需要想象力，需要领导力。卓越人士需要既有想象力，又有领导力。

如果领导者意识不到卓越人士拥有的独特专长的价值，不能容忍甚至鼓励他们打破常规和经历失败，那么卓越人士就不可能成功。如果没有想象领导力，卓越人士的想法容易被修改，他们的内驱力会慢慢消失，他们的潜能也会被摧毁。在通往卓越的道路上，领导者和追随者之间需要相互帮助。

一些人工作时只做被吩咐去做的事情，另一些人懂得公司的愿景，他们愿意分享并追随。但还有第三种人，那就是卓越人士，他们在工作时，积极地想象公司怎样才能达成愿景，对此自己能做些什么才能帮助公司达成目标，这也许早已超出了老板或者职位描述要求他们做的事情。如果你是领导者，你的挑战就是去想象如何才能释放这些人的才能，将他们的愿景提升到一个新的高度。

无论你是领导者还是追随者，最重要的就是想象力，但想象力也是时常缺失的要素。创业者经常要求见我，然而他们头脑里有的总是效仿的想法，比如做健身行业的优步或塑造童装的露露柠檬（Lululemon）。那不是想象领导力，只是效仿了已经存在的东西而已。如果你确实想投入到这场卓越游戏中，就必须利用你的专业知识，为人们尚未被满足的需求想象出解决方案。你得充分发挥想象力，引领自己取得更远大的愿景。你还得找到能促使你走得更远的人，让他们围绕在你身边，不断推动你前行。只有这样，游戏规则才能被改写；只有这样，伟大的改变才能发生；只有这样，才是卓越人士的所作所为。

从追随者成长为领导者，社交网站上找我帮忙的陌生人

当我谈到利用想象领导力帮助其他人释放最卓越的潜能时，我指的并不只限于那些担任正式领导者职务的人。有时，一条社交网站上的信息就可以用来练习想象领导力。在社交网站上，戴维·伯斯坦（David Burstein）给我留言说，他读过刊登在《快公司》杂志上的关于我在佳得乐公司经历的文章，他对我在团队里接纳年轻人的方法非常感兴趣。如今，许多人时不时给我发信息，想找工作的、要建议的、寻求指导的、寻求帮助的，但这些信息内容跟我毫无瓜葛，求助的理由也不充分。在某一天一连串的留言中，我很可能一条都不回。那么，是什么让伯斯坦如此特别呢？在众多无意义的信息中，他的那一条是如何脱颖而出，引起我的注意的呢？

首先，我在社交网站上发表了一篇关于新员工的文章，伯斯坦针对我提出的问题，给出了相关并有洞察力的回答。其次，我回复他后，他继续跟我对话，而且很幽默。这家伙很聪明，很有幽默感，他也没有随便向我索要什么。当然，我也用搜索引擎搜了搜他，发现他写了一本关于千禧一代的书，这个话题迅速吸引了我。因此，当他问我能不能共进午餐时，我挺有兴趣见见他的。

在午餐时，伯斯坦听我讲我的经历，也给我讲他的故事。然后他开始描述自己正在做的一件事："为美国竞选"（Run for America）。伯斯坦认为这两件事可以同时做。伯斯坦展现的领导力一下子就吸引了我的想象力。他提醒我，我们的国家是建立在一个愿景之上的，他已经想到了该如何用自己的方式为实现这个愿景做贡献。不久，我就发现他全盘接受并着手实现我刚刚告诉他的设想。他既有大胆的目标，又有切实可行的计划。伯斯坦之所以主动联系我，也是因为希望能认识更多的人，这些人能受他的愿景启发，并帮他将他的想法传播出去。对于我能怎么帮他，伯斯坦非常清晰明了，例如，我可以将他引荐给我圈子里的知名人士，可以给他的战略计划提建议，可以帮他介绍广告公司等。所以，即使我不是一个政治专家，并不懂得所有的技术细节，仍然可以利用我的专长来助他实现他的愿景。

我请伯斯坦也帮我一个忙，帮我想想女性运动组织（Women's Sports Foundation）的战略计划，其实对此他也不太了解，但他马上就同意了，而且还帮了大忙。他不但来到会场，针对我们千禧一代的消费者提供了超棒的洞见，而且前一天晚上，为了让自己快速熟悉女性运动组织的创始人和文化传承，他花了一整晚时间看比利·简·金（Billie Jean King）的纪录片。他对我们的事业充满激情。

在我们见面 18 个月后，就他的创意计划，他已经取得了好几个大突破，因为他从私营企业和政界有影响力的人士中征募了一支非常强大的想象力大军。虽然我拥有佳得乐全球总裁这个正式的头衔，伯斯坦是某个在社交网站上找我帮忙的陌生人，但我们没有什么本质上的区别。伯斯坦展现给我的是：他是一位想象领导者，他知道如何将我的卓越潜能释放出来。

你必须身先士卒，塑造尊巴的行为模式

我似乎更专注于卓越追随者以及他们的需求，但正是通过无私的毫无保留的领导力，领导者才收获了他们最希望得到的东西。我们在某一时刻都会发现，无论你获得多大的权力，无论你如何充分意识到自己的卓越之处，最终，你仅仅只是一位卓越人士而已。你的梦想永远都比单凭一己之力所能获得的更高一些。**你有多成功最终并不取决于你自己有多出色，而在于你能多有效地将他人身上最卓越的潜能释放出来。**

前文提到了尊巴舞的两位创始人阿尔贝托·佩雷斯和阿尔贝托·珀尔曼，他们在公司开始快速发展时就意识到了这一点。佩雷斯是来自哥伦比亚的舞者和编舞人，是他创造了尊巴舞，他也负责培训所有的导师。他对我说："每周末我都需要做培训，一年之中我要飞 30 多个国家。如果我一直都在这样卖命工作，迟早会累死的。我筋疲力尽。后来有一天，珀尔曼告诉我：'你太累了，我们需要其他导师的帮助，这样我们才能突破瓶颈，发展壮大。'"但是，佩雷斯想象不到还有其他老师能像他一样把尊巴舞教得那么好。"我说道：'什么？你疯了吗？你想得也太简单了吧？'因为我觉得找到既才华横溢，又有爱心，还很谦虚的尊巴舞老师，简直是天方夜谭。"

佩雷斯很怕新来的导师对公司不忠诚。他担心这些人不把他当作领导者，或者不赞同尊巴的核心价值观。事实证明，他的担心有一部分是对的。的确有一些新来的导师把自己当主角，对公司提出的要求是连创始人佩雷斯都未曾提过的。他们有些人中途退出了，变成了竞争对手，从佩雷斯那儿窃取了他的方法，想抄袭和复制佩雷斯的尊巴商业模式。

公司不但很难招到导师，为他们的教练提供培训，而且很难找到合适的高管。4 年间，他们招聘了 8 位高管，但其中 4 位已离职。这些招来的高素质的高管们工作很努力，但是尊巴舞的两位创始人却没有办法把他们身上的“卓越尊巴”的潜能挖掘出来。公司里有一位职员从他们俩刚开始进行尊巴舞培训时就加入了公司，从很低的职位开始干，一路升职，现在她主管整个市场部。她成功了，然而那些简历比她更好的高管却失败了。

当佩雷斯和珀尔曼观察与公司契合的导师和高管时，他们发现了一个规律。佩雷斯解释道：“作为一名尊巴舞老师或导师，一点也不容易。他们的生活很辛苦，总是四处出差，还不得不从早到晚都展现自己最好的状态，每时每刻都在表演。任何奔着金钱来的，没有一个能成功，而最后成功的都是那些心系学生、真正关心他人的老师。”早期那些自立门户的导师试图抄袭尊巴舞的模式，迅速获利，但他们几乎就没有成功。那些把学生放在第一位的导师取得了巨大的成功，也变成了教练群体里的重要领导者。公司现在拥有 150 名特别优秀的导师，他们已经训练了一支数量可观的教练队伍，而这些教练每周为 1 500 万人上课。

公司 CEO 珀尔曼告诉我，他以前不相信企业文化，但是随着观察到这些趋势，他不得不重新审视这一点。他说道：“之前我不理解为什么企业文化那么重要。一些商界人士谈论文化、文化、文化，那究竟是什么意思？在办公室里摆一张乒乓球台？为大家提供免费的冰激凌？我认为这些不过是商业课本里的无稽之谈。然而现在，我意识到人们可以很有才华，但是如果他们不适应企业文化，他们在你的公司就无法取得成功。这让我懂得了，如果我们要雇用一位 CMO（首席营销官），他的简历上是否拥有丰富的经历并不是最重要的，因为万一那个人不像我们一样关心我们的教练、我们的尊巴社区以及我们的品牌，一切都白搭。”

这两位创始人开始转变他们的招聘方法，现在他们着力于组建一支认同他们公司愿景，同时又是卓越人士的团队，这些人凡事都能从尊巴舞的目的出发，也就是传递快乐和幸福，并让他们的教练更成功。为了支持他们的团队，他们开始在自己的日常行为中塑造尊巴的行为模式。当一位教练出差来参观位于佛罗里达州的尊巴总部时，珀尔曼会努力做到这一点：亲自去欢迎这位教练，并带领他参观总部办公室。他告诉我："我停下手中正在做的事情，向教练询问我们该如何做得更好，以便能改变更多人的生活。"在总部，他的一些下属反对这个做法，他们不理解为什么珀尔曼要中断会议，只为见一位普通的教练。珀尔曼希望表现出公司是把教练放在第一位的，就像公司希望教练把学生放在第一位。他对我说："你必须身先士卒。"

结果如何呢？佩雷斯现在非常满意，他能信任这些导师和高管，并将他毕生钻研的尊巴方法传授给他们。"我感到特别开心。"他说道。当他帮助别人将自己的卓越潜能释放出来时，他获得了成就感，也感到了快乐。

最终，重要的并不是领导者利用追随者，也不是追随者利用领导者，而恰恰应该是双方都受益的互利关系。早在 20 世纪 80 年代，人们就意识到转变观点的必要性，德鲁克就曾说过："雇佣关系的职场上，组成雇员队伍的重心正在由手工工人和行政员工向知识型员工转变，这来自他们对百年前从军队中沿用到商界的命令—执行模式的抵制。经济也决定了这种转变，特别是大型企业正在谋求创新和业务拓展。最重要的一点是，信息技术也要求这种转变。"创新总是如此急迫，信息渠道也越来越通畅，卓越领导者需要卓越追随者，需要他们独立地处理更多的信息，并用他们的想象力判断和利用这些涌入的信息。

对我来说，作为一名大型跨国企业的领导者，我与其说是在指挥一支军队，不如说是在塑造一支"最强泥人"的团队，因为最强泥人国际障碍挑战赛的赛道不是一个人就能征服的。作为领导者，当我要搭建自己的第一支团队时，我必须使出浑身解数，"威逼利诱"地游说朋友和同事，把他们召集起来，我们一起摸爬滚打、面对困境，因为一起工作而感到触电般兴奋。每一个被我催逼加入团队的追随者（有时加入团队并非他们所愿）都是带着全然不同的恐惧心态进入角色的，但他们还是会加盟我的下一支团队，因为这真是太好玩了。我们所有人都觉得好玩！我的成功离不开这群忠实的追随者，我猜如果不是我催逼他们加入，也许他们永远都不会收获这种体验。制定愿景的领导者需要理解愿景的追随者，从而组成一支有想象力的团队，他们愿意挺身而出，用热情、活力、忠诚、创造力、坚持不懈的态度来支持领导者实现愿景，同时，追随者也需要领导者的支持和保护。没有其他人的帮助，一个人是不可能获得成功的。

互相帮助的最高境界

不仅仅是领导者和追随者才能互相帮助对方，将各自的卓越潜能释放出来，一些最有影响力的想象领导力也存在于那种平等的伙伴中间，他们互相促进、激励、支持，从而实现他们最大的抱负。在我的职业生涯中，我能想到的最亲密的朋友，许多都是我在高中时就认识的，当我面临重大的人生选择时，他们会给我提供独一无二的重要意见。我最要好、最珍贵的闺蜜兰达·阿巴西（Randa Abbasi）在我 9 岁时，就开始敦促和激励我了。我们的生活和工作领域全然不同。阿巴西是一位世界上最棒的职业理疗师，她那非同寻常的温暖个性总会激励人们发现力量，度过人生中最艰难的时刻。我生活和事业中的每一个重要时刻，她都在我身边。不论是经历事业的高峰，还是让人崩溃和令人尴尬的低谷，只要我需要她，她都会不远万里来到我身旁。她对我非常了解，再加上她丰富的人生阅历，当我想不清楚事情的时候，她总能给我带来全新的建议。

另一位非常优秀、总在启发和激励我的是萨姆·珀金斯（Sam Perkins），我过去总叫她“领航员”。珀金斯是最特别的、拥有自由意志的嬉皮士，她内心充满爱和对世界的关怀，跟我这个致力于塑造卓越的自己的进取心十足的人完全不一样。但是，我们俩因为各自不同的特点而相互吸引，我从和她建立的友谊中成长了很多，远远大于我当时所意识到的。她教会我，**做一个“人”比做一个整天忙于“做事的人”更有意义。**令人悲伤的是，她年纪轻轻就去世了，但在她 33 年的生命中，她比很多年长她一倍的人更清晰地了解我们生存的这个世界。当心里有事反复琢磨时，我会问自己“萨姆会怎么说”，我总能找到答案。

除了拥有很多好朋友，我还有很多导师。似乎在每份工作中我都能找到自己的导师，而且他们会是我终身的良师益友。诺姆（Norm）和托尼（Tony）多年前在新西兰航空公司就一直关照我，直到今天当我在事业或商业的重大决定上犹豫不决时，他们仍然会耐心地花时间听我在电话里倾诉。另外还有佳得乐的达穆尔、Equinox 的斯科特和拉里（Larry）。他们都是充满智慧的人，曾经也遇到过我面临的这些挑战，当我最需要时，他们给我勇气跨越风暴，当我没有全力以赴时，他们会直言不讳、坦诚相告。

再往下说，我想起了我的兄弟姐妹，在我心中，他们就像一支棒极了的团队，我一直提醒自己不能辜负他们。当我还是个孩子时，我的内驱力来自我希望让整个家族以我为荣。我的大姐安娜（Anna）回忆道，当我们还是孩子时，我们被告知：“记住，当你走出这个家时，你代表着整个家庭，所以别让自己人失望！”

大约 12 岁时，我从妈妈的钱包里偷了一些零钱。虽然妈妈已经警告过我好多次，不能跟一个女孩儿一起玩，但我还是跟她一起去电子游戏厅玩《太空入侵者》（*Space Invaders*）游戏。安娜知道后警告我，我让家族蒙羞了，我辜负了大家，破坏了她对我的信任，这需要很长时间才能恢复。句句扎心呐！她知道怎么让我良心不安，从那以后，我整天在家里勤快地帮忙，终于赢得了妈妈的信任，我再也不想有那种内疚感了。和妈妈在一起时，“别让自己人失望”更像是做对的事情和别惹祸，然而，和爸爸在一起时，更像是努力学习和好好表现。在每个学期结束，拿到学校的成绩单后，我们会被叫到我爸爸在家里的小办公室里，他会帮我们检查分数，回顾我们付出的努力。如果报告中老师的评语里显示出我们松懈、不认真，他会严厉地教训我们，提醒我们别荒废机会。我猜每个家庭都有自己的方法，用来谈论不良的行为举止和不努力的情况，把家庭看作一个团队会让所有家庭成员有一种荣辱与共的感觉。我们会知道自己是一个独特家庭中的一分子，这个家庭总能给身边的人带来欢乐，我们每个人都特别幸运能成为其中的一分子。这也让我有了一种真正的责任感，想着身为家庭的一员，得按照家规为人处世，不能给家人脸上抹黑。

即使当我独自前行，处在最糟糕的境遇时，我也知道自己所有的支持者都会倾听我的内心、给我建议并关心着我。同样，作为回报，我也会帮助他们从挑战和困难中走出来，对我来说，这样的经历也一直让我受益匪浅。有时，他们帮助我将最卓越的潜能释放出来；有时，我也会尽全力帮助他们塑造卓越的自己。

当我谈到互相帮助的最高境界时，对我来说最重要的人莫过于我的丈夫利亚姆。我的职业生涯是建立在愿意为了获取成功而采取一切必要的突破行动的基础上的，我特别幸运地找到了生命中的另一半，他愿意帮我获得成功。从我们在一起的第一天起，到我因被维珍大卖场解雇而陷入绝望，再到生完加比所面临的危急时刻，他一直都在帮助我。当时佳得乐的生意一落千丈，照顾新生儿、带领我的团队以及兼顾其他家人让我应接不暇，可利亚姆一直在我身边，从精神上支持着我。他相信我，特别有耐心地容忍我，哪怕我需要几小时、几天甚至几个月都在自己的圈子里转啊转，想弄清楚究竟该如何应对这些巨大的挑战。跟我这样一个卓越人士结婚真的很难，因为我这种人总是受到最棘手挑战的吸引。但是，利亚姆孜孜不倦地努力，毫无疑问地成为我们家朝着一个方向共同前进的秘密法宝。

在我们结婚前，利亚姆和我就已经意识到，我是更适合在事业上打拼的那个人，而他特别适合做“家庭煮男”，一切家庭琐事都归他管。从安排孩子们年度计划的每一个细节、参与学校社区活动，到给孩子们洗衣、做饭、喂水，再到应对家中的紧急情况，利亚姆总会冲在最前面。利亚姆回归家庭做我的坚强后盾后，他将我身上最卓越的潜能激发出来，让我更专注在事业的打拼上，同时，我也让他实现和担任了我们的父辈想都想不到的一种父亲的角色。他将他的经历发表到了《赫芬顿邮报》(*The Huffington Post*) 上：

> 我正在开辟一条新的道路，一条让男性达成卓越成就的道路，但是我从没觉得自己的选择特别激进。我的选择是很合逻辑的，萨拉显然比我更看重事业。因此，无论从个人情感，还是从财务上讲，我们改变男主外女主内的格局是合情合理的。我感谢我的父母对我的支持，让我在成为“家庭煮男”后没有经历男子气概的危机。我母亲是一位女权主义者，在我们这些孩子长大成人离开家之后，她下海经商了。我的父亲很支持她，他开始学习打扫房间和烹饪。但是直到我母亲 80 岁生日那天，我才意识到对于她的两个儿媳妇在外打拼事业，而自己的儿子们却待在家里的事实，她感到同等的骄傲，因为这样她仿佛就有三个女儿在职场上打拼了。

我深知利亚姆为了我们的家付出的辛勤劳动和做出的牺牲。所以，每天早上起床时，我都下决心要呈现出自己最好的状态，这样利亚姆和孩子们才能受益。我们俩都是想象领导者，将彼此的卓越潜力都释放了出来。

最近几年，利亚姆和我结识了安妮-玛丽·斯劳特 (Anne-Marie Slaughter) 和她的丈夫安德鲁·莫拉维斯克 (Andrew Moravscik)，他是一位“家庭煮男”。斯劳特写过一本书《未完成的事业》(*Unfinished Business: Women Men Work Family*)，书中讨论如果夫妻双方和家庭都要茁壮成长的话，我们必须将外出工作和照顾家人的工作视为同等重要的事。她建议，是时候“停止讨论工作和生活该如何达到平衡的话题，而开始讨论大家对居家工作的人的歧视态度了”。用卓越人士的话来说，如果我们想让所有家庭成员都发挥出他们最卓越的潜能、塑造卓越的自己，我们就必须一起提供彼此所需的支持和关心。这要求我们的社会更加重视居家工作的价值。

【突破行动·如何练习想象领导力】

我们已经迈入有史以来变革和创新的最好时代，无论是一个独立的个体、公司还是国家，都需要保持竞争力，为此我们必须将自己最卓越的潜能释放出来。我相信，练习想象领导力、让所有卓越的潜能发挥出来是我们的职责。每一个卓越人士都将在自己的职业生涯里多次既扮演领导者，又扮演追随者。到现在，我依然每天练习这两个角色，但不论是扮演哪一个角色，我都采取一样的方法。

1. 想象未来

卓越领导力从想象开始，想象世界上可能存在但还没出现的伟大、高贵、有趣或必要的事物。也许你是一个大型组织的领导者，你需要攀登一座新的更雄伟的高山，也许你是一个优秀团队的一员，需要想出解决问题的更好的方法，无论你遇到的是哪种情况，都需要有一个愿景，但是你怎么能做到呢？答案是运用你的想象力。我记得我还是个孩子时，我的哥哥姐姐总喜欢笑话我，因为我有一个假想的朋友，她叫萨莉（Sally）。全家都知道萨莉是谁，甚至知道她爸爸什么时候在出差。当我看见自己的孩子也开始玩同样的游戏时，我特别开心，因为他们正在培养自己的想象力。想象力是一个神奇的工具，今天的我明白，正是因为这份想象力，我才有机会经历非同寻常的职业生涯。

开始想象未来时，你必须从深入了解你正在做的或关心的事情开始，然后环顾四周，寻找可以激发你思考的想法、文化变迁、新突破或新技术。当你把两者结合起来时，会惊奇地发现，你将会开始生动地想象，想象你希望成就的事情以及你是如何将其实现的。你一定要花时间，把目标想想清楚。一旦你在脑中看到自己的愿景，就要充满激情地把愿景清晰地讲出来，招募其他有想象力的人，与他们分享你的愿景，请他们加入其中。

2. 主动做事

不论你是领导者还是追随者，都要做一个追求愿景的人。大多数情况下，你不会成为领导者，如果你不是一位领导者，仍然有机会成为德里克·西韦尔斯（Derek Sivers）所说的“第一位追随者”，也就是带着勇气，用实际行动追随一位有愿景的领导者。如果你已经是一位领导者，别担心你的团队太小，你不需要让每个人都立刻跟着你干，因为如果你带领一小群卓越人士取得了一个巨大的成功，整个文化就会随之改变，其他人也会尝试成为你卓越成就中的一部分。每一个伟大的领导力故事都是从一个追随者开始的，然后是一群追随者，最后是一场运动。你会比较容易辨认那些早期的追随者，抓紧他们、支持他们、捍卫他们，因为他们的激情具有很强的传播力。

如果你是一名追随者，请记住成为领导者的方法是：主动做事，别等到被告知做什么才采取行动。也许你主动采取行动只得到一枚微不足道的奖章或一点点的加薪，但是如果你总待在原地，做自己日常的工作，升职、转机以及突破性想法是绝对不会落到你头上的。

卓越人士总是在寻找机会主动做事。他们可能会主动要求去做会议记录，主动在暴风雪来临的时候帮助现场运营团队清理场地，主动将会议、计划或者人脉关系整合在一起让整个团队都能受益；或者直接去做任何需要做的事情，而且比任何人都完成得快。他们之所以这么做，是因为他们理解团队的愿景，看到了团队努力前行的方向，希望团队能领先一步。每一天，他们都在寻找机会和他们的团队协作，观察有没有一个更好的办法或者一个潜在的机会达成愿景。但是我想说明的一点是：这类卓越人士之所以这样做，并不是为了引起别人的注意或者升职，当然也不会因为投入更多的时间和精力在工作上而要求得到更多的报酬。他们之所以这样做，是因为对整个团队来说，这就是一件正确的事情。我知道所有额外的努力和积极行动最后都不会白做，因为在这个过程中，你收获了大量的经验。

3. 远离恐惧

与将别人身上的卓越潜能释放出来相反的做法就是，让别人感到害怕。只要有人开始暗示冒险是会受到惩罚、老板会失去耐心，或者所有旧规矩都必须要不折不扣地执行，那么想象领导者和追随者之间的合作就会土崩瓦解。这种情形在世界各地的公司中都有发生，整个公司都充满了恐惧。我见过的最高效的领导者，他们会用好奇心来减轻恐惧，他们总是在寻找未知的领域，奖励那些创新者。当然，所谓领导者，我指的是任何一位正在追寻愿景的卓越人士，无论他正式的职位是什么，这都无所谓。

4. 要保驾护航，但工作永远不会做得足够好

当你成为一个领导者，当你正竭尽全力将其他人身上的卓越潜能激发出来时，你最重要的角色是作为一名导师和支持者。如果你看中其他人的卓越技能和经验，就得让它们发挥出来。别对他们指手画脚，也不要强迫他们做事，或者试图告诉他们该如何做工作。一旦你那由卓越人士组成的团队开始工作，并朝着富有产出的目标前进，就放手让他们玩自己擅长的游戏，让他们自由发挥吧。看到别人有想法，并可以比你能想象的更好、更出色地实现这个想法，这将带来世界上最有价值的回馈感。

不过，这并不意味着消极地等待团队来交付工作成果。**你的职责是在支持他们想法的同时，以最严格的标准来要求他们。**当这群人和你一起工作时，你必须同时做两件完全不同的事情：清晰地告诉他们你的愿景以及

你对他们的期望，但同时也要非常明确地让他们知道，无论他们的方法对你来说有多新奇、有多不熟悉，你都将支持他们，并且一路保驾护航直到最后取得胜利。这不是一道成为严肃派还是温和派的选择题，卓越人士需要两者兼备。

当我在为这本书收集素材时，我有机会和前文谈到的心理学家安杰拉·李·达克沃思讨论领导力的话题。达克沃思一直在研究坚毅是如何帮助人们成功的。我请教她是如何培养自己科研团队的坚毅品质的。她告诉我："对于那些在我手下工作的人，我对他们的要求极高。他们知道如果他们选择来为我工作，他们的工作永远不会做得足够好。他们永远别指望我对他们写的科学论文初稿说：'非常好，我们完成任务了！'他们会从我这里得到大量关于如何能做得更好的反馈，所以我们每个人都在不断进步。但是，当你选择为我工作时，你就是我这个大家庭的一员了，我将为你做任何事情。如果你在凌晨两点需要我，直接打电话。如果你需要 40 封推荐信，我会为你写的。我会把你介绍给任何一个我认识的人。你要让他们知道，你既是要求高的领导，也是一个全力支持他们的人。"

5. 组建最棒后勤团队

这是我给职场新人的一条最重要的建议：确保找到真正强大的合作伙伴和导师，他们要能帮你处理你搞不定的事，他们要会督促你并告诉你哪里做得好，哪里做得不好。你需要倾听如何才能做得更好的实话，去感受你的导师们对于你会成功的那种信心，体会到他们会一直陪在你身边做任何事来支持你。不管是朋友、家人、伴侣还是导师，卓越人士至少需要几个跟他们关系特别紧密的人，这些人愿意分享其他人不会和你说的真心话，无论是你做得好还是不好。这才是卓越支持者。

关于失败以后该如何做，我写了很多篇章，但是你成功以后该做什么呢？答案太简单了：和你的同伴去庆祝，好好享受这个巨大的成功！但是庆祝完了以后呢……下一步干什么？在最后一章，我们将一起来探索，当你的想象领导力已经取得成功，胜利已经属于你，卓越人士周期又重新开始时，你该做些什么？

EXTREME YOU

第十章

永远没有终点线

很久以前，耐克有句广为流传的经典口号“世上没有终点线”（There is no finish line），我花了好多年才完全理解它的含义。我们容易只盯着目标，想象一旦我们实现了目标，一旦攀上了顶峰，就会满足于自己“目标已达成”的状态。但是一旦成为卓越人士，就将永远是卓越人士。达到顶峰只会扩展你的视野，让你看到更多新的高山，而你会蠢蠢欲动，想去征服它们。我在佳得乐就遇到了这种情况。我们已经互相激发出各自的潜能，赢得了巅峰体验，改变了游戏规则，这些成功让我看到了其他带有自己独特风景的高山。我原以为自己可以舒舒服服一直待在佳得乐已取得的优异成绩里，但是我想要更多，我发现自己必须重新开始。

许多我很崇拜的人，他们已经取得了非常瞩目的成就，他们以前也有过类似这样从头再来的经历，我对此有些惊讶。为了这部书稿，我采访了很多人，最让我激动的是对美国前国务卿康多莉扎·赖斯的采访。遇到她，我真是撞了大运，我们俩同时受邀在一个会议上就女性在体育界中的机会发表演讲。在那天的会议上，赖斯是开场的主讲嘉宾，能在她之后的小组讨论中发言，我觉得特别荣幸。她有力的言语吸引了我。她谈起了自己的生活经历、一些让人难以置信的故事，她还对年轻人说了很多鼓励和令人深思的话语，这让我意识到赖斯本人就是一位终极的卓越人士，我下决心必须想办法把她写进书里。

做出新选择，
从钢琴专业的失败者到美国国务卿

赖斯上大学时遭遇了一次重大转折，这使她迈入了辉煌的政治生涯，而这个转折需要她以一种深刻而痛苦的方式突破自我。当初，她上大学时可没想过要从政。事实上，她曾是且现在也是一位技艺精湛的钢琴演奏者。她告诉我："我主修钢琴，直到大三时，我发现自己永远都不会有机会在卡耐基音乐厅演奏，因为我的天赋不够高。于是，我决定换专业。我真是太幸运了，我误打误撞走进了由约瑟夫·科贝尔（Josef Korbel）讲授苏联事务的教室。他是美国历史上第一任女性国务卿马德琳·奥尔布赖特（Madeleine Albright）的父亲。我受到了深深的吸引。当我了解了越来越多美国以外的世界的知识后，我对苏联和国际政策的兴趣油然而生。我总告诉人们：'如果你想知道如何能当上美国国务卿，那你得从一个钢琴专业失败的学生开始。'"

我被她最后说的那句话深深打动了。但是，试想一下她在大三时的感受，她慢慢感到自己不够优秀，而且也没有机会可以变得更优秀，她再也没有机会实现自己的梦想了，而那个梦想一路支撑着她到大学主修钢琴专业。虽然在钢琴方面也获得了一些成就，但就赖斯自己内心的愿望而言，她依然觉得自己是个失败者，她再也没机会去卡耐基音乐厅演奏了。

现在试着想象，她这样一个失意的年轻的钢琴专业学生，虽然心中没有任何计划，却又和一帮仍然朝着自己的音乐梦想前行的音乐专业的朋友们泡在一起。我敢肯定的是，后来在她新热爱的国际政治专业的学习中，在为赶上其他学生而努力的时候，赖斯体会到了“痛并快乐着”的感觉。我也能想到，在转变之初，她该有多痛苦。她放弃了自己的梦想，准备从头再来，但是该做什么？她根本不知道。赖斯在那时只是一个“钢琴专业的失败者”，正如她所说的，她选择承认残酷的事实，但没有一个清晰的前进方向，只能漫无目的地在不同的教室之间穿梭。

其实，那就是突破自我的时刻。在那个时刻，你在一个领域已经取得了成功，毕竟，照任何人的标准来看，赖斯都已经是一个相当出色的音乐家了，但是**当你向前看，看到自己即将前行的道路，发现自己永远都到不了想去的地方时，你就需要做个选择。**也许，你觉得对前面的道路还算满意，即使跟你所梦想的差那么一截；也许，你已经拥有新目标可以为之奋斗，而且未来或许会取得更大的成功。但如果不是这样，如果你还能释放更多的潜能，塑造一个更加卓越的自己，那就到了该下车的时候了。是时候放弃你之前的成功，去经历真正的“不舒适”了，因为这是唯一能激发你再次成长的道路。这也是发挥个人想象领导力的极致做法：当你发觉你不能满足于自己预见到的前景时，是时候设定一个新的愿景了。接下来，你要激励自己去实现这个新的愿景，在这个重塑全新自我的过程中，你会感到困惑、痛苦和不确定性。

打破旧习惯，进入轻微不适的状态

这 20 年来，每周有五六个清晨，我都会跑 8 千米。我知道对一些人来说，这很难得。他们会说：“她太棒了，居然能每天都跑 8 千米！”但是对我而言，跑了这么多年，我完全适应了这种运动方式，跑得很舒适，跑步已经不再是一个挑战，也已经不再能让我更加出色了。重复那个千篇一律的跑步习惯让我没有机会经历改变，无法感受自己肌肉的变化，也无法跑出个人最好成绩。每天的跑步也就是跑跑而已。

当我开始担任 Equinox 的总裁时，我决定弄明白这家公司存在的意义是什么以及它为会员提供什么服务，于是，我办了健身会员卡，让 Equinox 来指导我的健身训练。在家附近的一个 Equinox 俱乐部，我遇到了一位特别棒的健身教练凯文·埃尔南德斯（Kevin Hernandez），我开始跟着他训练。我第一次去上课时，对于自己的晨跑和健身水平感到无比自信，我接受了恐怖的体脂检测和功能性运动检测，但结果让人羞愧，满分 3 分，我得了 2 分，我马上虚心起来，准备倾听教练的指导。埃尔南德斯让我懂得哪些是跑步能帮助我的，哪些是它帮不了的：虽然跑步让我的大腿非常强壮，但是我的腘绳肌毫无力量，至于上半身的力量，我简直乏善可陈。他建议我一周中停掉几次跑步，改为一些功能性运动训练，由此打破我的旧习惯，给新习惯腾出空间。

第一个月，简直就是巨大的疼痛训练。我还清晰地记得第一次滚泡沫轴，当你还不习惯它的时候，它就像一种中世纪的酷刑。即使是做开始正式训练前的热身运动，我也觉得简直像要把我杀了一样。我需要把那些讨厌的小小的弹力带缠绕在我的腿上，做各种各样的动作，然后每晚步履蹒跚地回家，第二天醒来后感到巨大的肌肉疼痛。

之后，我把普拉提增添到我的训练日程里。我的普拉提教练谢里尔·蒂勒斯（Cheryl Tiles）简直太出色了。如果你曾经见过普拉提健身教室，就会明白那些机器看起来就像千奇百怪的酷刑装置，毫不夸张地说，它们令人望而生畏。即便如此，课程本身棒极了，有很多拉伸和力量训练，你会发现一些原本不知道的极其微小的肌肉群，它们疼起来时甚至比那些你早已知道名字的肌肉更要命。

我还学会了新的恢复方法，比如更好的拉伸、更有规律的睡眠，我在改善自己的营养方面也进步不小。我决定放弃自己坚持了 20 年的饮食习惯，也就是无糖可乐配冷火鸡肉（那真让人头痛），同时，我也清理了办公室抽屉里的糖果。我的目标是，像管理我的事业一样管理好我的身体。一段时间后，我就感到了巨大的变化，每天我都觉得自己更加精力充沛了。虽然我的体重没有变，但我的体脂率降了 3%。而且，更棒的是，有史以来我终于从头到尾征服了健身房里的整套攀爬架。这次新的训练经历提醒我，当你想塑造卓越的自己时，你身上总会有更多的潜能可以释放出来。

我在健身房的这段经历已经在一项提高认知能力的科学研究中得到了证实。研究表明，大脑可以通过训练得到改善，但是这是一项很严格的挑战。这里有一个例子：一些从未玩过俄罗斯方块的人被找来作为科学家理查德·海尔（Richard Haier）的实验对象，科学家让这些人接受了几周该项游戏的培训。这些研究对象在大脑皮质的活跃度、葡萄糖的利用率和大脑皮质的厚度上都增加了，这意味着产生了更多的脑神经连接或者掌握了更多新技能。然而，一旦他们熟练精通了这项游戏，他们大脑皮质的厚度就会变薄，活跃性也会降低；他们的大脑运转得更高效了，但认知的能量会被分配到其他地方。训练对改善大脑是有效的，但必须是新的有挑战性的任务才行。

安德烈亚·库斯泽维斯基（Andrea Kuszewski）在《科学美国人》（*Scientific American*）的博客上总结了他的研究，他解释道："当认知出现增长时，效率并不是你的朋友。为了让大脑持续创建新的连接，充满活力，一旦你在做某件事情时已经非常熟练，你就需要持续努力，向下一个目标发起挑战了。你要处于一种持续的轻微不适的状态，通过努力，勉强才能完成你想要做的事情。"无论是在健身房还是在职场，无论是在生理上还是心理上，只要你愿意突破自我，尝试新的方法，再次痛并快乐着，你就可以重塑一个更好的自己。

创造性破坏，从"虎爸"教育出的学霸到跨界艺术家

我不得不说，要像上文所述的那般生活需要勇气，不仅需要每天自我鼓

励，而且需要强大的复原力。这是我从好朋友阿姆里塔·森（Amrita Sen）身上感受到的。我之所以会认识她，是因为她嫁给了一个我在维珍大卖场的低谷时期认识的一个关系特别好的同事，在生活中我们也变成了好朋友。我第一天遇到森时就在想，天呐，我想变成她。她才智过人，非常有创造力，做事时不说半句废话，直接将事情搞定。你也许在想，在维珍开除我之后，所有维珍大卖场的同事可能都在幸灾乐祸，但是好朋友是那种不管你有多糗，都会毅然和你站在一起的人。在我经历的最黑暗的没有工作的日子里，森和她的丈夫拉维（Ravi）总是向我伸出援手。所以，对我来说，作为森的朋友，当看到她在职场上转型，并在之后的生活中取得意想不到的成功时，我真是开心极了。

森童年时的梦想就是凭借自己的天赋做一名歌手、音乐家和视觉艺术家。她在新泽西州长大，9 岁时，她的素描和油画就已经非常出色了，同年，她还回到印度的加尔各答学习印度音乐，在那儿她有许多亲戚都是歌手。她的姨妈是一位家喻户晓的印度传统表演艺术家。森还学习了西方古典唱法，特别是歌剧，她能将印度的音乐风格和西方的古典音乐独特地结合在一起。在节日和宴会中，她会演唱宝莱坞的歌曲，甚至还录了唱片。她告诉我：

> 我从小就知道自己是一个非常棒的歌手，我能很自然地用我的声音来表达想法，其他人却无法做到。但是，我不知道如何利用这一点来搭建我的事业。我的家族里也没有一个人了解美国音乐圈的复杂关系，我们对相关的音乐业务也是一窍不通。

但是，森的父母要求她在学业上优秀，甚至要求她对音乐和艺术也样样精通，并且避免犯错。“无论是唱歌、画画还是我做的其他每件事，都被要求达到完美，专业知识和细节同样重要，最后，这些对我而言都变成了技术上娴熟的工作。但是现在往回看，小时候，我从未得到创造性的启发。”

她拿到沃顿商学院金融学学士学位，开始为投资公司高盛工作，再后来她在美国医院公司哥伦比亚分公司的 CEO 办公室工作，与此同时，她申请了哈佛商学院。她说："我其实真的不知道为什么要重回商学院，特别是从沃顿毕业之后，但是我的父亲总希望我能进哈佛，我想我做这件事最重要的原因是希望父亲高兴。"

然而，从哈佛毕业后，她决定不在金融圈里干了。她说："金钱对我来说一直都很重要，但是我必须找到一条能将我的创造性才能和商业背景都派上用场的职场之路。"

在洛杉矶，拉维获得了一个在娱乐行业工作的机会。森觉得，如果她不能搞艺术，那她至少可以为艺术家工作。不久之后，她就开始为一家代理视觉艺术家和歌手的经纪公司工作了，这家公司代理的歌手包括碧昂丝（Beyoncé）和格温·史蒂芬妮（Gwen Stefani）。后来，她还作为独立的品牌宣传代理人为一些明星服务，服务对象包括 50 美分（50 Cent）和 LL Cool J。从职业上来讲，森取得了巨大的成功，她为娱乐圈里最知名的明星工作。可是就个人而言，她服务的对象都在构建富有创造性的、成功的生活，而这正是她放弃的，她很悲惨。

她说："和这些艺术家如此近距离地工作，我的感觉如何？糟透了，就像在监狱里待了 10 年。"她专注在如何让客户更成功，专注于组建家庭，但是当她的两个孩子稍微大一点时，她感到"太糟糕了，就像已经死了一样。我赖在床上不起来，可以连续好几个月每天睡 18 ～ 20 个小时。我老公说：'你到底是怎么了？'我意识到如果我继续这样，将会伤害到我的家庭和孩子"。

森找到一位精神病学家帮助她唤醒她过去的艺术生活。她说："他帮助我释放了更多的创造力。在我们家有一个空的衣橱，那是我放簧风琴的地方。我重新开始唱歌和作曲。在衣橱里，每天我会练习两个小时。拉维有时会进来问：‘你为什么要练习呢？’我对他说：‘我也不知道，反正我就是必须这样做。’”

对森来说，她觉得回到音乐和绘画的世界像是一种药物治疗，它像一粒药丸可以让她在余生正常生活。她一般会在小范围内告诉别人她是一名歌手和音乐家。当我第一次去她家参加聚会时，我见到了钢琴，我记得那天晚上晚些时候，她唱了几首歌，我当时想：“哇，我不知道她是如此有才华！”即使她只是在和朋友们的私人派对中即兴演奏和演唱，她声音的质感也比我们任何人曾经听过的都更出色。

那时，她已经开始和其他印度音乐演奏家一起即兴演出了。一天，通过音乐圈的一个关系，她得知著名印度作曲家 A. R. 拉曼（A. R. Rahman）正在找歌手们试唱歌曲，包括已被提名奥斯卡奖的电影《贫民窟里的百万富翁》里的歌曲。在此之前，森一直坚持每天练唱两个小时，她的嗓音越来越好。试唱的人特别多，有男生也有女生，森也在其中。后来，拉曼的经理打电话来说，他已经听了森的歌唱磁带了。

“拉曼只有一个问题：你是一位职业歌手吗？”

森告诉他：“我曾经是。”

在小范围朋友圈里演出了这么多年之后，森受邀在奥斯卡颁奖典礼上为全球 3 600 万观众演唱。我的天呐！我的意思是，没有什么能比直接从自己家的客厅唱到世界的大舞台更令人惊叹的了。我真的特别想知道森对此有什么感觉，是前额满是汗珠、紧张得总想去上洗手间，还是和我一样，遇到这种事情时会因为过度紧张而呕吐不止？

她回忆道，当时她异常平静。“在我内心深处，这是一件具有重大意义的事。如果我知道这件事会改变我的生活，也许会感到更加紧张。我只是在想：当我上台演唱时，必须要展现非常好的专业技能。这跟我小时候遇到的情况一样，我必须展现很强的技术能力，否则我会遇到麻烦的。要改变那些习惯太难了。”但是在演唱她喜欢的歌曲这件事上，曾经那些单调沉闷的训练恰好助了她一臂之力。森在奥斯卡上的表演棒极了。这次成功让森赢得了和作曲家拉曼更多的合作机会，包括她最爱的一个古典音乐会，由拉曼指挥洛杉矶爱乐乐团，两万多名观众在现场聆听了森演唱印度歌曲。

森终于实现了长久以来一直被自己否定的雄心壮志。她唤醒了自己从小就是世界一流歌手的意识。她重塑了自己。但是，这还不足以改变她的人生。拥有非凡的天赋，通过高强度的练习来拓展自己的才能，这些还不足以重塑她的人生。打破常规，奉献一场大获成功的演出，甚至一连串成功的演出，也不足以重塑她的人生。当掌声消失后，她又重新回到了生活原有的轨道上。

她告诉我：“不同的人对待高光时刻的反应也不同。奥斯卡颁奖典礼结束后的周一，我计划要搭乘飞机去见一个很重要的零售连锁店客户。我给我的客户打电话说：‘听着，我刚在奥斯卡颁奖典礼上演出了，我想花点时间和家人一起庆祝一下。’然后客户说：‘是的，我看到你在奥斯卡的舞台上了，但那又怎么样呢，你上不上飞机？’这位客户毫不在乎，这简直太可怕了。最后我当然还是上了飞机，穿着那身灰色的制服。我压根儿就没胆量辞职。”

拉曼回了印度，森也回到了从前的生活，继续代理其他社会名流的品牌。她已经开始重塑自我了，但她没有找到勇气彻底将那个旧我打破。是哪儿出了问题呢？来自密歇根大学罗斯商学院的教授杰夫·德格拉夫（Jeff DeGraff）在他的著作《创新者》（*Innovation You*）中指出，人们经常错误地以为通过增加他们目标清单的内容，就能改变自己的生活。但问题是，我们原本已经有冗长的要做的任务清单了。**真正的改变需要“创造性破坏”，即删除一些清单上的事情，给新的目标腾地儿。**这种选择和改变是需要付出代价的。当你放弃某些事情时，会非常痛苦。

森花了很长时间才往前看，决定永远都不要回到过去的生活状态了。对她来说，以前那种生活让她生不如死。她意识到：“如果我希望自己的孩子长大后是一个鼓舞人心、总能激励别人的人，那我就必须尽力去做同样的事情。”

拉曼离开了，去了地球的另一边，森于是设定了一个新的目标：与音乐制作人提姆巴兰（Timbaland）合作。“美国的提姆巴兰就像印度的拉曼。我通过提姆巴兰的经纪人，向他推销自己，说我想和他合作。半年之后，我终于在提姆巴兰面前唱了一曲，然后他说：‘你今晚有什么安排吗？我想让你跟我一起去录音棚。’他到录音棚后，对他的混音师说：‘之前我演示的那部分就别再用了，这才是地道的，她是一位名副其实的印度歌手。’”提姆巴兰帮助森找到机会，与梅西·埃丽奥特（Missy Elliott）和贾斯汀·汀布莱克（Justin Timberlake）一起演唱，他们都希望在自己的作品里融入一些印度的音乐风格。这太酷了！

森的丈夫拉维鼓励她把音乐和艺术当成事业来干。拉维告诉她：“这才是你应该做的！”但是，森依然觉得前途未卜。她告诉拉维：“没人在意印度音乐。”在某种程度上，她陷入了和小时候一样的困境，作为一名儿童艺术家，她很成功，充满创作音乐和绘画的灵感，但她心里认定，如果把这个当成事业，根本就不会成功，人们也不想让她做这行。但是，现在的她慢慢明白了：无论如何，她必须要做下去。“你必须做你擅长的，即使没人听你唱。我就是这么想的，我写了很多歌曲，也不知道是否有人会喜欢，事实证明，大多数时候，它们是没人捧场的！”

跟小时候不同的是，森现在有资源来构建她自己的音乐事业，并且还有强有力的极致支持。森和拉维在音乐和品牌圈打拼了多年，他们有技能和知识来帮助森理解自己的艺术天分，也知道如何寻找实践机会来发挥她的天资。拉维建议：“让你的印度音乐成为你艺术的一部分，使它成为一个鲜明的特点。如果出去表演的时候，你不想让别人知道你是阿姆里塔·森，就可以向别人介绍说你是宝莱娃娃（Bolly Doll），让她做你的替身。”

森以前的公司是格温·史蒂芬妮的经纪公司，史蒂芬妮是乐队 No doubt 的领唱，在时装设计和其他商业活动方面，她也非常成功。当她推出第一张个人专辑时，史蒂芬妮想象了 4 个角色，她把它们叫作原宿女孩（Harajuku Girls）。她为原宿女孩们写歌，在她的演唱会上还请了 4 个替身歌手装扮成原宿女孩。史蒂芬妮推销那些穿着由她亲自设计的流行服饰的娃娃，还推出了电视卡通系列片。在片中，原宿女孩是打败坏蛋的超级英雄，她们追寻自己的音乐之梦。

森借鉴了史蒂芬妮的方法。她解释道：“我不能设立一些又大又宏伟的战略性目标。我必须考虑现实情况，如果不放弃太多收入，我能真正得到什么？对我而言，看起来很容易达成的目标就是绘画创造 10 ～ 12 个人物，然后再为它们写 12 首歌。那是我知道自己能做的事儿。我从头到尾仔细研究了自己的笔记，笔记内容是关于史蒂芬妮都做了些什么，然后我就开始模仿她。我收集设计指南，收集唱片，还画插画。我上网去学习我需要用的软件，比如 Photoshop、Illustrator、InDesign、After Effects、Premiere Pro、Logic、Pro Tools。我简直就是商业软件教程的活广告。当商界人士让我清晰地描述我的新项目时，我不会大谈特谈宝莱娃娃在印度神话中的起源，而是一针见血地说：‘这是一个印度的原宿女孩。’我用最简练的语言来描述！”森找到了自己追求的艺术形式，只不过她用商界的语言把自己想做的事情讲给音乐圈的人听。

在森的奥斯卡演出两年后，她终于完全离开了原先的工作。她放弃了声望，也放弃了财务上的保障，而这些本是她替商界名流管理事务的回报。多年来，她一直后悔于生命中的几个重大决定：年轻时从纯技巧方面学习音乐，之后放弃音乐而去读商学院，然后为其他艺术家工作，而不是将自己塑造成艺术家。但是现在，当她建立起自己的宝莱娃娃形象和品牌时，她从自己对技术的严谨态度和经常提出疑问的商业培训中吸取了不少经验。她看到一些歌唱艺术家拿出自己收入的 25% ～ 50% 给他们的商业伙伴，但是正如森解释的那样：“因为我自己做过经纪人，因为我自己就有商业技能，所以我根本不需要找其他人帮忙。他们本要拿走的那部分钱就省下来了，那真是很大的一笔钱！我嫁给了一位在这方面很在行的男士，就像肌肉有记忆一样，拉维每 5 分钟就能处理一批交易，这对他来说驾轻就熟。拉维知道如何驾驭商业的各个方面。”

森的职业生涯在持续发展。她的许多零售伙伴建议她，在下一季用自己的真名，而不是宝莱娃娃。她说：“我吓呆了。我认为阿姆里塔・森作为一个设计师的名字不会有什么影响力。我是喜欢舒舒服服地躲在宝莱娃娃背后的那种人。”但是她意识到，为了能讲更多的故事，展现出不同的设计，开辟新的音乐风格，她的确需要打出自己的品牌。“我开始有个想法，我想写一个由阿姆里塔・森创作的叫作《宇宙永恒的爱》(*Cosmic and Eternal Love*) 的故事，然后我又有了另一个想法，想写由阿姆里塔・森创作的叫作《苏醒》(*Awakened*) 的故事，再后来我又想写由阿姆里塔·森创作的叫作《钻石与火焰》(*Diamonds and Flames*) 的故事。最后我把这三个故事全写完了，还配上了插图！”森把她写的所有新书给一位出版商看。“嗯，不管你相不相信，阿姆里塔・森品牌的艺术书籍、礼物系列和 CD，在 2016 年秋季的巴诺书店（Barnes and Noble）的 500 家门店里售卖。这是印度的影响力，谁能想到呢？

当森将自己重塑成商业上非常成功的作曲家和视觉艺术家时，她生命中那些看似被浪费的部分以新的方式出现，并为这个塑造卓越的自己的森服务。她说：“所有当初我觉得不幸的事情，现在全都变成了恩赐！我过去总是一门心思想赚钱，但我感受不到富足。现在我赚得比以前少了，但我富足多了。”

为什么要经历突破自我的痛苦，并努力重塑自己？因为当你能整合自己身上更多的卓越元素，为你的个人愿景服务时，你就能活出更多的真实自我，那些当初看起来不匹配和不幸的部分，最后能拼出一幅完美的马赛克镶嵌画。对于一位卓越人士，那就是最终极的个人成功。

试着将大脑关机

对康多莉扎・赖斯和阿姆里塔・森来说，她们因为遭遇了极端的失落才不得不需要突破自我。赖斯发现她永远不可能成为自己梦想的那种钢琴家。森看到在自己的生活中一点也用不上自己的天赋，因而煎熬得生不如死。但是很多卓越人士不是在失望碰壁之后下定决心突破自我，而可能是因为看到了能够塑造卓越的自己的转机。在职场或生活中，这种情况经常会出现。我们前文提到的米斯特尔・卡顿就有过这样的经历。他第一次感到需要突破自我时还是个十几岁的少年，在接下来的几十年，他不断有这种感觉，因为他发现了卓越人士周期：成功、停滞、新的开始、新的成就。

他说：“人们总是说我很有天赋，小时候就很会画画。14 岁时，我是班里最棒的艺术家，我擅长艺术，但是数学很糟糕。长大一些后，我越来越意识到很多人都会画画。他们画得特别好，我也没什么特别出众的地方。

“我妈妈总说：‘你是一个出色的艺术家，我爱你，但是你太懒了，快去找一份普通的工作。你需要知道普通人工作有多拼，你需要学习一名麦当劳雇员的职业道德。’但是，我对那种工作就是提不起劲。我觉得，我必须、必须、必须干一份艺术工作。”

卡顿对在洛杉矶看到的实用艺术特别着迷，但是他不知道能否从中找到他在涂鸦、喷绘、文身或其他艺术创作中所需的东西。只要有新的艺术展，他都会一一去学习，他必须突破自我，重新开始。他说："在纸上用铅笔作画我已经非常熟练了，但要学习涂鸦时，我就得从头开始。我只能草率地向我的同行学习。然后，我又想了解签名设计，现在还有几个人知道这是什么呀？可是在当时，如果你去找一位珠宝商、律师或者大企业家，他们的名字都是反刻在镀金的金箔上，装饰在办公室的窗户上的。在美国西海岸，只有洛杉矶贸易技术学院（LA Trade Tech College）才有签名设计的课程，这是一所非常著名的贸易大学。我开始学习签名设计，然后，我感到筋疲力尽，总也做不好。我花了几天、几个月甚至几年才搞明白它。我的衣服和双手沾满了颜料。然后我想……你知道我想到什么了吗？我想到如果我这一辈子每天都练习，我也不会比那些人做得更好。我现在知道怎么做了，我理解也崇拜签名设计，但也许这并不是我想要的谋生手段。

"然后，我就去学服装设计了。我从没去时装学校读过书，我就是观察我的朋友们。如果这帮家伙都能做出来，我想我也可以。这就是我的信条。如果我发现我的同伴们真的特别成功，我就学习他们，模仿他们，请教他们：'嗨，哥儿们，你早上几点起床？你是怎么获得这种灵感的？'在服装行业，签名设计的技术变成了我的秘密武器。我想，如果我把在签名设计中的字体运用到服装设计之中，会怎样呢？没人这么做，我一下子就能脱颖而出了。"

通过几十年不断突破自我，学习不同的艺术形式，然后以自己的卓越方式将它们组合在一起，卡顿塑造了自己独一无二的成功的职业生涯。这就是使他从涂鸦画手摇身一变，成为电影制作人的秘籍。正如他所说："我总是在所有正在做的事情上重新开始。"成功的秘籍就在那儿。如果想要重塑自己，就必须愿意突破自我，重新开始，再次成为初学者。即使你已经习惯了卓越，你也必须每次都经历一段忙乱的时间，变得谦虚起来。

只要你愿意，卓越人士周期就能让你在几十年间取得一个又一个成功。要做到这一点，你必须保持无比谦虚的心，愿意接受挑战，愿意从他人身上学习。然后，你就可以将添加的新元素与现有的兴趣和技能结合，直到找到一个你擅长玩的全新游戏，甚至找到一个转机，彻底改变游戏规则。之后，就到了最困难的部分了，你必须愿意承认当你在一个方向上已经走得足够远，也做得足够出色时，你就需要重新开始了。

然而，这最后一部分，即从头再来，从成功的状态中抽离出来，将自己置身于未知和不确定中，在绝大多数的成功故事里都被删减了。今天当我们回头再看时，那些必选之路可能当初并不在成功人士的选择之中。前文提到的安杰拉·阿伦茨从唐娜·卡兰跳槽去丽诗加邦，之后又去博柏利，再跳槽到苹果公司，这是惊人的一连串精彩转身。但是，安杰拉·阿伦茨在每一次转型时都感到不确定和自我怀疑。

她说："我与命运抗争，因为我是一个'分裂'的人，我的一半是由左脑控制的逻辑性很强的人，另一半是由右脑控制的凭直觉做事的人。对我来说，做一个重大的决定通常很困难，因为我的左右脑总是吵来吵去。当一个转机来临时，我会很兴奋，但随后我的左脑就开始用'事实'来干扰我：你不会成功的，你根本不知道这是什么，你也不懂那个……所以，每当我面临新的职业选择时，在我自己的身上就会有一场声势浩大的战争。我几乎花了一年时间才决定跳槽去丽诗加邦，没想到这次跳槽变成了迄今为止最漂亮的一次转身。在丽诗加邦，我学会了很多跟人、产品、流程相关的知识和技能，最重要的是我在那儿学到了领导力。但是，当初丽诗加邦希望我加入时，我根本不想去。我的大脑根本就不想去那里工作。过去我在唐娜·卡兰工作，一直身处奢侈品行业，我那凭直觉思考的右脑占了上风。我了解它、能感受它、与它同在，我和唐娜·卡兰已经融为了一体。丽诗加邦向我抛来的橄榄枝很对我左脑的胃口，但我那满是创造力的右脑说：'不行，我才不要做那个呢。'但是，我今天之所以可以走到这一步，是因为我既有在唐娜·卡兰工作时主要动用右脑的经历，又有之后去丽诗加邦，左右脑发挥同等重要作用的经历。在丽诗加邦，战略规划、运营执行、并购企业，以及体会令人难以置信的创业者和梦想家的梦，这些我全都经历了。”

正是这样全面的经历为阿伦茨成为博柏利的 CEO 埋下了伏笔，但是她告诉我，她再一次感到在那个时刻做决定的不易。“我刚开始拒绝了博柏利 18 个月，因为那时，我已经结婚，而且有了三个孩子。我终于实现了工作和生活的平衡，一边养育三个孩子一边在纽约工作是可以办到的。我特别喜欢我的工作！我已经和那里的卓越人士建立了密切的关系。我的右脑说：‘这不是生活中重要的东西吗？’抛开领导力或者对雇主的忠诚，我个人的感觉是，我是丽诗加邦的一部分，它是我一手塑造的，我怎么能一走了之，让其他人伤心失落呢？我的个人生活也非常完美，所以，让我独自待一会儿！生活不可能比现在这个样子更美好了。”

然而，那个更理性的左脑一直在思考，如果有机会去一个激动人心的全球奢侈品品牌做 CEO 会有什么可能性。那天，安杰拉・阿伦茨的左脑赢了。她在博柏利一上任，就发现自己可以非常出色地将以前工作中所有的积累完美地整合到一起。“一路走来，我获得了诸多经验，我可以游刃有余地利用这些经验。在与右脑这一创造型合作伙伴和左脑这个超棒的理性主席合作时，我可以做我自己，相信自己，无畏失败。”

这个故事太精彩了，我真的特别想知道当时安杰拉・阿伦茨是怎么做出那些艰难的决定的，因为她要承担风险、突破自我、做她最害怕做的事情。她告诉我：“我最终学会了将我的大脑关机，任由老天来帮助我脱离困境。我相信每个人都有他来到这个世界的使命。我在这颗星球上做的事情要与我的更高目标保持一致，确保我完成自己注定要做的事情。其实我根本不知道那是什么。决定要不要去博柏利时，我干脆放弃了挣扎。我试着将大脑关机，某一天如果事情是注定要发生的，大脑就会重启，因为显然，我必须要去做这件事情。这样，我就会自信满满，也有勇气放手向前。”

回归服务业，待在已知的安全区得不到新成长

当我离开佳得乐去 Equinox 时，不论是对我个人还是公司而言，我都希望开启新一轮的卓越人士周期。我深思熟虑后做了一个突破自我的决定，从产品零售行业回归到服务行业，也就是去高端健身行业，通过重新连接那些年我在豪华航空公司的经历，让我的职业生涯拥有一个几乎完美的循环。我希望能通过玩一个很棒的专业游戏，将整个公司的潜力释放出来，从而获得个人的成长。但是，这对在 8 年里搬了 4 次家的罗布・奥黑根家族来说是个很重大的决定，我们又要搬到一个新的城市，我们需要重新认识这个城市，并学着爱上这里。我对 Equinox 寄予厚望，希望它能像自己的家，我想在这里待上很长时间。不论从个人生活还是职业发展的角度，我都做好了在这里扎根的准备。我希望搬进一栋房子，和周围的邻居成为朋友，而不至于没过几年就要和他们道别。同时，我也希望自己能成为这家卓越的公司长远而辉煌的未来的重要组成部分。

然而，没过几年，我就发现在 Equinox 没有办法发挥出我的全部潜能。不像佳得乐当初面临着错综复杂的扭亏为盈的商业危机，Equinox 已经是一家非常成功的公司，它希望在已有的成功模式下继续前行。我对 Equinox 顺利的创新之旅感到骄傲，对能和这里出色的领导团队共事心存感激，我也非常享受帮助其他人释放出潜能的重要时刻。但是很快，我就察觉到 Equinox 的团队动力十足，没有我的敦促，他们也可以独自前行，但是如果团队不需要我推动，我自己就不会成长。在 Equinox 最开始的那几年，我的学习曲线从陡峭到平缓，最后几乎成一条直线，这个过程比在佳得乐时快多了，而且公司里也没有更重要的工作或者职位让我去尝试了。我感觉像在原地踏步，就像我刚加入 Equinox 时，我的体能所经历的那样。我感到有点太舒服了。

有时你会发现，你爬山已经爬到半山腰了，而且你已经倾注了很多热情，花了很大的努力才抵达那里，但这座山并不是自己想爬的那座。你会特别沮丧、迷失方向、不知所措，你该做些什么呢？你是应该怀抱希望，坚持认为自己的沮丧心情终会过去呢，还是应该认命，不再全力以赴呢？

2015 年年末，我回新西兰看望我的母亲，卓越的珍妮无疑是最初最能激励我的卓越人士。我所看到的她是一边说着令人尴尬的笑话，一边引领你战胜挑战的人。妈妈还是一个博闻强识的人，但因为她出生的那个时代，所以她 15 岁就不得不辍学，没有获得任何文凭。凭借强大的个性魅力，她成了英国海外航空公司（BOAC）的票务代理人，过着令人兴奋的职场生活，后来英国海外航空公司变成了现在的英国航空公司。对妈妈来讲，和我的爸爸相爱就意味着她要做出选择：是结婚还是继续她的事业。航空公司想晋升妈妈为全球旅行大使，但条件是她必须保持单身。妈妈做了在那个年代许多女人都需要做的艰难决定：放弃她蒸蒸日上的事业，回家做家庭主妇。想工作和家庭两者兼顾或者让我的爸爸分担一些家庭责任，这在当时根本就行不通。当妈妈得知我的第一份职业是在航空界时，她特别兴奋，因为她希望我能抓住她当时错失的机遇。

在我 13 岁时，当我看着妈妈打破常规，特别自豪地告诉我们，她要回大学读书，拿到学位，开启一段新的事业时，你可以想象一下当时她带给我的深刻影响。回大学读书意味着她必须学习并通过入学考试，证明她有资格上本科的课程，更别提后续那么多门大学本科的课程。当我的哥哥奥吕上大学一年级，正希望从父母身边独立出来，好好享受那种美好的感觉时，卓越的珍妮出现在一帮酷孩子们所在的校园里。在那儿，她或许正牵着我们家那只明显超重的黑色拉布拉多犬，赶往下一个课堂，向我的哥哥和他的朋友们高声打招呼：“嗨，亲爱的！”这帮只关心自己的年轻人又会是什么感觉呢？

妈妈获得了学士学位，之后又获得了硕士学位，她主修英语，写了一本语法书，叫《标点基础》(*Punc Rocks: Foundation Stones for Precise Punctuation*)，这真是棒极了，妈妈变成了一位颇有建树的指导外语专业研究生的导师。妈妈之所以可以如此成功，是因为她打破了那个做了 25 年家庭主妇的自己，在 50 岁时开始重塑自己。

然而，去妈妈的新“家”看望她，对我来说异常痛苦，她住在奥克兰的一家养老院，她将在这里度过她的余生，因为她的阿尔茨海默病越来越严重了。我无法想象，她曾经是否想过这可怕的退化性疾病会缩短她在世上的时间，但是我知道如果她意识还清醒的话，她回顾过往时会说，她从事研究和教学的那些年是她生命中最有意义的阶段。

看望母亲归来，我陷入了一段痛苦的自我反思。妈妈的经历给我敲响了警钟，时光稍纵即逝，生命非常脆弱。其实我特别想问问妈妈，如果她处于我在 Equinox 公司的位置，会怎么做，但我得不到妈妈的答案了，所以我去找我的兄弟姐妹寻求建议。在接下来的几周里，我逐渐意识到，如果能跳出舒适区，摆脱超棒的支持系统，跳出我在 Equinox 为自己塑造的生活，放下在 Equinox 公司里为自己规划的愿景，我就会逐渐发现一些从未察觉的机会正在向自己招手。

我写的这本书、我所听到的故事、我所读过的研究文章，以及对于世上还有很多等待释放的惊人潜力的信念，这些让我每一天都备受鼓舞。我曾经把写书当作一个副业，一个我愿意在夜班飞机上、在休假时、在工作之余的周末休息时间里挤时间做的副业，但是现在我把它看成一次推动文化变革的机会。

当你允许自己从已经安逸的舒适区里跳出来，重新思考自己的目标和愿景时，你心中那被深藏的梦想就会冒出头来。我总是梦想能创造一个完整的理念或者搭建一个属于自己的平台，从零开始塑造一个品牌，但是我现在的工作量和工作强度让我不可能找到合适的时机或者有足够的勇气去实现自己的梦想。

因此我做了一个决定：我的下一步不仅是靠写一本书来将我自己和其他人的潜力释放出来，而且要看看能不能塑造一个全方位的平台，激发出全世界卓越人士的最好状态。就像我很确定我妈妈在其后半生发现了新的自我那样，我很确信自己曾拥有的最有意义的经历就是看到其他人释放更多的潜能。如果能大规模地激发大家释放潜能，那会是一种什么感觉呢？

这个决定的严重性比我过去职业生涯中所做的任何一个都要可怕得多，但是我认为如果我要践行自己的诺言，就需要鼓足勇气突破自我，再度变成一个初出茅庐的新人，重新开始。你无法一直待在已知的安全区里获得新的成长，放弃你所爱的会让你有些伤感，但你必须相信自己有潜力去经历更多的职业转折。

【突破行动·如何挖掘更多潜力】

什么时候应该突破自我，重塑自我呢？当你发现你望向远方，前方的路已经不再和自己的愿景相匹配时，就到了突破自我的时候了。对赖斯和森而言，当她们发现自己不再满足于在已经成功的道路上前行时，她们开始突破自我。对于自己能预知的未来，她们不再满意，所以她们找机会中途下车，重新感受不确定和不适，并开始努力。米斯特尔·卡顿和我则刚好相反，我们前行的道路上并没有巨大的路障，我们也没经历过什么心碎的事情，但是在生活的不同阶段，我们都感觉到自己正在丧失动力，于是，是时候进入下一轮卓越人士周期了。

我们4个人有一个共同点，那就是无论一路上取得了多少成就，我们都深信自己还有尚未发掘的潜能，绝不会在无尽的循环往复中得到满足。我们会环顾四周，然后问自己：前面有没有机会将卓越的自己的更多潜力挖掘出来呢？是不是该换换方向了？我们放弃十拿九稳的成功，选择变成一个新手，让自己感到不舒适、不确定、困惑和混乱。我们选择让自己再度经历痛苦。如果你这么做，就会得到这样的回报：挖掘你曾忽略的那部分自己，结合更多你原有的卓越元素，释放更多潜能和新的可能。

1. 别对自己已知的东西过于依赖

突破自我并重新开始会不会很危险？牢牢待在自己已经熟悉的领域，会不会更安全？我能想到某些人会认为，像森这样的人突破自我是对的，因为她过着没有机会成为卓越艺术家的悲惨生活，因为任何要面对的风险都比一天睡 20 个小时这样不开心的生活要好！但是，其他卓越人士又是什么情况呢？

我向 Strava 的两位创始人提出了这个问题，我们在前文中了解过他们。在 20 世纪 90 年代，他们在为运动员创建社交媒体平台之前，就已经成立了一家企业软件公司，他们带领公司发展壮大，公司的市值曾经一度达到了 110 亿美元。15 年后，他们开始创立一家新的公司时，建立一家跟企业软件相关的公司岂不是更容易成功，因为他们可以重复使用之前让他们取得辉煌成功的剧本？

然而，真正的卓越人士看问题的方式不一样。对他们来说，**真正的危险是对自己已知的东西过于依赖。**他们很清楚商界风云变幻，如果他们进军新的领域，这一定是之前他们一无所知的领域！他们俩告诉我，他们第一次合作的经历恰恰教会了他们，对于一件事如果不知道该怎么做，他们就应该做出明智的决定，即请教相关的专家。迈克尔·霍瓦特说：“我们知道自己不知道，所以我们去学习。这样我们就不太容易犯错，不容易陷入自己的思维中。这样做非常有趣，我们非常享受这段探险之旅。”

这一点对于个人的职业生涯或者创办一家企业同样适用。如果你新工作的职责和之前几乎一模一样，那么即便因为已有的专长，你获得了一份工作或者得到了晋升，危险依旧存在。如果你假定自己可以靠上一次让你取得成功的经验继续前行，就很可能会与你面前的新事物失之交臂。一开始，突破自我似乎很危险，但最后它会成为保证你不被淘汰的一份保险，因为你不是在重复自己熟悉的工作，直到自己大失所望，而是在重塑自我，与时俱进。

因此，你要愿意再次突破自我，虽然刚开始会经历痛苦，但请相信这个过程，并寻找机会享受过程中的新发现。所有卓越人士都有一个共同的特点，那就是他们源源不断的好奇心。他们总是在寻找未知领域并想办法将它搞清楚。他们不断地问自己：我即将探索的下一个领域是什么？

2. 重新审视你固有的信条

我在前面的章节里已经谈过找到你的卓越搭档，这一点很重要，因为他们能做你不能做的事情。但是当你突破并重塑自我时，也许会发现今天的你具备了那些在过去不曾拥有的技能和爱好。就我个人而言，我过去一直逃避财务这一关，因为我实在是太害怕它了。在我读大学商科一年级时，会计这门课就没及格。之后，我便有了巨大的心理阴影，我告诉自己：我讨厌财务，我也永远搞不懂它，更别说喜欢上它了！以前我只关心市场或创新方面，但当入职佳得乐后，我需要真正掌管公司一整盘的生意，我突然发现掌握财务知识迫在眉睫。事实上，在佳得乐的第三年，我询问老板马西莫·达穆尔，自己是否可以去上一门财务课。达穆尔不但赞成了我的提议，还同意将我送进哈佛商学院高管培训班（Harvard Business School Executive Education）去读书，我觉得真是难以置信。我欣然接受了这次宝贵的机会，因为这是我作为公司的领导者给自己设定的新的愿景中的一部分。我还记得那时在晚上我经常给利亚姆打电话，告诉他："我想我恐怕要变成一个金融怪杰了！"当时，我已经认真到了在飞回家的航班上复习课上的案例，而不再翻看《人物》杂志。

你也许会问，我对财务的理解难道已经达到了那些专门到哈佛恶补技能的 CFO 们的水准了吗？呃，我想，还没那么强。但每次从学校回到家里，我都知道自己比之前要懂得更多了，这也让我成了一位比之前更有经验、更全面的领导者。之所以这么说，并不仅仅是因为我从课堂上学到了什么，而是因为财务对我来说不再是一门听不懂的外语了。当我周围的人谈论起它时，我不再眼神呆滞、两耳不闻了，我可以参与进去了！另外，因为我参与了这些财务讨论，我懂得比以前更多了，我开始问以前根本就不会问的问题了。

我们都有发誓说再也不碰某件事的经历，重塑自我就意味着可以选择再试试这些事情。如果你能驱散心理阴影，会发生什么？好事自然来！所以，为什么不去试试呢？

3. 放弃安全网

我想澄清一下，突破自我并不是说一定要离开你现在的公司或者组织，去外面寻求新的成长，因为在许多公司内部，就有非常好的机会让你去探索新的领域，参与新的体验，获取新的技能。但是你必须愿意付出代价，跳出舒适区。这是最难做到的事，但也是你需要做的最重要的事。在二十几岁时，我决定抓住机会去美国发展，这意味着我不得不和我最亲近的家人和朋友分离。我生命中每一次带给我成长的关键节点，都需要我鼓足勇气，放弃安全网。

当你把眼光放在模糊不清的未来时，你会感到恐惧和却步，但是每当卓越人士做出那些大胆的举动时，他看起来并未损失什么，反而总是收获颇丰。事实上，你建立的友谊是不会丢失的，他们会在你的成长中扮演一个新的角色；你在某个领域磨炼的技能也不会丢失，当和新的知识领域结合时，你原有的技能会得到精进。但是，**如果你跳不出今天的舒适区，就无法释放出新的潜能。**

如果你肯走出这一步，接下来会发生什么？你将会被带向何方？只要你不断努力，更多地释放卓越的自己的潜能，你就会找到答案。来吧，就这样。师傅领进门，修行在个人，现在该你登场了，努力向前吧！请使用卓越人士周期的方法，让它引领你奋力前行，把你的潜能发挥出来，也帮助他人塑造卓越的自己。有一点是可以肯定的：这将是一场神奇之旅，将充满无限可能和新的成功。祝大家旅途愉快！

结 语

努力向前，把握属于你自己的职业转机

2016 年 2 月，我辞去 Equinox 公司总裁的职务，回到家中，全职做一件事：尽全力把这本书写出来。无论我为这一步做了多么充分的准备，摆在眼前的事实是：一边是极度的恐惧，一边是昂扬的斗志。23 年来，每天出现在职场，一个会议接着一个会议，忙得几乎没有时间吃午饭的我，突然发现日子变了，每天独坐在女儿亮粉色的卧室（这是家里最安静的房间），眼睛盯着电脑屏幕，尝试着把众多的希望、梦想和想法变成文字，具体而言就是敲出这本书。引用我最棒的挚友博德·米勒曾经说过的话就是："一旦你站在起点门前，独自一人，世界便会非常安静。"

开始写作的头几个月，我整个人完全处在极度恐慌的状态中。日子一天一天、一周一周、一个月一个月地飘过，可我脑海中的思路仍然不清晰。我该往何处去，或者我该如何做才能把我的奇思妙想完全展现出来？我交流过的每个人都觉得我将创立某个高科技公司，当今这个时代，好像所有创业公司的创始人都是投身于科技领域，于是他们立刻就想帮助我获取外部投资。同时，我也在思考把“塑造卓越的自己”做成一个平台，因为我想做的不是利用我的“辞职”来获取一笔财富，而是展开一个积极的文化变革。开始的时候，别人的“误会”让我分心。我的天啊，难道我是在浪费我的才华，错失我的潜能吗？难道我想错了吗？但是，与本书中所有卓越人士展开的激动人心的对话为我带来了益处，它们让我不断提醒自己，坚定地跟随自己的激情，把这些卓越人士的众多特质应用到我新的冒险旅途中。我知道自己想走得慢一点，以便走在正确的方向上，并想让自己有必要的耐心，等待我的创作发现它自己的目标受众和它在这个世界上的位置。

我的朋友劳伦·谢克特曼（Lauren Schechtman）和出色的写作伙伴伍迪（Woodie）坚定不移地支持我。谢克特曼与我多年以前就在雅达利共事过，是的，我们在那场“暴风雪”后仍然是朋友！对了，伍迪的真名叫格雷格·利希滕贝格（Greg Lichtenberg）。我们三个人一起“头脑风暴”，思考每一个可以推广卓越人士这个点子的平台，从播客、电视真人秀、培训课程，到疯狂的周五下午迪斯科舞会的现场活动。我们也非常幸运地招募到我最信任的丈夫利亚姆加入我们的团队，帮助我们建立第一个官方网站，他挖掘了自己在孕育一个新项目方面的工作技能。我也特别享受长时间思考，如何把塑造卓越的自己的方法传递给那些在生活中没有机会经历我所经历的那些事情的朋友们。

一路走来，我们进行了无数次头脑风暴，我由衷地感激在我们将这个平台一点点拼凑在一起的卓越冒险中，有许许多多的人给我们提供了特别棒的洞见和强大的支持。我能向大家保证的是：帮助不同年龄的人挖掘他们身上最棒的自己，是一件永无止境的事情。也许我一生都会走在获取自己梦想中的影响力的路上，但我愿意为此付出。

在自我省察的开始阶段，我意识到自己是多么享受其中，享受那种把我赤裸裸的雄心一层层剥离出来的过程。已经有很长一段时间，我不得不向他人解释我正在做的事情，并让很多人为世界上还不存在的愿景感到兴奋。同时，我也开始意识到自己多少有一点焦躁不安：当我完全把注意力放在讲授如何塑造卓越的自己这件事上时，我仍然怀念每天在公司工作的感觉，仍然想念那种作为一名商业领袖持续获得个人发展的感觉。随着时间的推移，我开始越来越意识到一点：我必须承认，自己还远没有达成作为一位成功高管的目标，而那个目标是差不多 20 多年前我通过打破常规来得到新西兰航空公司工作机会的时候，就开始追寻的。说实话，我只是还没有准备好成为一个全职的“老师”，把我所有的时间花在巡回演讲、写博客和举办研讨会上。

2016 年夏末，我即将完成这本书稿的时候，意外接到了一个电话，带来了一个在健身行业工作的机会。我的第一反应是拒绝，这个职位来得不是时候，因为书还没有出版，我还不想重新回到一份全职工作中。但是多亏了一个很有说服力的投资人的努力，他拥有一个特别棒的导师的所有特质，我决定接受飞轮体育的职位。如果你未曾听说过这家公司，我想和你分享的就是：这家公司绝对是一家了不起的精品健身公司。它主打室内自行车训练，当你骑行的时候，它可以追踪你的表现。哦，是的！对于像我一样有竞争意识的人，当能够实时看到自己当下和之前骑行数据的对比情况时，一定会备受鼓舞。从根本上说，飞轮体育激励人们骑行的时候挑战自己的极限，达到更高的水平，从而把同样的气势应用在自己的生活和工作中。

与我之前的几份工作不同，这一次有几个因素让这份工作更能激发我的兴趣。我没有怀孕，也不会因为接受这份工作而不得不举家搬迁到一座新的城市，最重要的是，我能用一套超级清晰的筛选方法来考虑这次机会。我知道，对我而言，如果重出江湖，这个角色就一定要既能完全彰显我的专长，又能给企业和团队带来巨大价值。当然，它也必须是一个能够在现实生活中运用塑造卓越的自己这个方法的例子。

正如你们现在所知道的，我做了决定，接受飞轮体育公司 CEO 的职位。所以，你会在这家公司找到我，我仍然会挥汗如雨地锻炼，也仍然试图说服所有人都穿上运动服锻炼。而且，最重要的是，我仍然处于开足马力、全速前进的卓越状态！

欢迎你注册加入我们的卓越团队，了解最新消息。我们不会停止努力，直到每个人都能自由地把最卓越的自己全然展现出来。

现在，努力向前，找到你自己的那座山峰，享受用你的潜力登顶的奇妙之旅吧！

致 谢

写这本书，难度很大！在开始落笔时，我完全不知道写一本书会有多难，会花多长时间，又会有多少人给予我爱、关心和支持。我从小就是个固执的女生，我的生活态度一贯是“我能行，我能行”，对我来说，依靠这么多人的帮助也不是一件容易的事情。但在整个成书过程中，我收获了无穷大的回报，因为当我全然放下“凡事靠自己”的态度，接受他人的帮助和建议时，我变得更加出色，这在书中每一页的文字中都能得到证明。

我要先感谢我亲爱的朋友、写作伙伴格伍迪，他是一位杰出的文字大师，有着令人难以置信的大脑，在我撰写此书的过程中，他一直不知疲倦地帮助我。坦白地说，没有他，这本书根本就不会存在。伍迪，感谢你把你的宝贵时间赌在我身上，把本书的理念理解得如此透彻，还为此倾尽心力，用你身上令人折服的毅力克服艰难险阻，与我一起完成这本书。你教给我的东西比你所能想象的多得多，是你帮助我聚焦，让我的大脑专注于将我的想法变成真正可以让人理解的文字。你真是独一无二，我很荣幸你能担任我的领航员，与我一起完成这段旅程。

我还要感谢我特别棒的经纪人卡萝尔·佛朗哥（Carol Franco）以及她充满奇思妙想的搭档肯特·莱恩巴克（Kent Lineback）。当你让我飞到新墨西哥州你家里的时候，我真不知道自己会“卷入”一本书的写作中。那天围坐在你家的餐桌边，你们“谈起我这本书”，但我真是感谢那一天以及之后数月发生的事情。哪怕这本书未曾出版，我也对你们二位心存无限感激，因为是你们帮助我理解了我一生中的转折点。

感谢霍利斯·亨博齐（Hollis Heimbouch），来自哈珀·柯林斯出版社的传奇女性。我爱你之心比你想象的还要多，是你一看到这本书就理解了我的想法，并为它的出版全力拼搏，是你对我和这本书的支持以及你的反馈和建议让这本书更加引人入胜。我也特别感谢你的卓越团队中的每一位成员：蒂娜·安德烈亚迪斯（Tina Andreadis）、莱斯莉·科恩（Leslie Cohen）、斯蒂芬妮·希契科克（Stephanie Hitchcock）和布莱恩·佩林（Brian Perrin），感谢你们所有人为出版这本书付出的热情和关注，是你们让我的想法得以呈现。我也永远感激你们，让我能有机会和这么一支完美的团队一起，像孕育婴儿一样孕育出这本书。

感谢萨拉·卢西恩（Sara Lucian）和格雷琴·加维特（Gretchen Gavett），你们令人赞叹、充满好奇心，是从头到尾支持我的研究团队。你们的帮助和行动让我看到，卓越人士周期是行之有效的方法。你们挖掘的研究成果教会了我很多，使我更加热情地投入到塑造卓越的自己的事业中。

感谢劳伦·谢克特曼，我特别优秀的伙伴，你对我完成此书表达了坚定的信念，我对此不胜感激。每当我怀疑自己是否有能力完成这本书的时候，你都会在背后助我一臂之力，陪着我，以对我最有益的方式“嘲笑”我，并且确保我不会中途放弃。

感谢戈登·汤普森，我长期的战略合作伙伴，是你帮助我把这个疯狂的想法变成我能看得到的东西，正是这一点点燃了我所有的激情，让我行动起来，去实现它。那次我们一起去 MOMA 书店的经历，对我而言是一个巨大的转折点，是你的引领让我看到了这件事情的模样，感受到那个卓越的我，帮助我建立了信心。

感谢来自新西兰 Bluelo 公司的达林·洛克黑德（Darryn Lochead），谢谢你完成与本书和品牌有关的设计工作。干得真是漂亮！你真的是一位魔术师，既能忍受我提出的所有反反复复的修改要求，还能把事情做到极致。

感谢亚当·格兰特，或者我应该说感谢那位亚当·格兰特（我始终确信这个世界上一定有个克隆的你，做着你完成的那些数不清的事情）。你慷慨大方地贡献了你的智慧，为我摇旗呐喊，对我充满信心，还用你的人脉帮助我，所有这些让我能够着手开始本书的写作。我渴望成为像你一样的给予者。感谢来自沃顿人力分析团队（Wharton People Analytics）的雷布·里贝尔（Reb Rebele）、德娜·格罗梅（Dena Gromet）和劳拉·扎罗（Laura Zarrow），感谢你们帮助我，思考如何衡量“卓越特质”（Extremeness）。

感谢苏珊·凯恩（Susan Cain）和保罗·希贝塔（Paul Scibetta），是你们向我指明了我应当走的路，并且成为我坚定的支持者和帮助者。我希望自己能拥有你们身上的那种影响力，我很荣幸能成为你们“安静革命”（Quiet Revolution）理念的热情追随者。

感谢尼洛弗·麦钱特（Nilofer Merchant），是你多年前敦促我、告诉我，我有必要写一本书，你还一直引领我一步一步完成这个任务。

现在我要感谢每一位卓越人士，他们非常出色，特别激励人心，都是特别了不起的人物：安杰拉·阿伦茨、米斯特尔·卡顿、威尔·迪安、安杰拉·达克沃思、马克·盖尼、迈克尔·霍瓦特、萨姆·卡斯、丹·凯泽林、利兹·米尔施、博德·米勒、弗朗西斯科·努内兹、玛丽·奥黑根、阿尔贝斯·佩雷斯、阿尔贝托·珀尔曼、康多莉扎·赖斯、博佐玛·圣约翰、阿姆里塔·森、珍妮特·沙姆利安、塞奇·斯蒂尔、劳拉·沃尔夫·斯坦、戈登·汤普森、凯西·沃瑟曼，以及阿利·韦布。

我真的不知道，该从什么方面开始感谢你们分享给我的智慧以及让我看到的世界。当我向你们解释说：这本书的初衷是，我想把你们了不起的成功故事背后那些不为人知的脆弱部分展示出来，从而帮助其他人了解如何成为最好的自己时，你们都立刻说“没问题，我支持你”，这几个字大声地说出了你们帮助他人成长的积极意愿。你们也一直很愿意以你们各自的资源和方式来支持这个项目。我以为在我和你们沟通前，自己已经很了解你们了，但是交流后，你们给我的新信息让我对你们的爱和尊敬上升到了一个全新的高度。正如本书的编辑霍利斯·亨博齐也认同的：你们让我们大笑、大哭，也让我们学习到了特别多的东西。我想真诚地对你们每个人说两个字：谢谢！

写一本书是一次能让人极度谦虚下来的经历，因为它迫使你回顾在你生命中那些最重要的时刻，迫使你回忆那些在你身边最能引领、塑造和激励你成长的人。首先，我要感谢我的大家庭。对我而言，能出生在这样一个大家庭是再幸运不过了。我想感谢我的妈妈，卓越的珍妮，是您经常教育我“凡人都有得意时”；感谢我的爸爸 JBB，您教会我不要让家人失望是多么重要。是你们为我设定了一个特别高的标准，所以作为优秀团队中资历最浅的一位成员，我觉得自己必须得努力，才能保住自己的位置。

感谢安娜，你一直是我身边的铁杆靠山，帮助我挑选大学的专业，当我心碎时，是你把我搀扶起来。我生命中前进的每一步，你和沙恩（Shane）都给了我特别棒的指引，是你们用智慧一直帮助我全力以赴，找到自己前进的动力。

感谢拉什（Rach），你是我在这个世界上最坚定的支持者，一直在为我摇旗呐喊，一直相信我能成功，而且应该去做更多的事情。当我干得不错时，你一直都是我的热心观众，眼含热泪，为我感到无比骄傲，如同妈妈珍妮那样因我而骄傲。在我最需要的时候，你帮助我增强信心，并提醒我永不放弃。

感谢奥吕，从你让我学习当守门员那天开始，一直到今天，当我需要时，你总是能为我提供建议。是你如同爸爸那样一直推动我前进，虽然我没有经常提及，但是你是我能拥有今天成绩的最大原因所在。谢谢你告诉我不要搬回家，担任那个多格蒂女性协会的领导职位，并且在我自以为是的时候点醒我。

感谢兰达（Randa），你是我们家视如己出的孩子。我仍然无法相信自己是那么幸运，我卓越的珍妮妈妈从一大群孩子中挑出你成为我最好的朋友，我无法想象在过去的 35 年中，如果没有你，日子会是什么样子。你是真正终极的卓越人士。每当听到你的声音时，你对生命纯粹的热爱总会激励我。我想说，谢谢你和其他家人一样了解我，在我面临一些重大决定时，你也总能给我专业的指导。

感谢亲爱的萨姆，在你 33 年的生命中，你教给我的东西比我一生中能完全掌握的还要多。感谢你，是你教会我，永远不要停止努力成为一个优秀的人，而不仅仅是一个做事的人。“今天是一份礼物，这就是为什么我们把今天称为‘礼物’。”我永远感激你“蓝天常有”的乐观心态，也特别感恩你留给我的礼物：如同家人般的吉尔（Jill）、托内斯（Tones）、西蒙（Simon）和奥利（Oli）。

感谢我的伴娘迪伊·古莱（Dee Gourlay）和梅格·马修斯（Meg Matthews），无论我做什么，你们都会一直为我鼓劲加油，我在亨特利完成第一个半程马拉松时，你们用我车里的音箱发出又大又刺耳的声音：“别拦着我，冲啊！”感谢和我情同姐妹的尼克·帕顿（Nic Parton）和费雷尔·麦克唐纳（Ferrel McDonald），你们每年都和我一起跑半程马拉松，还和我保持联系，分享生活中的点点滴滴。

感谢格伦·富尔德（Glenn Foulds）和格雷格·奥拉姆（Craig Oram），你们是我生命中的蓝颜知己，如果你们是女生，一定会是我的伴娘。我差点儿和你们提出请求，让你们在我的婚礼上男扮女装。你们俩是我的挚友，非常了不起，非常关爱我，还是非常幽默诙谐的人，在我经历的所有重要场合，从婚礼到葬礼，从美国公路旅行到超级会员派对，你们都不会缺席。我爱你们如同亲兄弟。

感谢马克·达西和德布·达西（Mark and Deb D'arycy），当我没钱吃饭时，你们借给我 100 美元，当我居无定所时，你们打开家门接纳我。马克，你是 Virgin Shaglantic 市场营销活动的幕后英雄，这一活动的惊人效果把我的事业推向了一个新高度。

感谢克里斯蒂娜·叶列辛基（Christina Jelesky）和苏珊·卡尔维（Susan Calvi），你们待我的孩子如同己出，你们对他们的爱是世界上最好的礼物。你们俩一直会是我的闺蜜，而我正满心骄傲地看着你们和自己的家人一起，绘制出属于自己的卓越未来。

感谢马什菲尔德一家（Marshfielders）和拉尔希一家（Larchies），你们知道自己是谁，你们和我的家庭是彼此接纳的世界之家。只要和你们一起旅行，就肯定充满了乐趣。我们打嘴仗，参加贫民区的街头聚会，还一起做过很多事情。我爱你们每一个人。

感谢我的干爹干妈诺曼·汤普森和珍妮·汤普森（Norm and Jenny Thompson），我永远都对你们感激不尽，感谢你们对我的信任。诺曼，作为我的老板，你真是超级棒，而且你和珍妮还接纳我成为你们的第三个女儿，给了我全身心的支持。

当然，还有其他一些对我的生活和事业影响深远的非常出色的导师，我不得不说，我是那么喜欢粘着你们，而你们从来没有为此不高兴：

托尼·马克斯（Tony Marks）：我生命中最重要的贵人，事实上当我还是一个一年级的培训生的时候，您就开始花时间和我交流，从那一天起，您对我的支持就从未停止过。

格雷·德斯特凡诺（Gary De Stefano）：是您相信我的梦想不止在市场领域。您曾经告诉我，我很幸运，因为我有能力不仅为初创公司工作，而且可以为成熟的大公司工作，我应该继续开发自己在这两方面的才能。我从来都没有忘记您这个对我很有帮助的建议。

华金·伊达尔戈（Joaque Hidalgo）：您对我的帮助比您想象的要大得多，当我加入耐克总部这个大家庭时，是您帮助我重建了信心。

埃里克·斯普龙克（Eric Sprunk）：我在您的羽翼下成长，您告诉我如何对那些我不明白的事情充满信心。是您让我带着恰如其分的心态离开耐克这个安乐窝，强迫自己走向成功。

亚当·赫尔方特（Adam Helfant）：我做职业生涯中两次最重大的决定时，您都在我身边帮助我。您和希拉（Sheila）是我非常喜欢的朋友，我也非常珍视您二位的建议和支持。

马西莫·德阿莫尔（Massimo D'Amore）：我喜欢您，因为您是这世界上前所未有的逼迫我前行最狠的那个人，是您让那个真实的卓越的我得以显现出来。这个过程中，我学会了既狂热又坚定。

菲尔·圣菲利波博士（Dr. Pheeel Sanfilippo）：您是我独一无二的靠山，总是在我最需要的时候出现在我的生命中。您总是能帮助我分辨身边的人中谁是在胡说八道，谁是在坦言相告。

杰姆·林奇（Jim Lynch）：在遇到您之前，我都不知道供应链是什么东西。您教了我很多，也对我的想法贡献颇多，因着您的教导，我的信心甚至超出了您的想象。

斯科特·罗森（Scott Rosen）：我特别感谢您持续不断地提醒我，给我忠告和建议。感谢您一提起布鲁斯·斯普林斯汀（Bruce Springsteen）就永不停止的兴奋评价。

拉里·塞加尔（Larry Segall）：感谢您对我的关心，您能发自内心地愿意回答我的问题，还能顾及我提问时脆弱痛苦的心理状态，因为我在一个相对高的领导者的位置，但仍然有许多不懂的地方需要向您请教学习。

格雷格·希尔（Greg Hill）：感谢您给予我的数之不尽的支持，无论是在我加入 Equinox 之前，为其工作时，还是离开之后。

卡洛斯·贝奇（Carlos Becil）：感谢您激励我勇于创新，永不停止为正义而战。

勒妮·迪罗谢（Renee Durocher）：您是我坚定的支持者和绝好的挚友，总是提醒我，生命是活出来的。

约翰·扬（John Young）：感谢才华横溢的您，感谢您无数次下午茶的交流带给我的绝佳指导建议。

卢·法兰克福（Lew Frankfort）：感谢您的坚持，让我看到摆在自己眼前的下一座要攀登的山峰。也很感谢您让我拥有非凡的意愿，使我预备好去征服山峰。

安东尼·萨莱米（Anthony Salemi）：您真的是我的秘密武器！是您让我不放弃努力，成为一个更好的自己，您还用那长长的双臂把世界上最温暖的拥抱送给我，同时告诉我：做正确的决定！每当我想起您的话，我就能充满信心地行走于天下。

黛比·莫斯（Debbie Moss）：无论您做什么事情，都会非常出色！谢谢您在我需要的时候，帮助我甩掉包袱，帮助我意识到自己不应该买小一号的鞋子，尽管那双鞋子真的非常惹人喜爱。

下面该轮到感谢我曾经有幸共事过的令人疯狂而又激励人心的团队成员了：

- 新西兰航空公司：我最好的朋友詹姆斯·博伊德（James Boyd），是你给我机会，带我与加州州长跳舞，可当时我都不知道他是谁。谢谢你帮助我找到了梦想！
- 维珍：埃米·柯蒂斯（Amy Curtis），感谢你聘用我，你真的是一位非常出色的女性！戴维·泰特（David Tait）和蒂姆·克莱登（Tim Claydon），谢谢二位给了我生命中最重要的时刻！拉维·阿胡贾（Ravi Ahuja）和阿姆里塔·森，你们对我而言如同家人，陪我度过了最艰难的时期。LJ·古铁雷斯（LJ Gutierrez）、迈克尔·彭德尔顿（Michael Pendleton）、尼克·约克·博真（Nic York Bogen）和埃米·莫利纳（Amy Molina），我终生都不会忘记你们给我的善心和爱心，你们将我从绝望的深渊中解救出来，尤其是在我让你们失望，随后又被解雇的情况下。是你们继续支持我，给我信心，帮助我努力向前。我永远爱你们！

- 雅达利：阿莉莎·帕迪亚·瓦勒斯，你真的非常棒，是一个充满能量的有趣的“小宇宙”。是你给了我生命中最具影响力的一次机会，为此我由衷地感谢你！特蕾西·马纽松（Tracy Magnuson），即使我完全无能为力，你仍然对我有信心！我会永远做你们二位蹩脚的游戏伙伴的！
- 耐克：贾森·科恩（Jason Cohn）、达拉·沃恩（Darla Vaughn）和德鲁·格里尔（Drew Greer），是你们帮助我再次发现，内在的我是一个卓越人士；南茜·蒙萨拉特，是你帮助我把最好的自己展现出来。让人难忘的奥森·波特（Orson Porter）和慷慨大度的吉娜·沃伦（Gina Warren），是你们教会我如何把自己的热情用于做一些对这个世界有益处的事情，今天我仍然走在更好地学习这门功课的路上。
- 佳得乐：事实上，这是一个由数百人组成的团队，你们用激情和全心的投入，为品牌描绘了一个大胆又崭新的发展蓝图，这在消费品行业史上是一次史诗般逆袭的案例。我自己深感荣幸能成为其中的一员。我极其感激佳得乐过去和现有团队的每一位成员，是你们的勇气和不屈不挠的毅力筑就了这样的成功。我也想特别感谢那些和我并肩战斗，给了我特别多支持和建议的朋友们：奥波库·夸蓬（Opokua Kwapong）、希瑟·史密斯（Heather Smith）、摩根·弗拉特利（Morgan Flatley）、卡拉·哈萨姆（Carla Hassan）、安德烈亚·费尔紫尔德（Andrea Fairchild）、玛丽·多尔蒂（Mary Doherty）、斯科蒂·帕多克（Scotty Paddock）、皮特·布雷斯（Pete Brace）、兰德尔·布朗（Randall Brown）、沙维·科尔塔代拉（Xavi Cortadellas）、乔安妮·霍根（Joanne Hogan）、罗伯特·刘易斯（Robert Lewis）、苏茜·克鲁兹（Susie Cruz）、戈登·汤普森、戴维·希思（David Heath）、斯坦利·海恩斯沃思（Stanley Hainsworth）、乔纳·迪塞德（Jonah Disend）、李·克洛（Lee Clow）、杰米·史密斯（Jimmy Smith）、贾扬塔·詹金斯（Jayanta Jenkins）、尼克·德雷克（Nick Drake）、布伦特·安德森（Brent Anderson）和史蒂夫·霍华德（Steve

Howard)。最后，不能不提及的是卢英德，您支持我们玩自己擅长的游戏，这让我不胜感激，谢谢您坚持不懈地和我们一起战斗，直到项目取得成功。

我还要感谢精彩绝伦的Equinox团队，是你们每一天都在激励我跳出自己的舒适区，无论是在健身还是在生活的其他层面上。感谢哈维·什派瓦克（Harvey Spevak），是你给了我机会，让我能加入Equinox这么优秀的团队。我还想感谢那些伙伴们，你们超出了我的想象，描绘了更大胆的发展蓝图，也感谢你们对我的迁就，愿意加入那些卡拉OK的晚间活动：杰夫·魏因豪斯（Jeff Weinhaus）、萨米尔·德赛（Samir Desai）、巴里·霍姆斯（Barry Holmes）、戴维·哈里斯（David harris）、吉安·波佐利尼（Gian Pozzolini）、杰克·甘农（Jack Gannon）、格里夫·朗（Griff Long）、凯西·卡西迪（Cathy Cassidy）、朱迪·泰勒（Judy Taylor）、帕特里克·赫尔斯特兰德（Patrik Hellstrand）、莉兹·诺兰（Liz Nolan）、莉兹·亨宁（Liz Henning）、凯特琳·施奈德（Caitlin Schneider）、杰伊·布拉赫尼克（Jay Blahnik）、妮科尔·史密斯（Nicole Smith）和黑兹尔·贝当吉（Hazel Betancourt）。谢谢你们启发我的灵感，让我真正学会如何让别人展现出卓越的一面。你们是一个才华横溢、精力充沛的高能量团队，是你们让我感到了玩自己擅长游戏所能带来的真正强大的能量。

最后，也是最重要的是，我想感谢利亚姆，当我过得一团糟的时候，是你走入了我的生活，成为我坚不可摧的支持者，用你独有的方式帮助我找到了全力以赴的自己。和一个我这样的人结婚，这是个多么艰难的决定，我固执又倔强，脾气一点就着，但是不知道什么原因，你却能忍受这样一个缺点多多的我。无论是在我事业精彩的高峰期，还是心碎的低谷期，你都会对我说：你将永远与我同行。没有你，我的生活不会如此丰富多彩，充满喜乐。我们奥黑根家族是最棒的卓越组合。萨姆、乔和加比，你们是我的骄傲，也是鼓舞我前行的重要人物。我希望你们三个人在未来能成为最快乐、最充实，也最卓越的自己，无论你们身在何处，都能留下积极向上的足迹。

译者后记

2017 年 7 月，湛庐文化的编辑老师请我帮忙找人翻译两本书，这本书是其中之一。我翻看了一下，居然有些爱不释手。作者跌宕起伏、勇往直前的职场经历和她身上散发出的热情，深深打动了我。我情不自禁地跟着她一起开怀大笑，一起沮丧流泪，一起迷茫纠结，几乎一下子就喜欢上了她文字中传递出来的那种正能量爆棚的感觉。

于是，我决定自己来接手这个项目。做决定不过是一秒钟的事情，可最终成稿却是一段漫长而又极其不顺畅的旅程。

这里要感谢远在美国，不是家人胜似家人的老朋友、语言学博士李建国先生的帮助。每当我遇到不太确定的地方，无论是对一个单词的理解，还是对俚语的翻译，我都会毫无顾虑地劳烦他，请他和他的朋友帮忙确认。为此，他还自掏腰包购买了一本原版书，仔细阅读了两遍。最近两年的春节，他回国休假探亲时，我不止一次请他出来一起推敲书中的文字，斟酌一些关键词的翻译，占用了他不少本应和家人团聚的时间，对此我不胜感激，至今对他的家人都还心存愧疚！今天回想起来，建国就是那位给我带来转机的亲友团成员，这也是作者在第九章中提供的一个拥抱转机的实战方法，我竟无意中用上了。

我也要感谢老妈一直以来给予我的无私关爱。其实，签下翻译合同后不久，老妈的身体就出了一些状况。那时，我在德国、中国两地奔波，除了翻译书稿，还在学习德语、与他人一起撰写一本运动损伤方面的书籍，并要认真准备一周一期的专栏文章，工作繁多，又挂念病中的妈妈，内心极其焦虑。我总担心因为时间、精力和能力有限，眉毛胡子一把抓，结果件件都做不好，所以曾一度有放弃翻译书稿的念头，可老妈却鼓励我说："既然决定做了，就要尽心尽力，要对得起人家给你的机会！"没有老妈的这句话，我肯定坚持不到最后，谢谢可爱、顽强的老妈！

定书名这天，我正参加母校俄亥俄州立大学（The Ohio State University）校友会在北京为即将入学的新生和家长举办的联谊活动，作为老校友给学弟学妹们分享自己在校的学习和毕业后的职场经历。我把自己从翻译这本书中领悟到的心得分享给了几位学生和家长：要想学有所成，一定不能惧怕失败。学习的时候一定要全力以赴地投入，认准方向就一定要坚持下去。不尽自己最大的努力去尝试，才是最大的失败。

在翻译过程中，尤其是在统稿全书的文字时，我感到颇为痛苦，我也逐渐意识到：一个好的译者，不仅英文要好，能理解作者的本意，而且需要有强大的中文掌控能力，才能把作者文字背后的气场更精准地呈现出来。只有这样，译出来的文字才会感动自己、吸引读者，而这正是我所欠缺的。有时候我能明白作者的意思，可就是找不到恰如其分的文字来表达。为了一句话，我经常在跑步、发呆，甚至上厕所时都在琢磨，因此耗费了大量的时间和精力，但我还总是不满意自己的文字，所以改了又改，折腾了很久，最后还是住了几天酒店“闭关修炼”，才搞定了最后一版译稿。交稿那一瞬间，如释重负！

翻译过程中，每当心情特别烦躁时，我还会静心祈祷能获得智慧和坚持的力量，像作者一样积极行动，绝不能半途而废。我脑海中是作者在准备铁人三项比赛时艰辛的画面，体会的是她不凡经历和风光无限的背后的汗水和泪水，以及无数心酸、挫折、无奈和恐惧的日子。

记得每次改到筋疲力尽、想放弃的时候，我总能在书中找到只言片语让自己立马满血复活，继续投入战斗。我想，这就是本书的魅力所在，让每一个处在低谷期的人都能被触动，进而让自己的复原力得到提升。

作者从小就想做一个“与众不同”的人，她的故事让我更深刻地理解了这句话：人生拼到最后，拼的不是聪明和出身，而是有个健康的体魄去应对生活中的诸多挑战。每天晨跑 8 千米，不但让作者拥有了一个好身体，更让她在生活的其他层面全面开花，取得一次次傲人的战绩。她不但自己将运动融入生活，还鼓励很多人离开沙发，借着运动找到生活和工作的平衡，发现自己的“卓越之处”，进而收获成功的喜悦。我想，如果你能自律地坚持运动，那么你离成功也就不远了。

作者也是个有目标、有梦想、敢于行动的女生。她想做个能影响全世界的人，并从未停止过做自己喜欢的事情：没有舞会可参加，就自己办一个；为了让自己不懈怠，仅仅是等待签证的过程也要报名参加铁人三项赛……

在书中，最让我印象深刻的一个画面是，她 16 岁时因为肩膀脱臼在钢琴等级考试中失败了，爆粗口、一阵痛哭后，她自省：“我不是一个非凡的音乐家，但我已经做出了非凡的努力，而且也在极度的失望中挺了下来。是的，我幸存了。人生第一次，失败成了我的私人教练！”

这也让我认识到：失败永远是成功的基石。不管你的过去有多么糟糕，只要你能和作者一样是个打不死的“小强”，内心充满对成功的渴望，无论处于什么年龄段，你都可以尝试书中提到的方法，而这些将会让你终身受益。如果作者提到的方法能伴随你一生，那么你的人生也一定会不停地出现转机和惊喜！

希望这本我们用心翻译和编辑的书，能给你带来不一样的阅读体验，如果它能为你、你的家庭、你带领的团队提供一些小小的帮助，助力大家突破自我，拥抱各种转机，我会感到非常欣慰，那些翻译过程中遇到的挫折和痛苦也就不算什么了。

在这里，要特别感激湛庐文化的编辑老师对一度拖延交稿的我耐心和包容，还有对我这个不时陷入焦虑状态的译者的鼓励。

其实，书中作者采访的很多人物都家境一般，这些人有的自暴自弃过，有的曾多次怀疑自己是否能成功，作者本身也不是学霸，20 多岁就遭遇两次被辞退，不过恰恰是她在低谷中的不屈不挠和坚韧，才成就了她自己这套独特的能带给你转机的成功秘籍。

作为耐克前总经理，作者的身上始终带着耐克人的印记：人生不一定会赢，而我就是不想输。我想，没有人愿意输吧！那就从这一刻开始努力吧！

——谢頔

从湛庐文化和谢博士手中接过这本书的那一刻起，我就知道，如果能将它翻译成中文，让更多的中国职场女性受益，会是一件特别有意义的事情。

在职场，若能碰到像作者这样一位身居高位的人，那真是三生有幸——她不仅会给你信心和希望，还能帮你拆分问题，给你分享成功案例……

萨拉打破了外界将自己塑造成的高高在上的女王形象，主动把自己的糗事统统暴露在你的面前。她一样会紧张、会焦虑，曾被炒过两次鱿鱼，也遭遇过长达三年的职业低谷期，还曾因为醉酒错过了重要的会议，也曾进入一个新的团体而没有归属感……

但就是这样一个真实而勇敢、平凡如我们每一个人的女性，在书中通过自己和其他人的真实经历，揭秘了如何才能把握转机，实现职场大突破。

作为译者，唯愿通过这本书，让读者认识到，最重要的是勇敢地做最棒的自己，因为已经有人做到了。

祝大家心想事成。

——黄乐

未来，属于终身学习者

我这辈子遇到的聪明人（来自各行各业的聪明人）没有不每天阅读的——没有，一个都没有。巴菲特读书之多，我读书之多，可能会让你感到吃惊。孩子们都笑话我。他们觉得我是一本长了两条腿的书。

——查理·芒格

互联网改变了信息连接的方式；指数型技术在迅速颠覆着现有的商业世界；人工智能已经开始抢占人类的工作岗位……

未来，到底需要什么样的人才？

改变命运唯一的策略是你要变成终身学习者。未来世界将不再需要单一的技能型人才，而是需要具备完善的知识结构、极强逻辑思考力和高感知力的复合型人才。优秀的人往往通过阅读建立足够强大的抽象思维能力，获得异于众人的思考和整合能力。未来，将属于终身学习者！而阅读必定和终身学习形影不离。

很多人读书，追求的是干货，寻求的是立刻行之有效的解决方案。其实这是一种留在舒适区的阅读方法。在这个充满不确定性的年代，答案不会简单地出现在书里，因为生活根本就没有标准确切的答案，你也不能期望过去的经验能解决未来的问题。

湛庐阅读App：与最聪明的人共同进化

有人常常把成本支出的焦点放在书价上，把读完一本书当作阅读的终结。其实不然。

时间是读者付出的最大阅读成本
怎么读是读者面临的最大阅读障碍
“读书破万卷”不仅仅在“万”，更重要的是在“破”！

现在，我们构建了全新的“湛庐阅读”App。它将成为你“破万卷”的新居所。在这里：

- 不用考虑读什么，你可以便捷找到纸书、有声书和各种声音产品；
- 你可以学会怎么读，你将发现集泛读、通读、精读于一体的阅读解决方案；
- 你会与作者、译者、专家、推荐人和阅读教练相遇，他们是优质思想的发源地；
- 你会与优秀的读者和终身学习者为伍，他们对阅读和学习有着持久的热情和源源不绝的内驱力。

从单一到复合，从知道到精通，从理解到创造，湛庐希望建立一个“与最聪明的人共同进化”的社区，成为人类先进思想交汇的聚集地，与你共同迎接未来。

与此同时，我们希望能够重新定义你的学习场景，让你随时随地收获有内容、有价值的思想，通过阅读实现终身学习。这是我们的使命和价值。

湛庐阅读App玩转指南

湛庐阅读App结构图:

三步玩转湛庐阅读App:

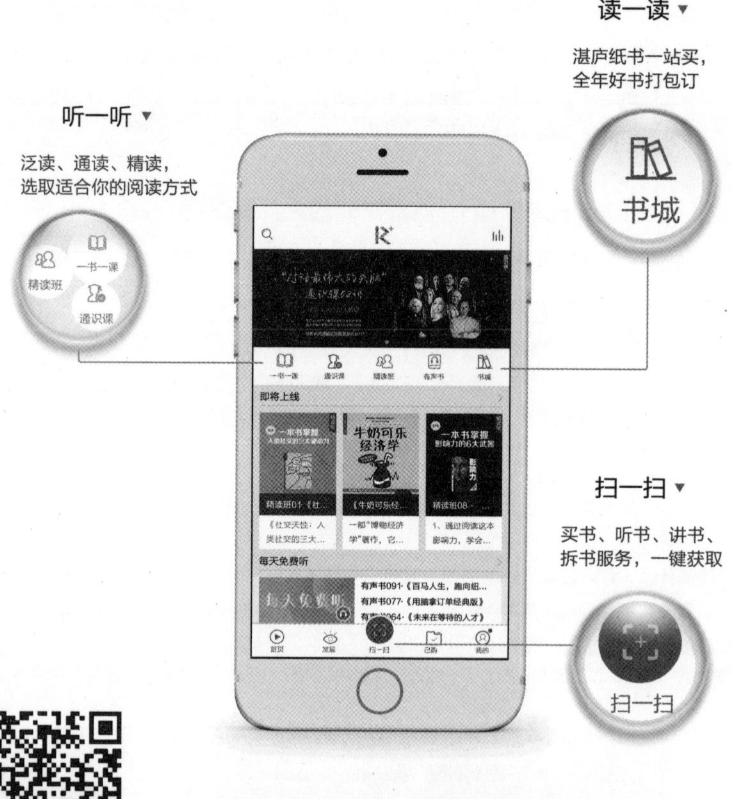

使用App扫一扫功能，遇见书里书外更大的世界！

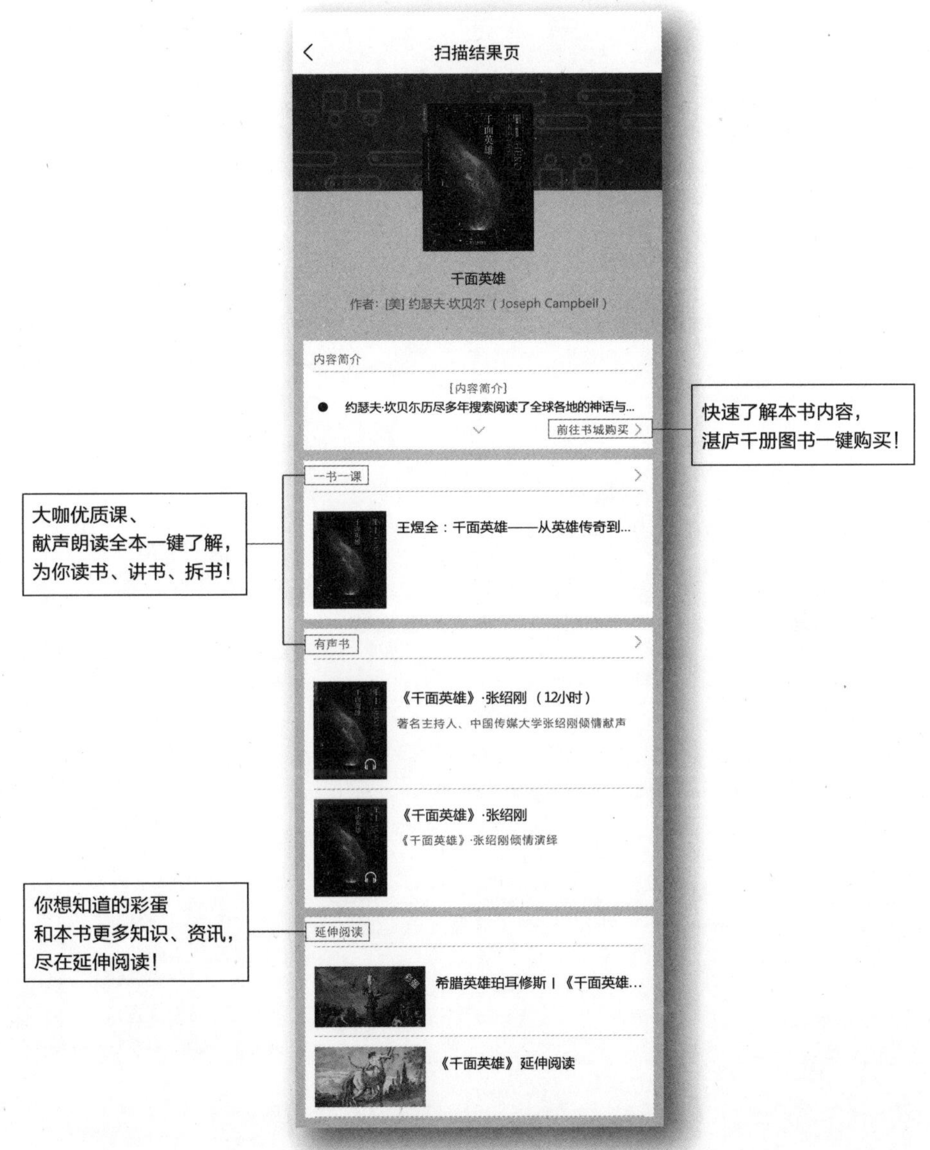

湛庐CHEERS

延伸阅读

《远见》

◎ 来自奥美首席人才官30余年的职场洞察，3大职场燃料，4大黄金问题，5个关键数字，100小时测试，带你用远见思维规划职业生涯的三大阶段。

◎ 傅盛、刘惠璞、杨石头等激赏推荐！

《精英的人格魅力课》

◎ 谷歌、香奈儿、花旗集团、英国巴克莱银行、德勤会计师事务所等知名企业高管培训教程，揭秘精英人士的魅力技巧，全方位提升你的魅力指数！

◎ 无论你处于人生的任何阶段，《精英的人格魅力课》都能为你带来好处。

◎ 书中不仅讲述了魅力的技巧、练习方法，还提供了科学的理论依据加以佐证。

《创意天才的蝴蝶思考术》

◎ 牛顿、达尔文、爱因斯坦、爱迪生、乔布斯等都使用过的思考方式。

◎ 人工智能时代，突破性灵感的创造能力不仅是我们投身职场的必需装备，而且是我们决胜未来的关键所在。

◎ 斯坦福大学创新大师奥利维娅揭秘创意天才的灵感来源，手把手教你像天才一样思考，让灵感和创意源源不断迸发。

《脑力升级手册》

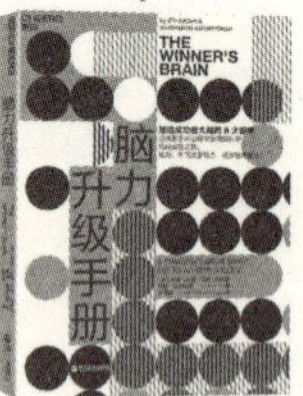

◎ 本书将用科学视角带你重新认识“成功”，了解“成功者”是如何突破自我局限，达成目标的；同时，还给予了具体的行动指南，让你不再受困于低效的忙碌之中。

◎ 即学即用。书中对脑力升级的8大要素一一做了详细解说，并配有科学研究的小窍门，可以用来提升你的脑力。

◎ 科学严谨。书中每一个成功要素都有相关的科学研究理论支撑。

图书在版编目（CIP）数据

转机 / (新西兰) 萨拉·罗布·奥黑根 (Sarah Robb O' Hagan) 著 ; 谢頔，黄乐译. -- 杭州 : 浙江教育出版社, 2019.12
ISBN 978-7-5536-2441-9

Ⅰ. ①转… Ⅱ. ①萨… ②谢… ③黄… Ⅲ. ①成功心理—通俗读物 Ⅳ. ①B848.4-49

中国版本图书馆CIP数据核字(2019)第267709号

浙江省版权局
著作权合同登记号
图字:11-2019-224号

上架指导：畅销书 / 职场励志

转机
ZHUANJI
[新西兰] 萨拉·罗布·奥黑根　著
谢頔　黄乐　译

责任编辑：江雷
美术编辑：韩波
封面设计：ablackcover.com
责任校对：王凤珠
责任印务：曹雨辰
出版发行：浙江教育出版社（杭州市天目山路40号 邮编：310013）
电话：（0571）85170300-80928
印　　刷：唐山富达印务有限公司
开　　本：720mm ×965mm 1/16
印　　张：18　　字　　数：280千字
版　　次：2019年12月第1版　　印　　次：2019年12月第1次印刷
书　　号：ISBN 978-7-5536-2441-9　　定　　价：89.90元

如发现印装质量问题，影响阅读，请致电010-56676359联系调换。